边学边用边实践

西门子S7-300/400系列 PLC 变频器 触摸屏 综合应用

陶 飞 / 编著

中国电力出版社
CHINA ELECTRIC POWER PRESS

内 容 提 要

本书从工程应用的角度出发，PLC 主要以西门子 S7-300/400 系列为载体，触摸屏以 MP 系列 HMI 为对象，变频器以西门子 MM4 系列为目标，按照基础、实践和工程应用的结构体系，精选了 PLC、HMI 和变频器的 36 个应用案例，使用目前流行的 PLC 编程软件 STEP 7 和 HMI 的画面组态软件 WinCC flexible，对工业控制系统中的 4 类典型应用，即模拟量输入（AI）、模拟量输出（AO）、数字量输入（DI）和数字量输出（DO）的程序设计方法进行了详细的讲解，由浅入深、循序渐进地介绍了 PLC、HMI 和变频器在不同应用案例中的材料选型、电路原理图设计、梯形图设计、变频器参数设置和调试方法。按照本书的应用案例，读者可以快速掌握 PLC 在实际工作中的程序编制、HMI 的项目创建和应用、驱动电动机带动不同负载运行的变频器的参数设置，这些案例还可以稍作修改直接移植到工程中使用。

本书深入浅出、图文并茂，具有实用性强、理论与实践相结合等特点。每个案例提供具体的设计任务、详细的操作步骤，注重解决工程实际问题。本书可供计算机控制系统研发的工程技术人员参考，也可供各类自动化、计算机应用、机电一体化等专业的师生学习使用。

图书在版编目（CIP）数据

西门子 S7-300/400 系列 PLC、变频器、触摸屏综合应用/陶飞编著. —北京：中国电力出版社，2017.1（2018.5重印）

（边学边用边实践）

ISBN 978-7-5198-0019-2

Ⅰ.①西… Ⅱ.①陶… Ⅲ.①PLC 技术②变频器③触摸屏Ⅳ.①TM571.61②TN773③TP334

中国版本图书馆 CIP 数据核字（2016）第 263441 号

中国电力出版社出版、发行

（北京市东城区北京站西街 19 号 100005 http://www.cepp.sgcc.com.cn）

三河市航远印刷有限公司印刷

各地新华书店经售

*

2017 年 1 月第一版 2018 年 5 月北京第二次印刷

787 毫米×1092 毫米 16 开本 25.25 印张 623 千字

印数 2001—3000 册 定价 **69.80** 元

　　可编程序控制器 PLC、触摸屏和变频器是电气自动化工程系统中的主要控制设备，本书 PLC 主要以西门子 S7-300/400 系列为载体，触摸屏以西门子 MP 系列 HMI 为对象，变频器以西门子 MM4 系列为目标，编写了应用入门、应用初级、应用中级和应用高级 4 个等级的 36 个工程案例，每个案例都有案例说明、相关知识点和创作步骤的详细说明，具有深入浅出、图文并茂，实用性强、理论与实践相结合等特点。

　　可编程序控制器 PLC 部分以西门子 PLC 编程软件 STEP 7 为核心，演示了西门子 S7-300/400 系列 PLC 的项目创建、硬件组态、符号表制作、数字量和模拟量模块的接线以及模块的参数设置，在相关知识点中对 PLC 中的数据类型和 IO 寻址给予了充分的说明和介绍，对 STEP 7 中比较重要的定时器和计数器指令单独进行了应用举例。在本书的应用中级和应用高级部分中，笔者对实际工程项目中常常用到的 PLC 控制电动机的正反转运行、PLC 控制直流调速器的运行、卷取设备的张力控制、冶金设备中的位置测量的控制，从电气设计、项目组态和程序编制等角度入手，尽可能使用不同的指令来完成案例中的工艺要求。将在实际工程中真实要用到的设备，包括按钮、开关、指示灯、接触器、继电器、自动开关、熔丝、热继电器、光电传感器、编码器、行程开关、电磁阀、报警器、变频器、位移传感器、液位计、张力传感器等常用的电气设备结合到案例中，使读者能够迅速掌握 PLC 的项目创建和程序编制。

　　触摸屏 HMI 部分以 WinCC flexible 这个模块化的人机界面组态软件为核心，演示了西门子 MP 系列 HMI 的项目创建、组态、画面制作、网络通信和通信参数设置，在相关知识点中对人机界面产品 HMI 的硬件和 WinCC flexible 人机界面组态软件给予了充分的说明和介绍，对 HMI 项目中比较重要的画面创建、按钮、指示灯、库和趋势图都单独进行了应用举例。在应用中级和应用高级部分，笔者对实际工程项目中常常用到的报警系统、HMI 上 IO 域和触摸屏的 PROFIBUS-DP 的远程通信都以示例的形式加强了说明，使读者能够迅速掌握 WinCC flexible 的操作与应用，使用户能够非常容易地与标准的用户程序进行结合，利用 HMI 的显示屏显示，通过输入单元（如触摸屏、键盘、鼠标等）写入工作参数或输入操作命令，实现人与机器的信息交互，从而使用户建立的人机界面能够精确地满足生产的实际要求。

　　变频器 MM4 系列属于西门子通用型变频器，本书对工程项目中使用广泛的风机水泵用 MM430 系列变频器和矢量控制型的 MM440 变频器在各自应用领域里的参数设置进行了详细介绍，包括西门子 MM4 系列变频器的停车方式、直流制动、复合制动及动能制动，MM440 变频器的主电路回路设计、面板操作、调试、正反转运行控制、频率给定、常用的 6 种控制方式以及与 300PLC 的 USS 通信。针对西门子 MM430 系列变频器，同样以案例的方式给出了多种同速控制的电气设计电路，并说明了变频器的检修方法和日常维护细则，以及

MM430 变频器的 BICO 功能在自动喷漆设备上的应用、MM430 变频器在恒压供水的 PID 系统中的参数设置。本书意在让读者在学习了相关知识点中变频器的各种基本功能之后，与笔者一起在案例创建步骤中结合功能参数的设置要点，端口电路的配接和不同功能在生产实践中的应用，来掌握变频器的频率设定功能、运行控制功能、电动机方式控制功能、PID 功能、通信功能和保护及显示等功能。这样，就能够使读者尽快熟练地掌握变频器的使用方法和技巧，从而避免大部分故障的出现，让变频器应用系统运行得更加稳定。

本书中的每个案例均提供了具体的设计任务、详细的操作步骤，注重解决工程实际问题，按照本书的应用案例，读者可以快速掌握 PLC 在实际工作中的程序编制、HMI 的项目创建和应用、驱动电动机带动不同负载运行的变频器的参数设置，这些案例在读者今后的项目中只需做相应的简单修改后便可直接应用于工程，这样可以减少项目设计和开发的工作量。

在本书的编写过程中，付正、王峰峰、戚业兰、陈友、王伟、张振英、于桂芝、王根生、马威、张越、葛晓海、袁静、董玲玲、何俊龙、张晓琳、樊占锁、龙爱梅提供了许多资料，付正、张振英和于桂芝参与了本书文稿的整理和校对工作，在此一并表示感谢。

限于作者水平和时间，书中难免存在疏漏之处，希望广大读者多提宝贵意见。

目录

第一篇

应用入门

案例1　西门子300系列PLC的项目创建与保存

一、案例说明

西门子300/400系列PLC的编程软件使用的是SIMATIC管理器，本例通过创建一个西门子300PLC的新项目来说明如何在SIMATIC管理器中创建新项目，并对项目进行保存和另存。在实际创建项目前，本例还详细介绍了SIMATIC管理器的编程界面。

二、相关知识点

1. SIMATIC管理器的【工具栏】

SIMATIC管理器为了使操作更方便更快捷，已经将常用的软件功能放置到【工具栏】中，读者只要单击就可快速进行所选功能的操作了，工具栏的按钮详解如图1-1所示。

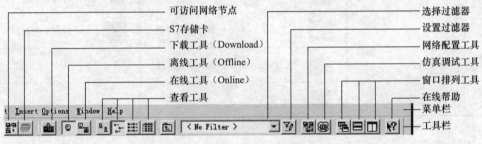

图1-1　工具栏的按钮详解

2. SIMATIC管理器中的Windows界面按钮

SIMATIC管理器有很多Windows界面按钮，和工具栏中的按钮的使用方法一样，都可以快速使用所选的功能，如单击【在线】按钮将建立在线的连接，其他按钮见表1-1。

表1-1　　　　　　　　　　　　Windows 界 面 按 钮

按钮	功能	按钮	功能	按钮	功能
	建立新项目或新库的对话框		Windows 排列		粘贴
	打开项目或者库		下载到 PLC		剪切
	可访问的节点		在线		磁盘
	获取上下文关联帮助		离线		仿真
	以列表形式显示		复制		大图标

续表

按钮	功能	按钮	功能	按钮	功能
	小图标		详细信息		组态网络
	存储卡		向上一层		Windows 排列

3. 【LAD/STL/FBD】编辑器中的快捷工具栏按钮

SIMATIC 管理器的【LAD/STL/FBD】编辑器中有很多快捷作用的工具栏按钮，单击【动合触点】按钮 ╫ 将会在程序中快速写入一个动合触点的程序元素，其他快捷按钮见表 1-2。

表 1-2 　　　　　　　　　　　　【LAD/STL/FBD】编辑器中的工具栏按钮

按钮	注释	按钮	注释	按钮	注释
╫	动合触点	【&】	与	【66】	监视
╫	动断触点	【>1】	或		连接
	打开分支	【=】	赋值		封闭分支
	新段		插入一个布尔量的输入管脚	【??】	空的功能块
	总览按钮		将布尔量的管脚的输入取反		
	状态栏按钮		分支线		

三、 创作步骤

●—— 第一步 创建 STEP 7 中的新项目

首先启动 STEP 7 管理器，如果使用导航索引菜单新建项目，则在勾选【在启动 SIMATIC Manager 时显示向导】，并单击【下一个】按钮后，在弹出的对话框中的【CPU 类型】列表框中，为新建项目选择 CPU，本案例中选择的是 S7-400 PLC 的 CPU，这里选择的是【CPU412-1】，单击【下一步】按钮，在选择组织块时，选择的是【OB80】，大家此时可以看到被勾选的 OB80 出现在【块名称】的列表当中，单击【下一个】按钮后，所添加的新建项目的项目名称是【CPU412-1 (1)】，此时可以查看刚刚查看的 CPU 和组织块是否是读者所选择的，如果不是，则单击【上一步】按钮重新选择，如果显示的和读者所选择的是相同的，单击【完成】按钮即可。创建 S7-400 PLC 的 CPU 的项目的流程如图 1-2 所示。

●—— 第二步 更改 PLC 的项目名称

在 STEP 7 管理器中，右击项目名称，在弹出的快捷菜单中选择【重命名】命令后在弹出的可更改的名称框内输入新名称即可，具体修改流程如图 1-3 所示。

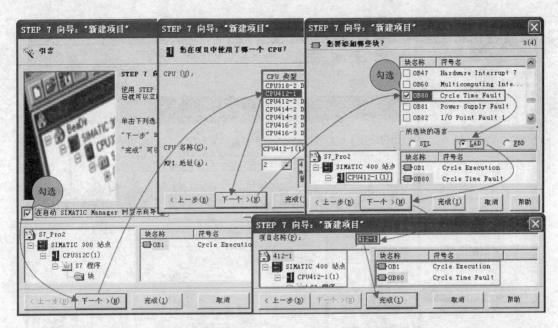

图 1-2 创建 S7-400 PLC 的 CPU 的项目的流程

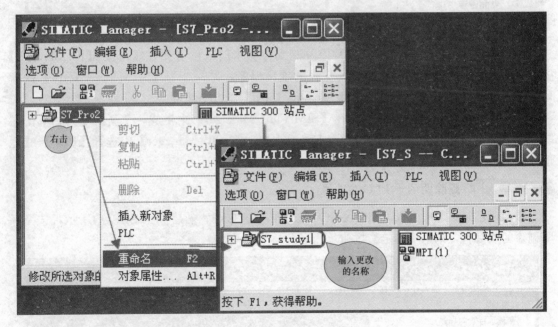

图 1-3 项目名称的更改图示

第三步 项目保存和程序保存

选择【文件】→【保存】命令来保存项目。

如果用户要保存西门子程序可以采用压缩项目存入磁盘、将程序复制到存储卡或从 CPU 上传程序到 PG 这 3 种方法。

（1）将压缩项目存入磁盘。在【SIMATIC Manager】中选择【文件】→【归档】命令，然后选择要压缩保存的项目，在【文件名】文本框中输入压缩文件名即可，如图 1-4 所示。

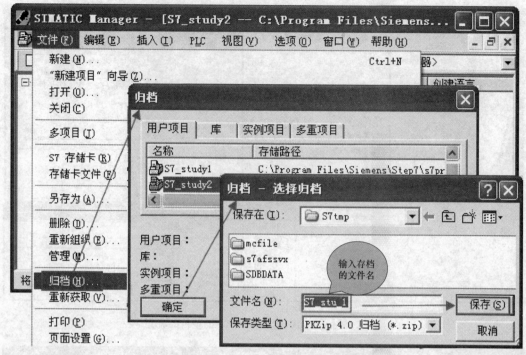

图1-4　将压缩项目存入磁盘的方法图示

（2）将程序复制到存储卡。将程序复制到存储卡时，读者要在【SIMATIC Manager】中打开两个窗口，一个窗口中有将要保存的项目程序，另一个为【S7 Memory Card】的窗口，然后将要保存的程序复制到【S7 Memory Card】窗口中即可。

（3）从CPU上传程序到PG。在【SIMATIC Manager】中生成一个新的项目，单击在线按钮 后，再单击S7程序并选择块后，在【SIMATIC Manager】中选择【PLC】→【上传到PG】命令即可，也可选择【将站点上传到PG】命令。

第四步　删除西门子PLC的项目

删除项目时，可以进入【SIMATIC Manager】窗口中，然后按照图1-5中所示，选择好要删除的项目后，单击【确定】按钮。

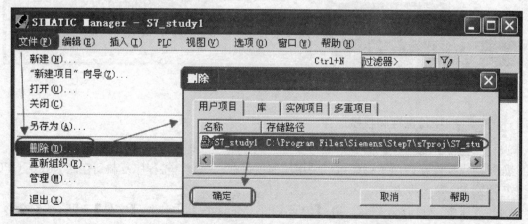

图1-5　删除项目的操作图示1

　　在弹出的【删除】对话框中，确定要删除的项目名称准确无误后单击【是】按钮，如图 1-6 所示。

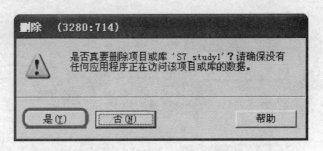

图 1-6　删除项目的操作图示 2

　　此时，会弹出一个对应的提示对话框，让你确定所删除的具体项目的内容，如图 1-7 所示，单击【确定】按钮后将删除所选项目的所有内容，包含非 STEP 7 数据。

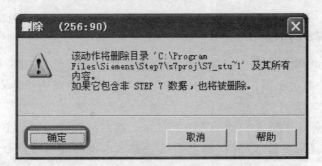

图 1-7　删除项目的操作图示 3

第五步　在新项目中插入新站

　　（1）第一种方法是可以通过选择【插入】→【站点】→【SIMATIC 300 站点】或【SIMATIC 400 站点】，就可以在当前的项目下插入一个新站了，这些新站如图 1-8 所示。

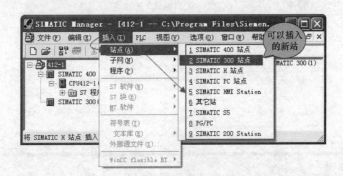

图 1-8　插入新站的方法 1

　　（2）第二种方法是单击项目名称使其背景色变成蓝色后，右击，在弹出的快捷菜单中选择【插入新对象】命令，此时就可以在弹出的级联菜单中选择要添加的新站，如【SIMATIC 300 站点】，添加完毕后，读者就可以在【SIMATIC Manager】中看到新插入的 S7-300

PLC的站了。此时，系统会自动为该站分配一个名称【SIMATIC 300（1）】，这个名称是可以修改的，插入新站的流程如图1-9所示。

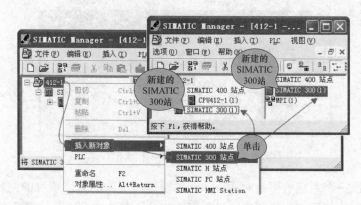

图1-9 插入新站的方法2

第六步 循环定时中断

S7-300和S7-400 PLC为用户提供了定时中断，从OB30到OB38，根据CPU的不同，可用的定时中断的个数也不同，在CPU313中仅有一个循环中断组织块OB35，具体设置步骤如下所述。

（1）创建一个项目并插入一个SIMATIC 300站。打开【SIMATIC Manager】，打开【插入】菜单，选择【站点】，然后在弹出的级联菜单中选择【SIMATIC 300站点】命令，流程如图1-10所示。

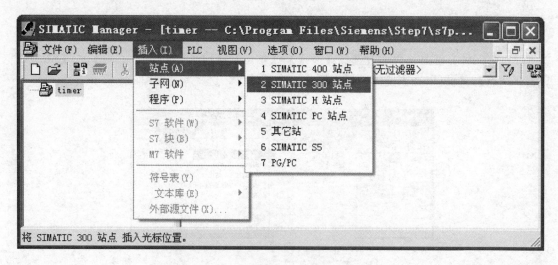

图1-10 创建新的SIMATIC 300站

（2）设置OB35的执行时间。双击打开SIMATIC 300站，再双击【Hardware】，添加CPU 313后，双击CPU打开【属性】对话框，激活【周期性中断】选项卡，将【OB35】的循环时间修改为"50ms"，并单击【确定】按钮确认，如图1-11所示。

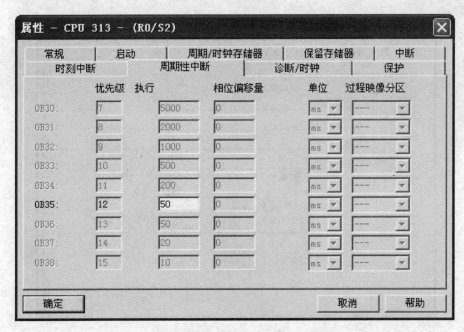

图 1-11 将循环中断 OB35 的执行时间设置为 50ms

设置完成后单击【编译并保存】按钮 。

（3）OB35 的编程。在 SIMATIC 管理器中，右击，在弹出的快捷菜单选择【插入新对象】→【组织块】命令，操作如图 1-12 所示。

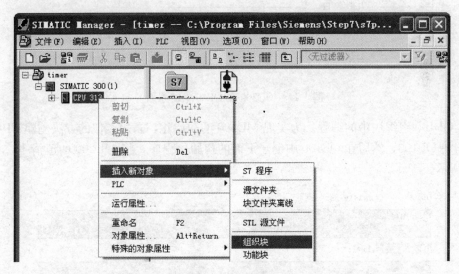

图 1-12 添加组织块

然后在弹出的【属性】对话框中将【名称】修改为"OB35"，操作如图 1-13 所示。

双击【OB35】，进入编程界面，开始进行编程，在程序中添加一个累加指令，因为 OB35 每 50ms 执行一次，也就是说累加器的值每 50ms 加 1，知道了变量的值就知道了时间，程序如图 1-14 所示。

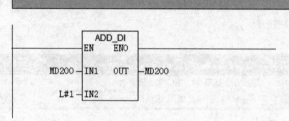

图 1-13　创建 OB35

Network 1: Title:

Comment:

```
        ADD_DI
        EN   ENO
MD200 - IN1   OUT - MD200
  L#1 - IN2
```

图 1-14　MD200 在 OB35 中的累加

（4）OB100 组织块中的编程。为实现 MD200 的初始化，采用类似的方法创建 CPU 重新启动组织块 OB100，然后在 OB100 中创建下面的初始化程序，将 MD200 的值清零，程序如图 1-15 所示。

OB100 : "Complete Restart"

Comment:

Network 1: Title:

Comment:

```
       MOVE
       EN   ENO
 L#0 - IN   OUT - MD200
```

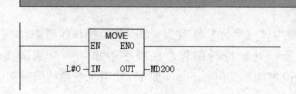

图 1-15　CPU 重新启动组织块的编程

第七步　创建新的程序段

在编辑指令时 STEP 7 都预先建立了一个【程序段 1】，读者可以通过单击工具栏上的按钮 📑 创建新的程序段，段号会自动加 1，如图 1-16 所示。

图 1-16　创建新的程序段

第八步　修改 STEP 7 中的程序块

用户可以在线或离线修改已经打开的程序块，但如果块处于测试模式，那么是不能对块进行修改的。

块修改完毕后，用户应该把修改的块下载到 PLC 进行测试。如果需要就对块进行再次修改，当完全调试后把块保存到硬盘上。

另外，用户在修改了块以后，如果不想直接测试程序，而把修改的程序保存到硬盘上，那么这个修改过的没经过测试的程序块就会覆盖掉原来的块。

如果用户不想覆盖原来的程序，在把程序存到编程器的硬盘前可以把修改的块下载到 CPU。等程序调试通过后再把它们保存到编程器的硬盘上去。

第九步　实现 STEP 7 中的程序块保护

打开程序编辑窗口【LAD/FBD/STL】编辑器，再选择【文件】→【生成源文件】命令，将要进行加密保护的程序块生成为源代码文件，在【LAD/FBD/STL】窗口中关闭要加密的程序块，并在【SIMATIC Manager】项目管理窗口的【源文件】文件夹中打开上一步所生成的【源文件】，在程序块的声明部分，TITLE 行下面的一行中输入 "KNOW_HOW_PRO-TECT"，存盘并编译该源文件，就完成了对程序块的加密保护了。

第十步　取消对 STEP 7 中程序块的加密保护

打开程序块的源文件，删除文件中的 "KNOW_HOW_PROTECT"，存盘并编译该【源文件】后，程序块的加密保护就被取消了。

如果程序中没有 STL source 源文件，那么读者是无法对已经加密的程序块进行编辑的。

第十一步　复制 STEP 7 中的块

在 STEP 7 中先选择块，再按 Ctrl＋C 组合键进行复制，然后单击空白处，按 Ctrl＋V 键粘贴所选的块。在粘贴时，按系统的提示重命名被复制的块。当要复制的块比较多时，可按住 Ctrl 键选择多个块，然后进行复制。

第十二步　地址定位功能的实现

在【SIMATIC Manager】的【LAD/STL/FBD】编辑器中，可以单击一个编程元素来实现地址定位功能，这里以查找 Q0.4 为例，右击 Q0.4 后，在弹出的快捷菜单中选择【跳转到】→【应用位置】命令就会弹出【跳转到位置】对话框来显示这个编程元素的位置，如图 1-17 所示。

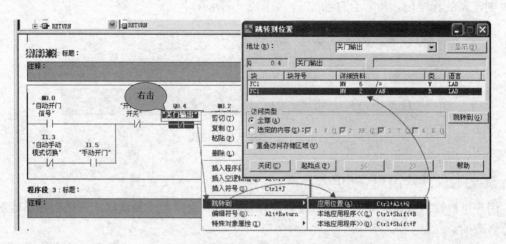

图 1-17 编程元素的应用位置的定位功能的实现

第十三步 打开项目中的组织块

第一种方法是在【SIMATIC Manger】中的【项目窗口】中单击【OB1】组织块，使其背景变色后，打开菜单栏中的【编辑】菜单，在其下拉菜单中选择【打开对象】命令即可，如图 1-18 所示。

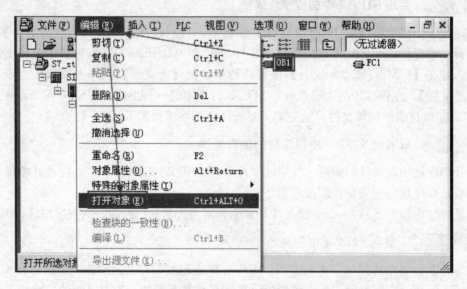

图 1-18 打开项目中块的方法 1

第二种打开项目中块的方法是在【SIMATIC Manger】中的【项目窗口】中双击要打开的块即可。这里打开的是组织块 OB1，如图 1-19 所示。

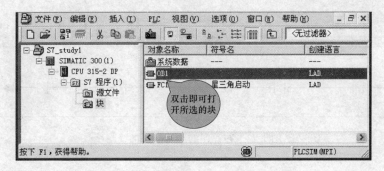

图 1-19 打开项目中块的方法 2

第十四步 程序输入与编辑

通过图 1-20 可以看到，在没有选中程序中的任何位置时，工具栏为灰色，表示不可用。

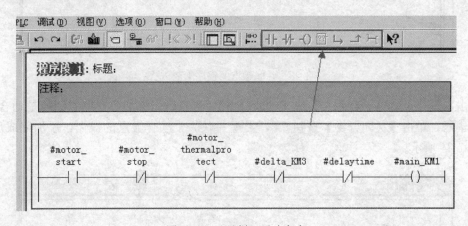

图 1-20 工具栏显示为灰色

输入指令进行编辑时，在添加完新的程序段后，选中要输入指令的【程序段】的路径，当其变成粗条后，工具栏上的按钮由灰色变成黑色，表示处于可以使用的状态，然后，按照逻辑单击要添加的动合或动断触点按钮，如图 1-21 所示。

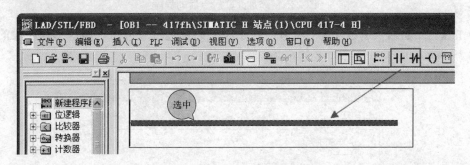

图 1-21 在空的程序段中编制程序

线圈是在程序段的结尾处进行添加的，如图 1-22 所示。

编制并联触点时，先单击左侧母线，再单击工具栏上的【打开分支】按钮↳，添加分支后的程序如图 1-23 所示。

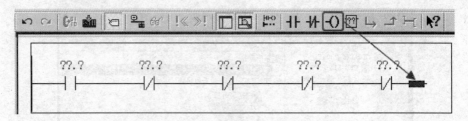

图 1-22　在程序的结尾处添加线圈

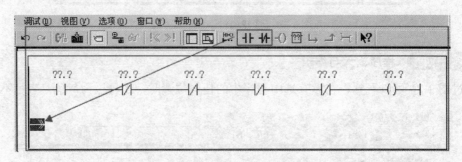

图 1-23　并联触点的程序编制方法

单击工具栏上的【动合触点】或【动断触点】，进行触点添加，这里添加的是动合触点，添加完毕后，单击【关闭分支】按钮 ┘，实现并联一个动合触点的操作，添加完成后的程序如图 1-24 所示。

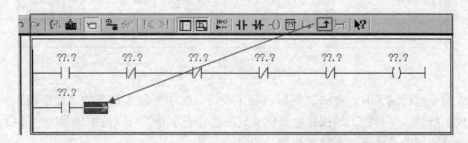

图 1-24　添加并联触点后的程序

单击【??.?】输入编程元素的符号，程序段上的灰色区域可以添加这个程序段的注释，如图 1-25 所示。

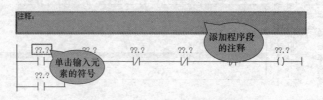

图 1-25　定义编程元素的符号

定义编程符号的方法是单击【??.?】，然后在出现的编程元素输入框上右击，在随后弹出的快捷菜单中选择【插入符号】命令，此时，会弹出变量表中定义过的符号表，选择正确的符号即可，如图 1-26 所示。

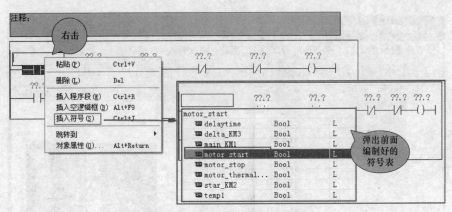

图 1-26 给编程元素定义符号

第十五步 **下载项目程序到 S7-300 PLC 的 CPU 的方法**

下载项目的作用是将当前项目从 STEP 7 中复制到控制器 PLC 的存储器当中，下载前，将 PLC 设置为【STOP】模式，然后在硬件组态窗口的菜单中选择【PLC】下的【下载】就可以把选择的组态下载到 PLC 当中去。单击工具栏中的按钮 是下载硬件组态的另一种方法。

（1）下载块到 SIMATIC 300 PLC 的 CPU 的方法。向 CPU 中下载块之前，读者首先选择要下载的块，可以选择程序中所有的块，选择方法是在【项目窗口】的树形结构中，单击【块】即可。也可以同时选择程序中的几个块，选择方法是按住 Ctrl 键，选择需要的块即可。如果读者只下载程序中的一个块，那么只需要单击要下载的块即可。

有两种方法可下载程序中的块。第一种方法是按照上述的方法选择要下载的块后，在【SIMATIC Manager】中，选择【PLC】→【下载】命令，如图 1-27 所示。

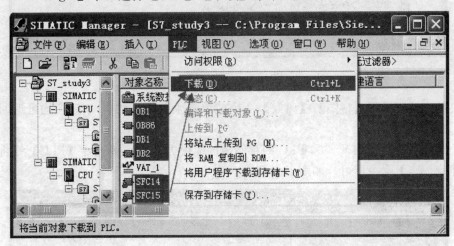

图 1-27 下载块的方法 1

下载程序中的块到 CPU 中的第二种方法是选择要下载的块，然后单击工具栏上的按钮 即可，如图 1-28 所示。

（2）SIMATIC 管理器中的离线/在线的设置方法。在【SIMATIC Manager】中，选择【视图】→【在线】命令或单击 按钮都可以切换到在线模式，在线模式时标题栏的颜色会变为浅蓝色，如图 1-29 所示。

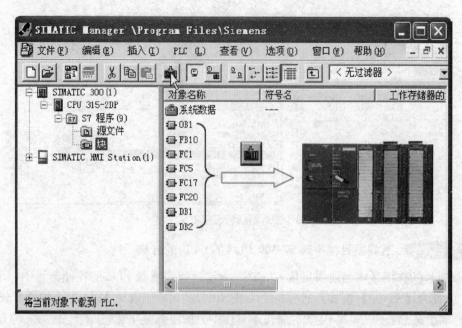

图 1-28　下载块的方法 2

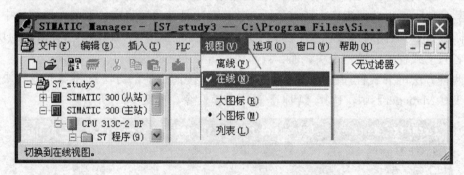

图 1-29　将项目设置为在线模式的方法

在在线模式下选择【视图】→【离线】命令或单击主菜单上的 ▣ 按钮，均可返回到离线状态了。

（3）下载用户程序到 S7-300 PLC 的存储卡的简便方法。直接选择【PLC】→【将用户程序下载到存储卡】命令即可，如图 1-30 所示。

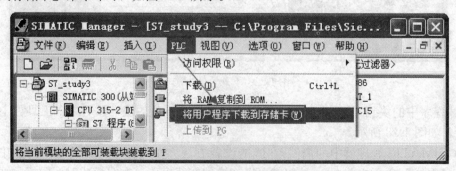

图 1-30　将用户程序下载到存储卡

案例 2

西门子 300/400 PLC 模块的硬件组态、接线和参数设置

一、案例说明

工程项目中，PLC 进行模拟量控制，可以使用 A/D、D/A 单元，并可用 PID 或模糊控制算法实现控制，可以得到很高的控制质量。而 PLC 的模块在出厂的时候带有预置参数，如果这些缺省设置正常，就不需要硬件组态。但如果要改变预置参数或模块地址、或要组态通信连接、或把分布式外设连接到主站（PROFIBUS-DP）上、或带有几个 CPU 或扩展机架的 S7-400 站、或使用容错可编程控制器（可选包），那么就需要进行硬件组态了。

在本例中，首先通过演示一个 PLC 系统的硬件组态，来说明如何进行硬件的组态，包括带有需要模块和相关参数的硬件站。读者可以根据设定的组态，将实际的 PLC 系统安装设定组态装配起来，在调试的时候，再把设定的组态下载到 CPU 当中，然后给出了各种西门子 300 模块的接线和模拟量模块的参数设置方法。

二、相关知识点

1. 数字量 I/O 模块的源型与漏型

源型（source），电流是从端子流出来的，具有 PNP 晶体管的输出特性。

漏型（sink），电流是从端子流进去的，具有 NPN 晶体管的输出特性。

所谓"漏型输入"，是一种由 PLC 内部提供输入信号源，全部输入信号的一端汇总到输入的公共连接端 COM 的输入形式，又被称为"汇点输入"。输入传感器为接近开关时，只要接近开关的输出驱动力足够，漏型输入的 PLC 输入端就可以直接与 NPN 集电极开路型接近开关的输出进行连接。

所谓"源型输入"，是一种由外部提供输入信号电源或使用 PLC 内部提供给输入回路的电源，全部输入信号为"有源"信号，并独立输入 PLC 的输入连接形式。输入传感器为接近开关时，只要接近开关的输出驱动力足够，源型输入的 PLC 输入端就可以直接与 PNP 集电极开路型接近开关的输出进行连接。

欧美 PLC 一般是源型，输入一般用 PNP 型开关、高电平输入，而日韩系列 PLC 偏好使用漏型，一般使用 NPN 型开关、低电平输入的。

源型输出是指输出的是直流正极，漏型输出是指输出的是直流负极。

漏型输入，当逻辑状态为"1"（真）时，信号为 24V，当逻辑状态为"0"（假）时，信号为 0V。

源型输入，当逻辑状态为"1"（真）时，信号为 0V，当逻辑状态为"0"（假）时，信号为 24V。

源型输入和漏型输入的信息见表 2-1。

表 2-1 源型输入和漏型输入的信息表

术语	开关图例	逻辑状态	电信号
源型输入（开关位于模块和地之间）	DC24V 电信号 开关 0V	真	0V
		假	24V（断开）
漏型输入（开关位于 DC24V 和模块之间）	DC24V 电信号 开关 0V	真	24V
		假	0V（断开）

源型输出，即 PNP 晶体管，当逻辑状态为"1"（真）时，信号为 24V，当逻辑状态为"0"（假）时，信号为 0V。

漏型输出，即 NPN 晶体管，当逻辑状态为"1"（真）时，信号为 0V，当逻辑状态为"0"（假）时，信号为 24V。

源型输出和漏型输出的信息见表 2-2。

表 2-2 源型输出和漏型输出的信息表

术语	开关图例	逻辑状态	电信号
源型输出（PNP）负载位于模块和地之间	DC24V 负载 0V	真	24V
		假	0V（断开）
漏型输出（NPN）负载位于 DC24V 和模块之间	DC24V 负载 0V	真	0V
		假	24V（断开）

2. 模拟量通道的接线原则

（1）未使用的通道处理原则。在工程中如果只使用通道组中的一个通道，那么优先使用第一个通道，以模拟输入模块 6ES7 331-7PF01-0AB0 为例，图 2-36 所示的工程中只使用了通道 4 和通道 6，那么没有使用的同一个通道组中的另一个通道，即图中的通道 5 和通道 7，必须按图示的那样进行短接来避免干扰，或者连接一个额定阻值的电阻（例如连接的是 Pt100 的热电阻，这个额定的电阻值为 100Ω）。未使用通道的处理如图 2-1 所示。

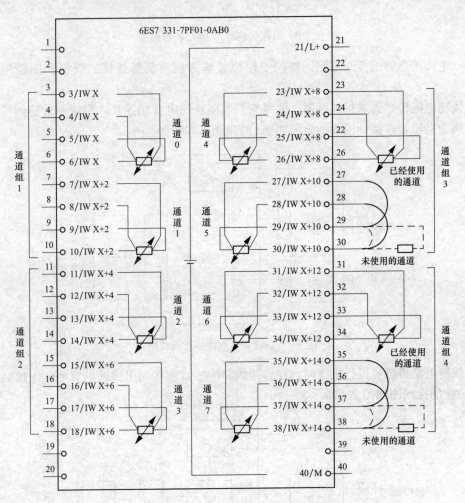

图 2-1　未使用通道的处理原则

例如，通道 5 短接的方法是将端子 27 与 29 使用导线进行短接，同时短接端子 28 和 30。

另外，如果在通道组的通道（n）上出现导线断线，则可能会干扰通道（$n+1$）上的信号，反之，如果在通道（$n+1$）上出现导线断线，则不会影响通道（n）。

（2）电压传感器的接线原则。电压传感器接入 PLC 时，将传感器的正端"＋"接 M＋，负端"－"接 M－，并将 M－连接到 MANA 端子上。电压传感器与 PLC 的接线如图 2-2 所示。

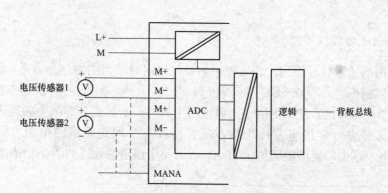

图 2-2 电压传感器与 PLC 的接线图

（3）电流传感器的接线原则。西门子模拟量输入模块能够连接二线制和四线制电流传感器。

二线制电流传感器进行接线时，要将它们与模块的电源相连接，两线制传感器可将过程变量转换为电流，连接到模块的电隔离 AI 的接线图如图 2-3 所示。

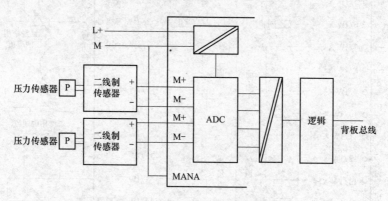

图 2-3 二线制电流传感器接线图

四线制电流传感器进行接线时，要将四线制传感器连接到单独的电源上，连接到模块的电隔离 AI 的接线图如图 2-4 所示。

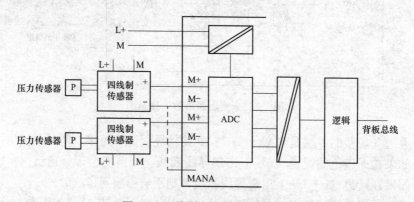

图 2-4 四线制电流传感器接线图

（4）三线制电阻温度计的连接。在带有 4 个端子的模块上连接三线制传感器时，应该桥接 M－和 IC－端子，并将连接的 IC＋和 M＋线路直接连接到电阻温度计上，如图 2-5 所示。

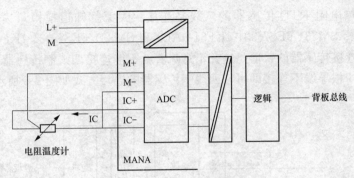

图 2-5　三线制电阻温度计接线图

（5）四线制电阻温度计的连接。对于西门子模块 6ES7 331-7KF0-0AB0 和 6ES7 331-7PF0-0AB0 来说，仅仅能够使用四线制连接方式来连接四线制传感器。连接原则是电阻材质的温度计的电压要连接到 M＋和 M－端子，并且将 IC＋和 M＋连接，IC－和 M－连接。值得注意的是，IC＋、M＋、IC－和 M－的连接线在接线时要直接连接到电阻温度计上，如图 2-6 所示。

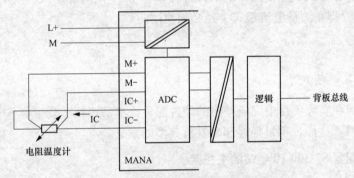

图 2-6　电阻温度计的四线制连接图

当三线制和四线制传感器连接 6ES7 331-7PF0-0AB0 模块时，通过端子 IC＋和 IC－提供恒流源来补偿电压测量回路的压降。但为了使补偿能够正常工作，电缆的电阻在这里是不能超过 20Ω 的。

（6）西门子 300 模块连接二线制电阻温度计的接线。在模拟量模块上连接二线制电阻温度计时，在模块的 M＋和 IC＋之间以及 M－和 IC－端子之间插入电桥，二线制电阻温度计的接线图如图 2-7 所示。

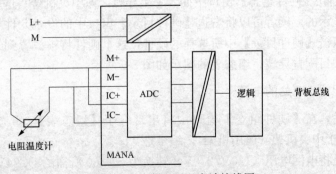

图 2-7　二线制电阻温度计接线图

（7）四线制热电阻 RTD 传感器的三线制连接。大家都知道模拟量模块 SM331 6ES7 331-1KF00-0AB0、SM331 6ES7 331-1KF01-0AB0 和 SM331 6ES7 331-1KF02-0AB0 是使用三线制连接方式连接传感器的，但是这并不意味着就不能连接四线制传感器，在连接四线制传感器时，将第 4 根导线不连接即可，四线制传感器的连接方式如图 2-8 所示。

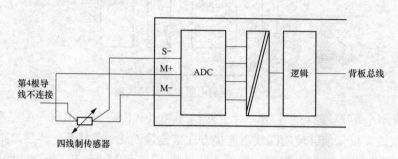

图 2-8　SM331（1KF00、1KF01、1KF02）的三线制连接方式

请注意，在这种方式下，传感器的第 4 管脚和 SM331 模拟量输入模块的 I＋输入保持失效状态，I＋输入管脚在测量电流模式下是必须使用的。

三、创作步骤

1. 硬件配置与组态示例

为了说明如何在实际项目中完成基本的硬件配置，本书选择了既带有 S7-300PLC 也带有 S7-400PLC 的项目，这样，项目描述起来具有典型的意义。

第一步　配置 S7-300 PLC 站的主机架

导轨是 S7-300 的机架，各种模块都是安装在机架上的，一根导轨上可以安装电源模块、CPU 模块、IM 接口模块和最多 8 个信号模块。西门子 300 的机架有 5 种不同的长度，即 160mm、482mm、530mm、830mm 和 2000mm。这些机架上的两个螺丝孔的中心距的宽度是相同的，都是 57.2mm，长度有 466mm、500mm 和 800mm 3 种不同的尺寸，读者在实际的工程中可以根据不同的尺寸进行选配。在导轨的左侧有个保护地螺丝，用于将导轨连接到保护地上。

在【硬件目录】窗口中展开【SIMATIC 300】，在【RACK-300】下双击（或拖动）【Rail】图标，将会在【硬件组态】窗口中插入一个导轨，即中央机架。这里的导轨是用【组态表】的形式来显示的。读者可以将右边【硬件目录】窗口中的设备元件拖动到组态表的某一行中，也可以双击【硬件目录】中所选择的硬件，这个硬件将被放置到组态表中预先被选中的槽位上，为项目配置导轨，组态表的图示如图 2-9 所示。

第二步　配置 300 站的电源

配置好导轨后，在【硬件组态】窗口中将出现一个【组态表】，组态表的表头显示的【(0) UR】，对应于中央机架（通用机架），编号是"0"。

电源的作用是将电网电压（120V/230V）转换为 S7-300 所需的 DC24V 工作电压。

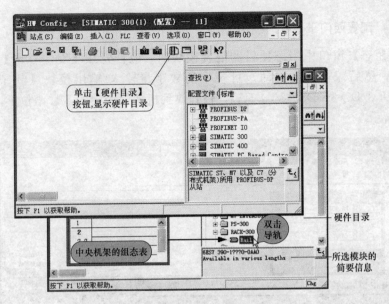

图 2-9 使用硬件目录添加导轨

电源模块 PS 的输出电压是直流 24V，有 10A、5A 和 2A 3 种型号。电源模块的输出电压是隔离的，并且具有短路保护功能。电源模块上的 LED 灯用来指示电源是否正常，当输出电压过载时，LED 指示灯闪烁。

电源模块只能配置在机架的一号槽位上，配置时在【硬件目录】中打开【SIMATIC 300】的复选框，双击（或拖拽）目录中的【PS-300】模块，将其放到机架简表中的一号槽位上，若放到其他槽位则会显示【电源模块的插槽选择出错】，如图 2-10 所示。

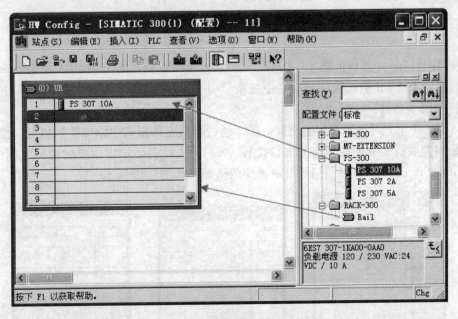

图 2-10 添加电源模块的方法

在模块插入已经组态的机架中后，模块的可用插槽会以高亮颜色显示出来。

第三步 配置西门子 300 的模块

在【硬件组态】窗口中组态项目的混合模块时，应首先在【硬件目录】中展开【SI-MATIC 300】，然后双击（或拖动）目录中的数字量输入/输出模块【6ES7 323-1BH01-0AA0】和【DI 8/DO 8×DC24V/0.5A】，将其放到机架简表中的 4 号槽位上，硬件组态图示如图 2-11 所示。

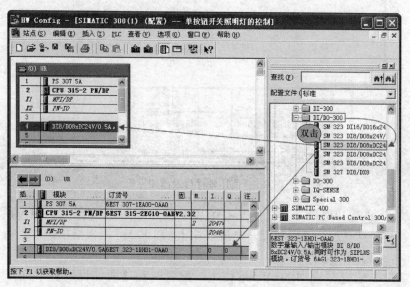

图 2-11 硬件组态图示

第四步 配置西门子 300 的扩展机架

配置西门子 300 的扩展机架时，应该在【IM-300】目录下找到相应的接口模板，添加到 3 号槽。

当项目中只有一个扩展机架时，主机架（0）和扩展机架（1）的 3 号槽中都使用 IM365 连接。

当项目中有 1～3 个扩展机架时，主机架（0）的 3 号槽中使用 IM360，扩展机架 1～3 的 3 号槽中用 IM361。

在 STEP 7 中，可以像添加主机架一样，通过拖拽在站窗口中添加扩展机架。然后分别在主机架和扩展机架中添加相应的接口模板，STEP 7 就会显示出相应的机架之间的连接，使用 IM 360 和 IM 361 扩展西门子 300 系统的组态图如图 2-12 所示。

图 2-12 使用 IM 360 和 IM 361 扩展西门子 300 系统的组态图

第五步 配置西门子 400 的中央机架及 CPU 模块

在【硬件目录】窗口中展开【SIMATIC 400】，在【RACK-400】下双击（或拖动）【Rail】图标，就可在【硬件组态】窗口中插入一个导轨，即中央机架，这里的导轨是用【组态表】的形式来显示的，读者可以将右边【硬件目录】中的设备元件拖拽到【组态表】的某一行中，也可以在双击【硬件目录】中选择的硬件，这个硬件将被放置到【组态表】中预先被选中的槽位上，为项目配置导轨，组态表的图示如图 2-13 所示。

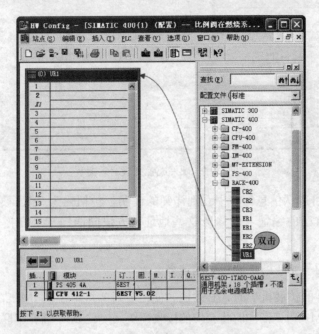

图 2-13　使用【硬件目录】添加导轨

配置好西门子 400 的导轨后，在【硬件组态】窗口中将出现一个【组态表】，【组态表】的表头显示的【(0)UR1】对应中央机架（通用机架），编号是"0"。

电源模块只能配置在机架的一号槽位上，配置时在【硬件目录】中展开【SIMATIC 400】，双击（或拖动）目录中的【PS-400】模块，将其放到机架简表中的一号槽位上。若将其放到其他槽位则会显示【电源模块的插槽选择出错】。当将模块插入已经组态的机架中后，模块的可用插槽会以高亮颜色显示出来。

电源模块根据其功率的不同，占用的槽位也不同，例如 4A 的 PS 405 电源模块占用一个槽位，10A 的 PS 405 电源模块占用两个槽位，而 20A 的 PS 405 电源模块占用 3 个槽位。

第六步 配置西门子 400 的模块

在西门子 400 的机架上配置 CPU 和其他应用模块的方法与添加电源模块的方法相同，单击二号槽位，然后在【硬件目录】中展开【SIMATIC 400】，双击（或拖拽）【CPU-400】复选框下要添加的 CPU，即可在西门子 400 的机架中添加 CPU 模块。其他模块的添加方法同上，只是槽位不同而已。

本例为【412-1】项目配置的 PLC 系统的硬件电源为 PS 405 4A，CPU 为 CPU412-1，配

置完成后，如图 2-14 所示。

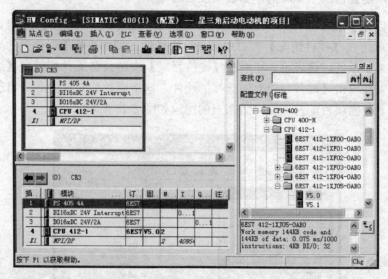

图 2-14 硬件配置完成示意图

在图 2-14 中，可以从信息窗口中看到详细的说明，包括输入/输出模块的硬件地址。另外，读者可以按照自己的编址习惯修改这些地址，方法同西门子 300 模块地址的修改方法一样。

● 第七步　西门子 400 的扩展机架的连接

配置西门子 400 的扩展机架时，必须同时使用成对的接口模块 IM。在中央机架 CR 中插入发送模块（发送 IM）时，需同时将相应的接收模块（接收 IM）插在串联的扩展机架 ER 中。

将扩展机架连接到中央机架的规则如下。

（1）1 个 CR 上最多可连接 21 个 S7-400 ER。

（2）为 ER 分配编号以便识别。必须在接收 IM 的编码开关中设置机架号。可以分配 1 到 21 之间的任何机架号。编号不得重复。

（3）在一个 CR 中最多可插入 6 个发送 IM。不过，一个 CR 中只允许存在两个能够传输 5V 电压的发送 IM。

（4）连接到发送 IM 接口的每个线路中最多可包括 4 个 ER（不包括 5V 电压传输）或一个 ER（包括 5V 电压传输）。

（5）通过通信总线进行数据交换时限定为 7 个机架，即 1 个 CR 和编号为 1 到 6 的 6 个 ER。

（6）不得超过为连接类型指定的最大（总）电缆长度。

● 第八步　西门子 400 的扩展系统的组态

在配置 S7-400 的 CR 机架中的 IM 模块时，可以将其放在除电源占用槽位以外的任意槽位，ER 上的接收 IM 插在 18 槽（UR1、ER1）或 8 槽（UR2、ER2）。

例如，在 UR1 的中央机架中的 6 槽中配置发送模块 IM460-0，在扩展机架 UR1 中的 18 槽中配置接收模块 IM461-0，配置连接时，可以双击发送模块【IM460-0】来打开 IM460 的属性选项卡，也可以通过在发送模块【IM460-0】上右击，在弹出的快捷菜单中选择【对象属性】命令来打开 IM460 的【属性】对话框。

然后在打开的 IM460 的【属性】对话框中，单击【连接】选项卡下的【连接】按钮，再单击【确定】按钮后，读者就可以看到 UR1 的【IM460-0】和 UR2 上的 18 槽的【IM461-0】之间已经有连接线连接上了，如图 2-15 所示。最后接好电缆，上电，下载硬件组态即可。

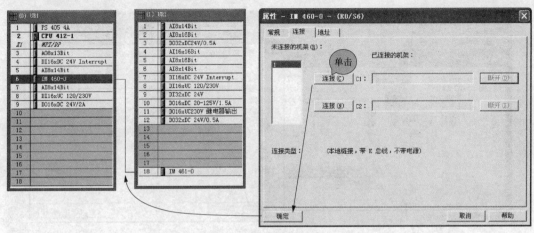

图 2-15　西门子 400 扩展系统的组态过程图示

第九步　插入功能块 FC1

在 SIMATIC 管理器的项目窗口中，单击项目中的【站】、【S7 程序（1）】或【块】都可以使【插入】菜单下的【S7 块】命令的状态从灰色的不可使用状态变成黑色可用状态。

具体操作方法是，在主菜单中选择【插入】→【S7 块】命令，在弹出的级联菜单中的 6 种选项中选择项目中要创建或添加的内容，图 2-16 中选择的是【功能】，随后将弹出其对应的【属性】对话框，读者可以在里面修改名称、编程的语言类型和符号名等。单击【确定】按钮后，项目窗口中将会出现添加好的功能【FC1】。在项目中插入 S7 块的方法如图 2-16 所示。

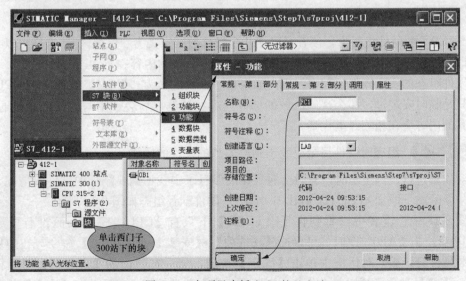

图 2-16　在项目中插入 S7 块的方法

第十步 更改 FC1 符号名

在【项目窗口】中右击功能【FC1】，在弹出的快捷菜单中选择【对象属性】命令，在随后弹出的【属性—功能】对话框中将【符号名】修改为"星三角启动"，在【符号注释】对应的文本框中输入"星三角启动控制程序"后，单击【确定】按钮，流程图如图 2-17 所示。

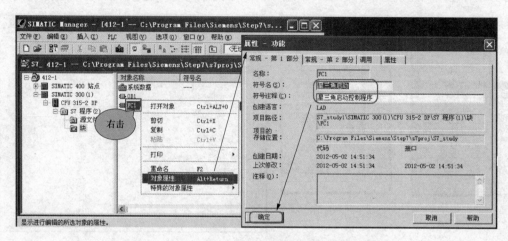

图 2-17　更改功能 FC1 的符号名和符号注释的流程图

第十一步 仿真模块 SM374 的硬件组态技巧

可组态数字量模块 SM374 可用于 3 种模式中，可以作为 16 通道数字输入模块，或作为 16 通道数字输出模块，还可以作为包括 8 个输入和 8 个输出的混合数字输入/输出模块。

组态 SM374 模块时，如果把 SM374 作为一个 16 通道输入模块，则组态一个 16 通道输入模块即可，推荐使用 6ES7 321-1BH01-0AA0；如果把 SM374 作为一个 16 通道输出模块，则需组态一个 16 通道输出模块，推荐使用 6ES7 322-1BH01-0AA0。如果把 SM374 作为一个混合输入/输出模块，则需组态一个混合输入/输出模块，推荐使用 6ES7 323-1BH01-0AA0。

第十二步 在硬件组态中定义保留区

在 STEP 7 的硬件组态中，读者可以把几个操作数区定义为"保留区"。这样可以在掉电以后，即使没有备份电池的情况下，仍能保存这些区域中的内容。

在硬件组态的实际操作过程中，用户如果将一个块定义为"保留区"，而它在 CPU 中不存在或只是临时安装过，那么这些区域的部分内容在掉电以后会被重写。在电源接通/断开之后，其他内容会在相关区里找到。

第十三步 组态时硬件目录里找不到要添加的硬件的操作

在对项目进行硬件组态时，有时会遇到在硬件目录中找不到要添加的硬件的情况，如在西门子 400 的站下添加 6ES7 417-4HL01-0AB0，硬件配置组态如图 2-18 所示。

在图 2-18 中，读者可以看到在【CPU-400】下只有【CPU 417-4】，而没有要添加的 6ES7 417-4HL01-0AB0，此时，可以选择【选项】→【安装 Hw 更新...】命令，在随后弹出的【安装硬件升级版】对话框中单击【确定】按钮，然后在弹出的【设置值】对话框中的【Internet 连接】选项区域中单击【使用浏览器组态】单选按钮，之后单击【确定】按钮，在弹出的【安装硬件升级版】对话框中单击【执行...】按钮，如图 2-19 所示。

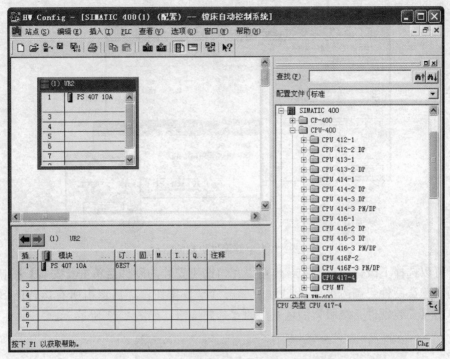

图 2-18 硬件配置组态窗口图示

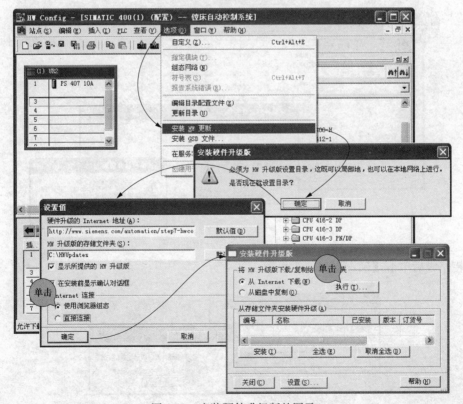

图 2-19 安装硬件升级版的图示

然后，在弹出的【下载硬件升级版】对话框中单击【下载】按钮，下载完毕后会弹出一个下载完成的消息框，单击【确定】按钮即可，如图 2-20 所示。

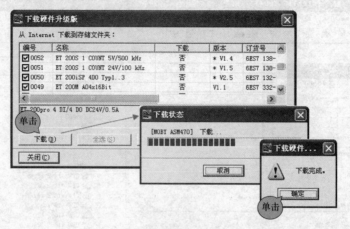

图 2-20　下载硬件更新的图示

　　读者可以选择下载完成后安装，也可以在勾选要安装的硬件后单击【安装】按钮，然后在弹出的【确认硬件更新安装】消息框中单击【是】按钮，之后退出所有运行的 STEP 7，最后，单击【安装硬件升级版】消息框中的【是】按钮，如图 2-21 所示。

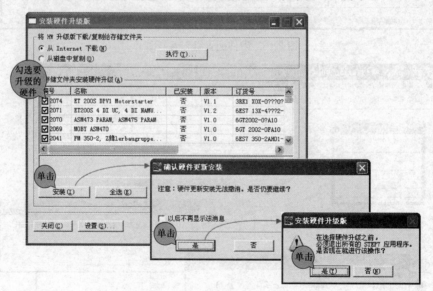

图 2-21　安装硬件升级的图示

安装完成后单击【确定】按钮，如图 2-22 所示。

图 2-22　安装完成图示

硬件升级完成后，在【硬件目录】中将会出现升级后的硬件，如图 2-23 所示。

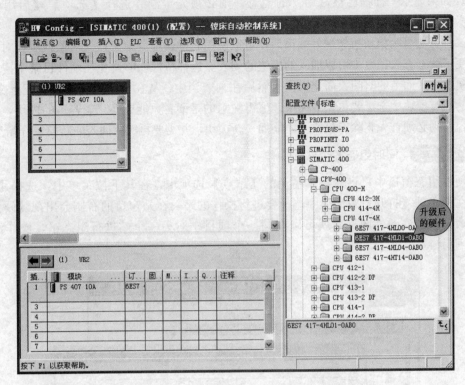

图 2-23 硬件升级完成后的【硬件目录】图示

第十四步 组态表的操作

（1）在组态表中快速插入复制的模块。首先按照上述选择模块的方法，可以选择全部模块、一组连续安装的模块或部分在组态表中位置不同的模块，然后右击或按 Ctrl＋C 键便可复制所选模块，然后在组态表中选择要插入模块的位置，如果在插入时没有违反插槽规则，那么就可以不受站的限制地插入复制的模块了。

（2）全部删除组态表中的模块。在组态表中删除全部模块，首先要选择所有行，即选择【编辑】→【全部】命令，然后，按 Delete 键就可删除全部模块了，删除时也可右击，在弹出的快捷菜单中选择【删除】命令。

（3）删除组态表中连续安装的模块。在组态表中选择要删除的这一组连续的行的第一行，按住 Shift 键，然后单击要删除的这组的最后一行，按 Delete 键便可删除所选组的模块，删除时也可右击鼠标，在弹出的快捷菜单中选择【删除】命令。

（4）部分删除组态表中的模块。按住 Ctrl 键，然后单击要删除的模块，选择完成后，按 Delete 键便可删除所选的模块了。删除时也可右击，在弹出的快捷菜单中选择【删除】命令。

（5）在组态表中更换模块。在项目的硬件组态完成后，可以使用另一个模块来更换现有的模块，如更换 CPU 或模拟量模块，更换时是不会丢失所分配的模块参数或连接组态的，具体的操作有以下两种方法。

第一种方法是将新模块拖到要替换的模块的插槽当中，在弹出的对话框中确认希望替换的模块。如果显示"插槽已被占用"的消息，则必须先定制并选择【选项】→【启用模块更换】来激活功能。

第二种方法是为模块机架选好插槽后，可以使用右键快捷菜单来插入对象或更换对象，这种方法便于读者查看项目中可以插入的模块的列表。这种特性能够避免在硬件目录中搜索要更换的新模块，从而节约时间、简化操作。然后在列表当中，从在当前可用的目录配置文件中，所列出的所有模块中选择要更换的模块。值得注意的是读者只能更换"兼容"的模块，如果模块不兼容，则必须首先删除旧模块，才能插入新模块，并需要再次为插入的新模块分配参数。

第十五步 同时组态多个站的操作

在硬件组态窗口中，打开菜单栏上的【站点】选项卡，在其下拉菜单中，选择【打开】命令，在弹出的【打开】对话框中选择要进行操作的站，在站窗口的右侧会出现【硬件】对象图标，双击该硬件图标，就可以在同一个项目中对另一个站进行组态了，操作流程如图 2-24 所示。

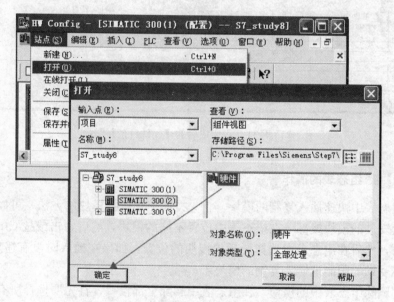

图 2-24 同时组态多个站的方法图示

第十六步 保存硬件组态

（1）保存组态。在项目进行完硬件组态后，需要对组态进行保存，并检查一致性。

在保存具有所有设定参数和地址的组态时，需要选择【站点】→【保存和编译】命令，这样可在当前项目中将该组态保存为"站"对象。如果可以创建有效的系统数据块（SDB），那么它们会被存储在相关模块的（离线）"块"文件夹中，用"系统数据"文件夹/符号来代表系统数据块。

（2）保存不完整的组态。在【硬件组态】窗口中，选择【站点】→【保存】命令，保存时不创建任何系统数据块。该保存过程所花费的时间比保存及编译所花费的时间短，但应注意，在【站】对象中保存的组态和在系统数据中保存的组态之间可能存在不一致性，所以在下载之前，应该进行一致性检查来检查站组态是否有错误。

2. 数字量模块的接线

西门子公司将数字量和模拟量输入输出模块统称为 SM 信号模块，前连接器插在前盖后面的凹槽里，每种信号模块的前连接器也不同，每个编码元件都有与之匹配的前连接器，S7-300 的输入/输出模块的外部连线是接在插入式前连接器的端子上的。

模块上的每个输入和输出都有用于诊断的 LED 指示灯，它们在程序调试和检查输入点状态时非常有用，LED 显示的是光耦前的现场过程状态或内部状态。

第一步 数字量输入模块 6ES7 321-1BL00-0AA0 的接线

6ES7 321-1BL00-0AA0 模块是 32 点输入模块，电隔离为 16 组，额定输入电压为 DC 24V，适用于开关以及二级、三线、四线接近开关，接线图如图 2-25 所示。

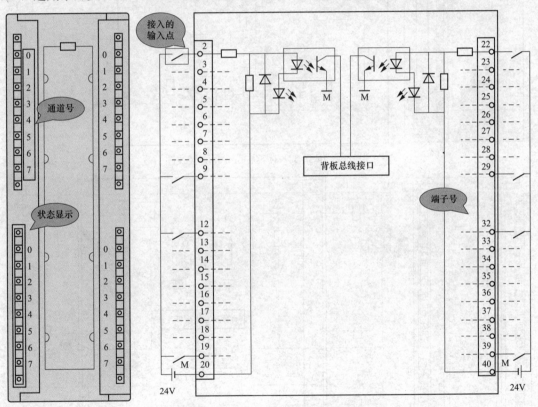

图 2-25　6ES7 321-1BL00-0AA0 的接线图

第二步 数字量输入模块 6ES7 321-1FF01-0AA0 的接线

6ES7 321-1FF01-0AA0 模块为 8 点输入模块，电隔离为两组，额定输入电压为 AC 120/230V，适用于接入开关以及二线或三线交流电源的接近开关，接线图如图 2-26 所示。

第三步 数字量输出模块 6ES7 322-1BL00-0AA0 的接线

6ES7 322-1BL00-0AA0 模块是 32 点输出模块，电隔离为 8 组，输出电流为 0.5A，额定负载电压为 DC 24V，适用于驱动电磁阀、DC 接触器和信号灯，接线图如图 2-27 所示。

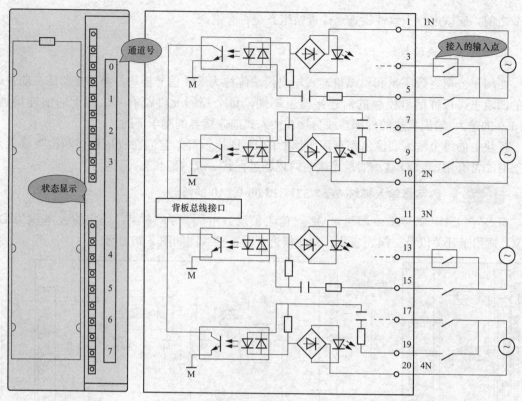

图 2-26 6ES7 321-1FF01-0AA0 的接线图

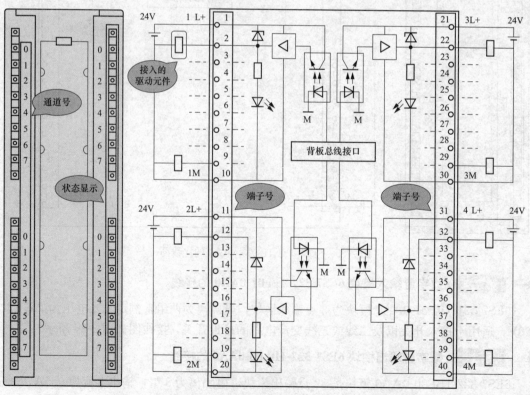

图 2-27 数字量输出模块 6ES7 322-1BL00-0AA0 的接线图

第四步 继电器输出模块 6ES7 322-1HH01-0AA0 的接线

6ES7 322-1HH01-0AA0 模块的额定负荷电压为 DC 24V 到 DC 120V，AC 48V 到 AC 230V，适用于驱动 AC/DC 电磁阀、接触器、电动机启动器、FHP 电动机和信号灯，其接线图如图 2-28 所示。

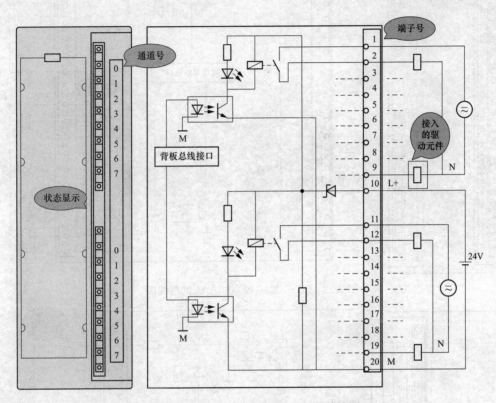

图 2-28 6ES7 322-1HH01-0AA0 的接线图

3. 数字量混合模块的接线

第一步 数字量混合模块 6ES7 323-1BL00-0AA0 的接线

6ES7 323-1BL00-0AA0 是具有 16 点输入，电隔离为 16 组，以及 16 点输出，电隔离为 8 组的模块，额定输入电压为 DC 24V，额定负载电压 DC 24V。并且这个混合模块的输入适用于开关以及 2 线/3 线/4 线接近开关，输出能够驱动电磁阀、DC 接触器和指示灯，其接线图如图 2-29 所示。

第二步 数字量输入/输出模块 6ES7 323-1BH01-0AA0 的接线

6ES7 323-1BH01-0AA0 模块具有 8 点输入，电隔离为 8 组，以及 8 点输出，电隔离为 8 组。额定的输入电压为 DC 24V，额定负载电压为 DC 24V，这个混合模块的输入适用于开关以及 2 线/3 线/4 线的接近开关，输出能够驱动电磁阀、DC 接触器和指示灯等负载，其接线图如图 2-30 所示。

边学边用边实践　西门子S7-300/400系列PLC、变频器、触摸屏综合应用

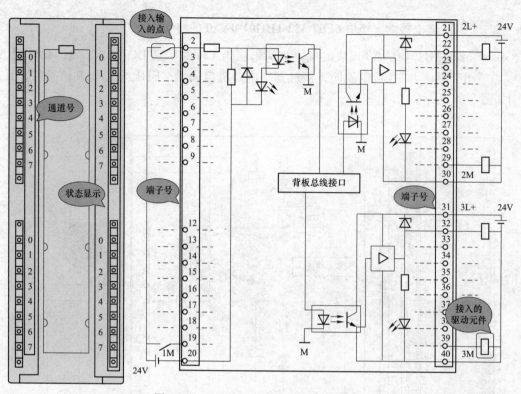

图 2-29　6ES7 323-1BL00-0AA0 的接线图

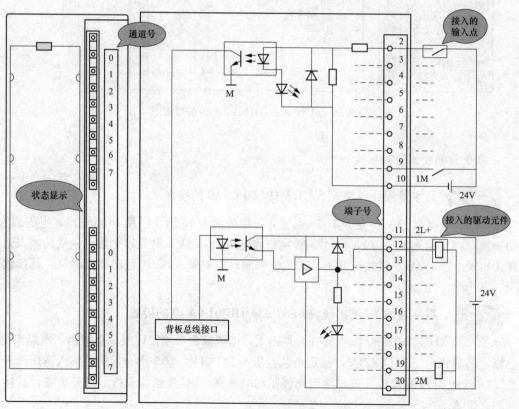

图 2-30　6ES7 323-1BH01-0AA0 的接线图

4. 各种传感器与模拟输入模块的接线

西门子模拟量模块分为带"Mana"端子和不带"Mana"端子两种，它们的接线不同，"Mana"是模拟测量电路的参考电压。

模拟量输入输出模块的电缆和 PROFIBUS 总线信号必须采用屏蔽电缆，模拟量模块采用插入式前连接器进行接线。连接器在第一次插入时，有一个编码元件与之啮合，因此，该连接器以后就只能插入同种类型的模块中。

前连接器在接线时，应首先打开信号模块的前盖，按下模块上部的释放按钮，向前拔出前连接器直到尽头，即将前连接器放在接线位置，在此位置上前连接器已经与模块断开，而且端子比较突出便于接线。将夹紧装置插入到前连接器中，剥去长度为 6mm 的电缆的绝缘层，然后将电缆连接到端子上，用夹紧装置将电缆夹紧，将前连接器放在运行位置，关上前盖，填写端子标签并将其压入前盖中，最后在前连接器盖上粘贴槽口号码。

模块的接线电缆采用截面积为 $0.25\sim1.5\text{mm}^2$ 的柔性电缆，连接的非屏蔽电缆的最大允许长度为 600m（模拟信号模块除外），屏蔽电缆的最大允许长度为 1000m。

值得注意的是，必须安装完模块并拧紧后，才能把前连接器插入，由于一些模块要求前连接器带有跳线器，所以安装时不要取下这个跳线器。

● **第一步** 带"Mana"端子的模块的传感器接线

如果带隔离的测量传感器允许的共模电压 UCM 的范围为 $1\sim8\text{V}$，那么传感器的输出信号的低电平必须与 M 或 Mana 连接，以 SM 331-7KF02 为例，如图 2-31 所示。

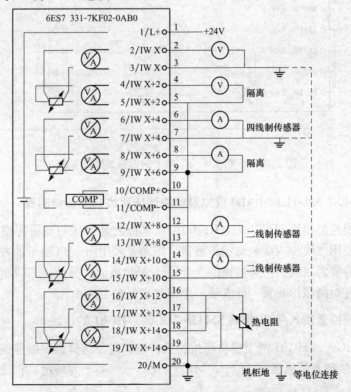

图 2-31 带"Mana"端子的模块的传感器连接方法

● ━ **第二步** 不带"Mana"端子的西门子 **300** 模块的接线

以 SM 331-1KF01 为例，如图 2-32 所示。

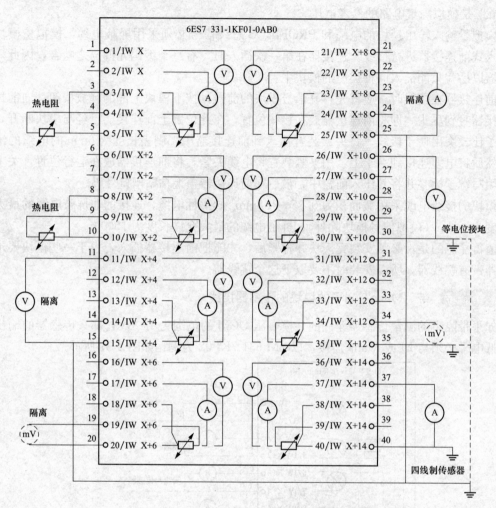

图 2-32 不带"Mana"端子的传感器接线方法

● ━ **第三步** **6ES7 331-1KF0-0AB0** 模拟量模块连接两线制测量传感器

前面介绍过模拟量模块 6ES7 331-1KF0-0AB0 连接的是四线制测量传感器，如果想在一个通道组上混合使用二线和四线制测量传感器，则需要采用图 2-33 所示的方法为二线制传感器接线。此时，需要为二线制传感器提供一个外部 24V 电源，另外，二线制的测量传感器的供电电源必须具有短路保护装置，即安装一个熔丝来保护电源单元。

● ━ **第四步** 模拟量输入/输出模块 **SM335-7HG00/7HG01** 的接线

6ES7 335-7HG00/7HG01 两个模块连接测量传感器时要选择最短的连接距离，并将接地端子"Mana"连接到测量通道的 M0－、M1－、M2－、M3－并接地，正确的接线可以避免模拟输入的波动，如图 2-34 所示。

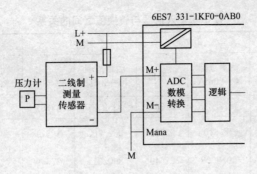

图 2-33 原配四线制传感器的模块接二线制传感器的接线方法

M+—测量电路正极；M-—测量电路负极；

Mana—模拟测量电路参考电位；M—接地；L+—DC 24V供电连接

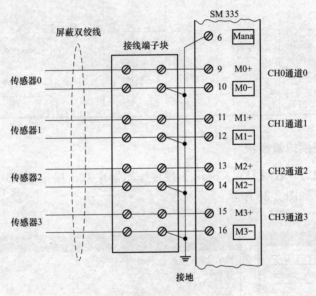

图 2-34 模拟输入模块的接线

5. 模拟量输入/输出模块的参数设置

用 PLC 进行模拟量控制的好处是，在进行模拟量控制的同时，也可以对开关量进行控制。这个优点是别的控制器所不具备的，或控制的实现不如 PLC 方便。当然，对于单纯是模拟量的控制系统，PLC 在性能价格比上可能不如调节器。

● 第一步 模拟量输入模块对故障的诊断

模拟量输入模块可以诊断的故障包括组态/参数分配错误、共模错误、断线（要求激活断线检查）、测量值超下界值、测量值超上界值、无负载电压 L+。

模拟量输出模块可以诊断的故障包括组态/参数分配错误、接地短路（仅对于电压输出）、断线（仅对于电流输出）和无负载电压 L+。

● 第二步 模拟量输入信号与转换值之间的关系

模拟量输入信号与转换值之间的关系见表 2-3。

表 2-3　　　　　　　　　模拟量输入信号与转换值之间的关系

范围	电压		电流		电阻		温度（例如 PT100）	
	测量范围 ±10V	转换值	测量范围 4~20mA	转换值	测量范围 0~300Ω	转换值	测量范围 −200~+850℃	转换值 1 位数字=0.1℃
超上限	≥11.759	32767	≥22.815	32767	≥352.778	32767	≥1000.1	32767
超上界	11.7589 ⋮ 10.0004	32511 ⋮ 27649	22.810 ⋮ 20.0005	32511 ⋮ 27649	352.767 ⋮ 300.011	32511 ⋮ 27649	1000.0 ⋮ 850.1	10000 ⋮ 8501
额定范围	10.00 ⋮ 0 ⋮ −10.00	27648 ⋮ 0 ⋮ −27648	20.000 ⋮ 4.000	27648 ⋮ 0	300.000 ⋮ 0.000	27648 ⋮ 0	850.0 ⋮ 0.0 ⋮ −200.0	8500 ⋮ 0 ⋮ −2000
超下界	10.0004 ⋮ 11.759	−27649 ⋮ −32512	3.9995 ⋮ 1.1852	−1 ⋮ −484	不允许负值		−200.1 ⋮ −243.0	−2001 ⋮ −2430
超下限	≤−11.76	−32768						

● 第三步　组态模拟量模块

组态模拟量模块时，在【HW Config】硬件编辑器中双击模拟量模块，会弹出这个模块的【属性】对话框，如图 2-35 所示。

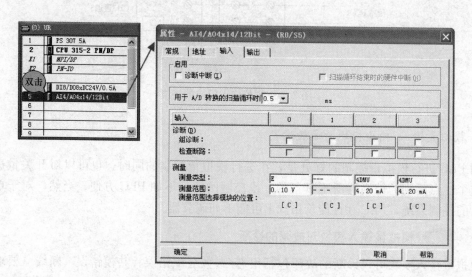

图 2-35　模拟量模块的【属性】对话框

● 第四步　模拟量输入模块的参数

用户可以设置这个模拟量输入模块的参数，可以设置的内容如图 2-36 所示。

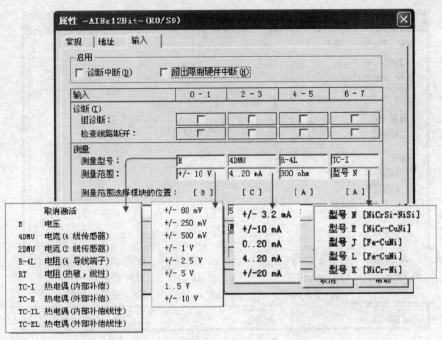

图 2-36　模拟量输入模块的参数设置图示

第五步 设置【诊断中断】

设置模拟输入模块的【诊断中断】的图示如图 2-37 所示。

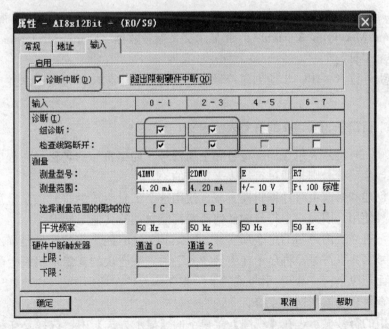

图 2-37　设置模拟输入模块的【诊断中断】的图示

第六步 模拟量输出模块的参数

模拟量输出模块可以设置的参数如图 2-38 所示。

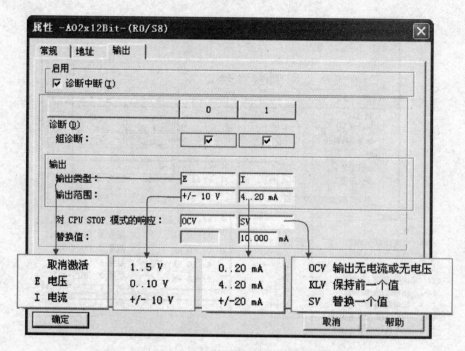

图 2-38　模拟量输出模块的设置参数图示

6. 符号表的创建

西门子 300/400 符号表是公共数据库，编辑器（LAD/STL/FBD）、监视和修改变量（Monitoring and Modifying Variables）和显示交叉参考数据（Display Reference Data）都会用到符号表这个工具。

本案例将引导读者一步一步地创建符号表，在符号表中创建符号变量，并进行粘贴和复制等相关操作。

第一步 西门子 300/400 的符号表的定义

西门子 300/400 符号表包含局部符号和全局符号，局部符号的名称是在程序块的变量声明区中定义的，全局符号则是通过符号表来定义的。

符号表的创建和修改由符号编辑器实现。使用这个工具生成的符号表是全局有效的，可供其他所有工具使用。因而一个符号的任何改变都能自动被其他工具识别。

也就是说，符号表内声明的是全局变量，FB、FC、OB 内声明的变量是局部变量。来自符号表中的符号（共享符号）将显示在引号".."内。来自块的变量声明表中的符号（局部符号）将在前面冠以字符"#"。引号或"#"无须输入，在梯形图、FBD 或 STL 中输入程序时，语法检查将自动添加这些字符。

有关程序中的符号显示，在【视图】菜单下的【显示方式】中，选择要在程序中显示的项即可。如果不想在程序中显示符号表，则将其删除即可。如果只是不想让符号显示出来，则不需删除符号表。打开程序按下 Ctrl＋Q 键，恢复成地址显示，再次按下该组合键则又变成符号表显示。如果有注释，则可以按 Ctrl＋Shift＋Q 键也可将注释隐藏。

第二步 西门子 300/400 的寻址方式

西门子 300/400 的寻址方式有两大类，分别是直接寻址和间接寻址。

直接寻址可以分为绝对地址寻址和符号地址寻址。直接寻址就是用绝对地址寻址，符号地址寻址是用变量的名称符号来代表地址，例如可以把 DB1.DBW10 命名为 "RUN_M1"，那么用户在之后的编程里要用到 DB1.DBW10 时，就直接可以写 "RUN_M1" 就可以了。

间接寻址可以分为存储器间接寻址和寄存器间接寻址。存储器间接寻址可以分为 16 位指针寻址和 32 位指针寻址；寄存器间接寻址可以分为 32 位间接寻址和 32 位交叉寻址。

（1）绝对寻址。在绝对寻址中，需要直接指明地址（例如，输入 I1.0），在这种情况下不需要符号表，但是程序会变得异常难读。

（2）符号寻址。在符号寻址中，使用的是符号（例如，MOTOR_start），而不是绝对地址。在符号表中可以对输入、输出、定时器、计数器、位存储器和块定义符号。

在编程过程中输入符号名时，不需要加入引用标记，程序编辑器会自动加入。

（3）西门子 300/400 的全局符号。在符号编辑器中定义的全局符号可以在所有的程序块中使用。在符号表中的符号必须是唯一的，也就是说，在符号表中只能出现一次。

（4）西门子 300/400 的局部符号。局部符号是在块的声明区定义的，它们只能在所定义的块中使用。同一个符号名可以在另一个块中重新使用。

第三步 创建符号表

在【SIMATIC Manager】中，读者如果选择了项目或项目中配置的站（此处配置的是西门子 400 的站），在单击了主菜单上的【插入】选项卡后，可以看到其下拉子菜单中的【符号表】命令是灰色不可操作状态。如果项目中配置了西门子 300 的站，【符号表】命令也将同样是灰色不可操作状态。

如果要创建一个新的符号表，则可以选择项目中配置的站，然后选择【插入】→【符号表】命令，此时，会弹出一个消息框询问是否创建新的符号表来覆盖已有的符号表，单击【是】按钮即可创建一个新的符号表，流程如图 2-39 所示。

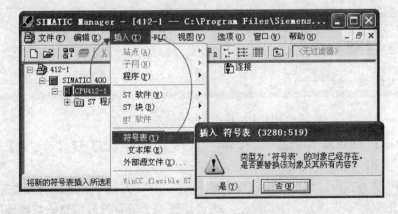

图 2-39 创建新的符号表

如果项目中同时配置了西门子 300 的站和西门子 400 的站，那么就要分别选择这些站，然后创建出西门子 300 的站的符号表和西门子 400 的站的符号表。

第四步 打开符号表

在【LAD/STL/FBD 编辑器】中，选择【选项】→【符号表】命令就可以打开符号表，还可以从【SIMATIC Manager】中打开符号表，选择项目窗口左侧部分的程序并双击【符号】对象，操作如图 2-40 所示。

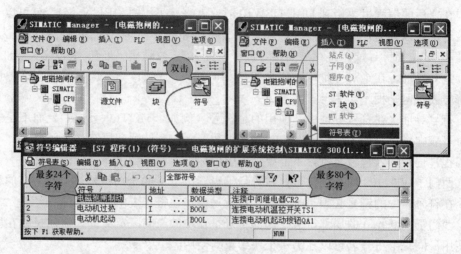

图 2-40 在 STEP 7 中打开符号表的操作图示

符号表包含全局符号的名称、绝对地址、类型和注释。

当打开符号表时，会弹出一个附加对话框，该对话框由符号、地址、数据类型和注释等列组成。每个符号占用符号表的一行。当定义一个新符号时，会自动插入一个空行。编辑符号表的对话框如图 2-41 所示。

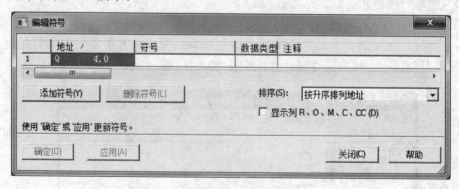

图 2-41 编辑符号表的对话框

在【LAD/STL/FBD】编辑器中，读者可以通过选择【视图】→【显示方式】命令来勾选出符号的 5 种选项，如图 2-42 所示。

在 LAD/FBD 方式下，地址分配在段下显示，在 STL 方式下，地址分配在指令行显示。编程时，如果把鼠标箭头指到一个地址上，则会出现一个带有符号信息的该地址的提示。

另外，也可以在【硬件配置】窗口中对已经添加的模块进行符号表的操作，方法是使用右击 I/O 模块，在弹出的快捷菜单选择【编辑符号名称】命令，这样就可以打开和编辑该模块的 I/O 元件的符号表了。

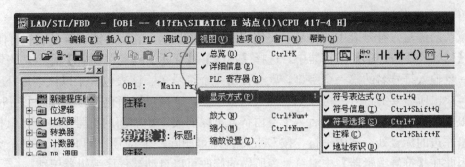

图 2-42　符号的 5 种选项的选择过程图示

第五步　符号表的查找和替换

在【符号编辑器】中，选择【编辑】→【查找和替换】命令，之后，在弹出的【查找和替换】对话框中【查找】对应的文本框中输入要查找的符号，并在【替换】对应的文本框中输入要替换的符号即可。

其中，【向下查找】代表在符号表中向下查找到最后一行；【向上查找】代表在符号表中向上查找到第一行；【区分大小写】代表仅查找带指定的大写或小写字母的特定文本；【全字匹配】代表以一个分离字而不是以一个长字查找特定文本。

当查找地址时，应该在地址表识符后插入一个统配符，否则不能发现地址。

第六步　符号表排序

符号表中的符号可以按照字母顺序显示，并对当前窗口的指定列进行排序。

排序方法是在【符号编辑器】中，选择【查看】→【分类】命令。

（1）单击要排序的列的列首，在当前列中按照升序排序。

（2）单击要排序的列的列首，在当前列中按照降序排序。

第七步　符号表的导出和导入

在【符号编辑器】中，选择【符号表】→【输出】命令，就可以导出符号表并能用不同的文件格式存储符号表，以便在其他的程序中使用。

导出的符号表可以选择如下的文件格式：ASCII 格式（＊.ASC）（Notepad、Word）、数据交换格式（＊.DIF）（EXCEL）、系统数据格式（＊.SDF）（ACCESS）、符号表（＊.SEQ）（STEP 5 符号表）。

在【符号编辑器】中，可以导入其他程序中建立的符号表。

导入符号表时，首先选择【符号表】→【导入】命令，在弹出的【导入】对话框中选择文件格式，可以发现与导出相同的文件格式。在【查找】列表框中选择目录要导入的符号表的路径。在【文件名称】文本框中输入符号表的文件名，单击【OK】按钮确认即可。

导入的符号表的文件格式包括：ASCII 格式（＊.ASC）（Notepad、Word）、数据交换格式（＊.DIF）（EXCEL）、系统数据格式（＊.SDF）（ACCESS）和符号表（＊.SEQ）（STEP 5 符号表）。

第八步　在【LAD/STL/FBD】编辑器中编辑符号表中的符号

选择【编辑】→【符号】命令，或在地址上右击，在弹出的快捷菜单中选择【编辑符号】

命令，可以对绝对地址分配符号名，所分配的符号名会自动加入到符号表中。

注意：已经写入符号表中的符号名将使用不同颜色显示，它们不能在符号表中再使用。

在【LAD/STL/FBD】编辑器中，选择【视图】→【显示】→【符号选择】命令，当输入地址时，一旦输入符号名的第一个字母，就会弹出一个符号表。该表包含了以该字母开头的所有符号，单击所需要的符号就可以把它插入到程序中，这样可以简化符号编程的书写时间。

将鼠标箭头移到符号表的最后一个空白行，可以向表中添加新的符号定义；将鼠标箭头移到表格左边的标号处，选中一行，按 Delete 键即可删除一个符号。STEP 7 是一个集成的环境，因此在【符号编辑器】中对符号表所做的修改可以自动被程序编辑器识别。

在开始项目编程之前，首先规划好所要用到的绝对地址，并创建一个符号表，这样可以为后面的编程和维护工作节省更多的时间。

第九步 **符号优先**

符号优先的作用是在修改一个程序的符号表分配时，决定绝对寻址和符号寻址哪一个优先。

选择符号优先的方法是，在【SIMATIC 管理器】中，右击 S7 程序的【块】，在弹出的快捷菜单中选择【属性】命令，然后激活【块】选项卡，在选择区域中选择【绝对值】【符号】即可。

第十步 **存储符号表**

选择【符号表】→【保存】命令，保存符号表。

S7 中的定时器在仓库自动消防灭火系统中的应用

一、 案例说明

在本案例的相关知识点中，对 STEP 7 编程软件中的定时器进行了详细介绍，然后在案例编程步骤中，通过一个仓库自动消防灭火控制系统和几个定时器的应用说明了在程序编制中，如何灵活地使用这些定时器。

二、 相关知识点

1. 西门子 300 系列 PLC 的模块介绍

S7-300 PLC 系统易于操作、编程、维护和服务，还具有简单实用的分布式结构和多界面的网络能力，模块式的 PLC 结构组成示意图如图 3-1 所示。

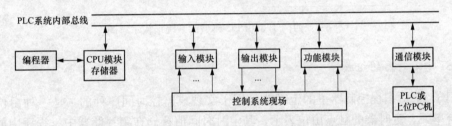

图 3-1　模块式的 PLC 结构组成示意图

使用 S7-300 PLC 组建针对低性能要求的模块化中小型控制系统时，有不同档次的 CPU 和不同类型的扩展模块可以自由选择，并且系统中的扩展模块可以达到 32 个，模块内集成了背板总线，可以进行多点接口（MPI）、PROFIBUS 或工业以太网的网络连接，连接编程器 PG 后读者可以访问所有连接的模块，使用 STEP 7 编程软件中的【HW Config】硬件配置窗口工具还可以进行组态和参数的设置。

S7-300 CPU 系列模块支持一个通用的指令集和寻址方法，CPU 312/313 的输入/输出只能有 1 层组态，CPU 314/315 的机架组态可以支持 4 层组态，其中，S7-315-2DP 的 DP 连接有一个附加的接口，可以支持 PROFIBUS 分布式外设（DP）。

使用 STEP 7 编程软件对其进行程序的编制。S7-300 的组件包括导轨、电源（PS）、中央处理单元（CPU）、接口模块（IM）、信号模块（SM）、功能模块（FM）、通信处理器（CP），等等。

S7-300 PLC 的 CPU 模块均有一个编程用的 RS-485 接口，另外，有些 CPU 还具有 PROFIBUS-DP 接口或 PTP 串行通信接口。通过这些接口读者可以为自己的项目建立一个 MPI（多点接口）网络或 DP 网络。西门子 300 PLC 典型的系统结构示意图如图 3-2 所示。

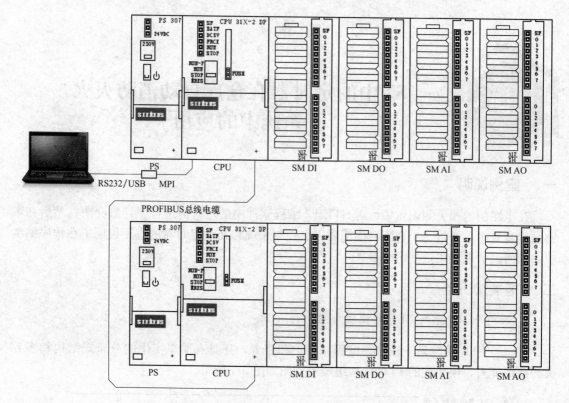

图 3-2　西门子 300PLC 典型的系统结构示意图

2. S7 中定时器的组成

西门子 S7 可编程控制器里的定时器是用于实现或监控时间序列的，是一种由位和字组成的复合单元。定时器的触点由位表示，其定时时间值存储在字存储器中。程序中的定时器应用如图 3-3 所示。

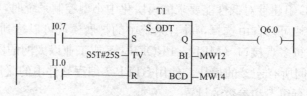

图 3-3　程序中的定时器

S7 中的定时时间由时基和定时值两部分组成，如图 3-3 所示，定时时间等于时基与定时值的乘积。定时器采用减计时，定时时间到达设定的时间后将会引起定时器触点的动作。

定时器运行时间的设定值由 TV 端输入，该值可以是常数（如 S5T＃45s），也可以通过扫描输入字（如拨轮开关）来获得，或者通过处理输出字、标志字或数据字来确定。

时间设定值的格式是以常数形式输入定时时间，只需在字符串"S5T＃"后以小时（h）、分钟（m）、秒（s）或毫秒（ms）为单位写入时间值即可。例如，定时时间为 2.5s，则在 TV 端输入"S5T＃2s_500ms"。而若以其他形式提供定时时间，就必须了解定时器字的数据格式。定时器字的长度是 16 位，从该字的右端起，头 12 位是时间值的 BCD 码，每 4 位表示一位十进制数，其表达范围为 0～999，随后的两位用来表示时间的基准（0～3），最后两位在设定时值时没有意义。

时间基准定义的是一个单位代表的时间间隔。当时间用常数（S5T♯…）表示时，时间基准由系统自动分配。当时间由拨码按钮或通过数据接口指定时，用户必须指定时间基准。

当定时器启动时，定时时间值被传送到定时器的系统数据区中，一旦定时器启动，时间值便一个单位一个单位地递减，直到零为止，以什么单位递减则取决于所设定的时间基值。

三、 创作步骤

1. 定时器指令的输入和编辑

● ◼ 第一步 ◼ 定时器指令的输入方法

在程序中添加定时器，第一种方式是首先单击编程路径，使之变色变宽后，双击要添加的定时器，或将【程序元素】中【定时器】下要添加的定时器拖动到编程路径上即可，如图 3-4 所示。

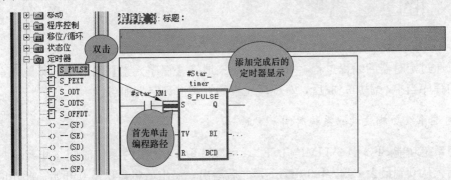

图 3-4　定时器的输入过程 1

添加定时器的输入端的逻辑电路的输入方法是：首先单击编程路径，然后双击要添加的定时器，这里添加的是脉冲定时器【S_PULSE】，添加完成后，再添加定时器的输入端的逻辑电路（本例是动合触点），方法是单击定时器 S 段的编程路径，使之变色变宽后，再单击工具栏上的动合触点，添加的过程如图 3-5 所示。

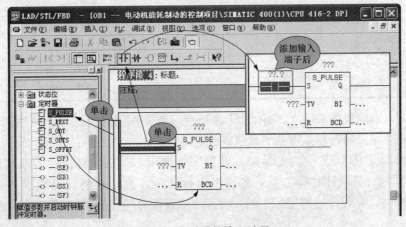

图 3-5　定时器的输入过程 2

● 第二步 复位逻辑的输入过程

单击定时器 R 端的编辑框后，再单击工具栏上要添加的【动断触点】按钮即可，输入的过程如图 3-6 所示。

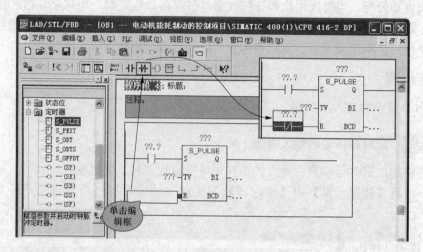

图 3-6 定时器的输入过程 3

读者通过定时器的编程过程，可以举一反三地将【程序元素】窗口中的其他元素，添加到自己的程序当中，添加完成后，对程序元素的管脚进行定义即可。

2. 通过系统功能块读取系统时间来定时

使用系统功能 SFC 64 "TIME_TCK"，可以读取 PLC 中的系统时间，此系统时间采用双字存储，从 0 到最大 2 147 483 647ms，之后溢出，溢出后将再次从 0 开始，此功能块计时的精度是 1ms，此系统时间的变化可被 CPU 的工作模式所影响。CPU 的工作模式对 SFC64 读取系统时间的影响见表 3-1。

表 3-1　　　　　　　　CPU 的工作模式对 SFC64 读取系统时间的影响表

CPU 的工作模式	系统时间
启动或运行	持续更新
停止	停止并保持当前值
热启动	在切换到停止模式时保持计数
温启动	删除并从 0 开始
冷启动	删除并从 0 开始

编程举例，本例程序采用 I0.0 作为计时开始，I0.1 作为计时结束，使用两个输入的上升沿记录系统时间，两者相减得到的数值就是定时时间。

首先，当 I0.1 从 OFF 变为 ON 时，在程序中调用 SFC64，将读回的系统时间存放在 MD100 中，同时，置位计时标志位，复位溢出标志位，为计时值计算做准备。当 I0.0 从 OFF 变为 ON 时，在程序中调用 SFC64，将读回的系统时间存放在 MD104 中，程序如图 3-7 所示。

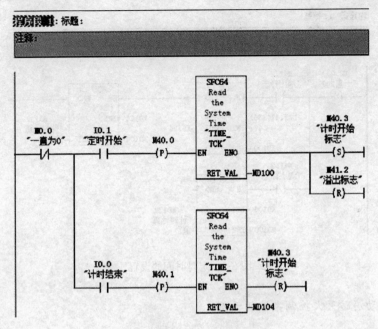

图 3-7　调用 SFC64 功能块的程序

在程序中将系统时间存放到 MD120 中，并使用 M120 的次高位（M120.6）有无下降沿来判断在计时过程中是否存在溢出，因为，如果发生了溢出则 MD120 将由 7FFFFFFF（2 147 483 647）变为 0，程序如图 3-8 所示。

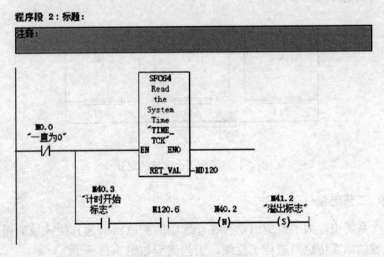

图 3-8　叠加时间的程序

如果出现溢出，则用 2 147 483 647 先减去 MD100 中存放的结果再和 MD104 中存放的结果累加得到计时值；如果没有溢出，则直接使用 MD104 减去 MD100 得到计时计算值并存放于 MD132 中，程序如图 3-9 所示。

读者也可以通过对 M120.6 的下降沿的次数进行累计，来完成更长时间的计时。

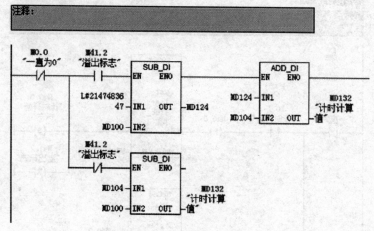

图 3-9　定时时间的设置

3. 仓库自动消防灭火控制系统的示例

●──　第一步　仓库自动消防灭火区域

依据建筑设计协会的《仓储建筑防火设计规范》，带有自动灭火的仓库的建筑为二类建筑，耐火等级为二级。仓库有 3 个自动消防灭火区域，每个报警区域的面积为 $80m^2$。每两个区域之间的间隔为 2m，且在各区域的外面还有一条 1m 宽的走廊，避免探测区域之间交叉重叠，仓库的区域划分如图 3-10 所示。

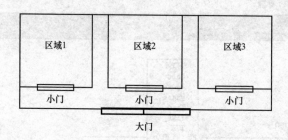

图 3-10　消防灭火区域的划分

●──　第二步　工艺流程

在自动灭火系统中，为了避免因烟雾在仓库中的扩散而引起其他区域的误报警，所以将仓库的 3 个区域的烟雾传感器进行了互锁，工艺流程如图 3-11 所示。

●──　第三步　喷淋水泵的电气设计

本案例中的电动机采用 AC 380V，50Hz 三相四线制电源供电，热继电器 FR 作为过负荷保护元件，M2 电动机为喷淋系统中的备用电动机，中间继电器 CR1 的动合触点控制接触器 KM1 的线圈得电、失电，中间继电器 CR2 的动合触点控制接触器 KM2 的线圈得电、失电，电气控制原理图如图 3-12 所示。

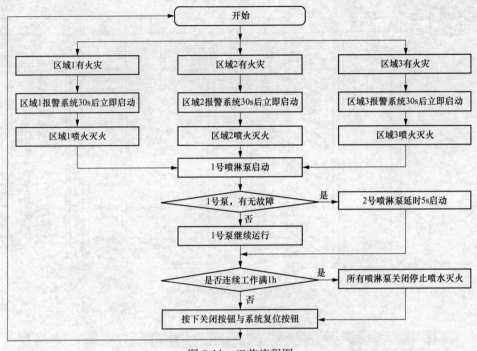

图 3-11 工艺流程图

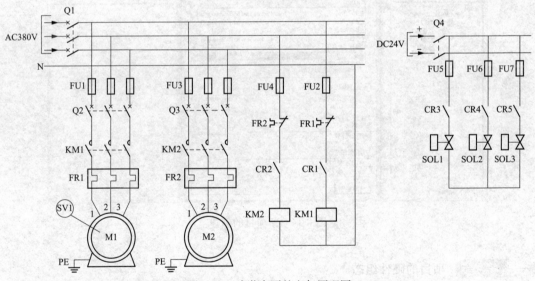

图 3-12 喷淋水泵的电气原理图

● 第四步 **PLC 控制电路的设计**

一般交流电压的波动在－10％（＋15％）范围内，可以不采取其他措施而将 PLC 的输入电源直接连接到交流电网上去，如图 3-13 所示。

● 第五步 **创建项目**

在打开的【Simatic Manager】编程软件中，新建一个项目，名称为"消防灭火系统"，如图 3-14 所示。

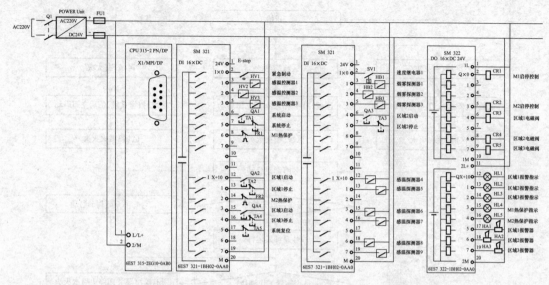

图 3-13　PLC 控制原理图

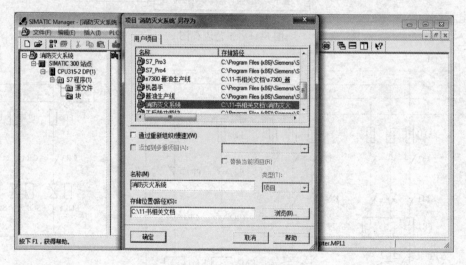

图 3-14　新项目的创建

● **第六步　项目的硬件组态**

　　双击【硬件】，进入【硬件组态】窗口进行硬件组态，添加两个具有 16 个输入点的模块【6ES7 321-1BH02-0AA0】和一个 16 点输出模块【6ES7 322-1BH00-0AB0】，组态完成后单击【保存和编译】，如图 3-15 所示。

● **第七步　符号表的编辑**

　　单击【S7 程序（1）】下的【符号】，然后在弹出的【符号编辑器】窗口中输入变量名，并设置变量的数据类型以及变量的注释，完成后的符号表如图 3-16 所示。

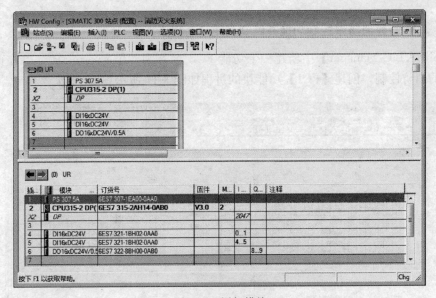

图 3-15　添加模块

符号编辑器 - [S7 程序(1) (符号) -- 消防灭火系统\SIMATIC 300 站点\CPU315-2 DP(1)]
符号表(S)　编辑(E)　插入(I)　视图(V)　选项(O)　窗口(W)　帮助(H)
全部符号

	状态	符号	地址		数据类型	注释
1		Cycle Execution	OB	1	OB ...	
2		fire warning	FC	1	FC ...	消防泵控制
3		M1启停控制	Q	8.0	BOOL	连接中间继电器CR1
4		M1热保护	I	0.6	BOOL	连接FR1热保护器
5		M2启停控制	Q	8.3	BOOL	连接中间继电器CR2
6		M2热保护	I	1.2	BOOL	连接FR2热保护器
7		timer	FC	2	FC ...	
8		泵断开时间	T	5	TIMER	
9		泵接通时间	T	6	TIMER	
1		电机1热保护指示	Q	9.3	BOOL	连接指示灯HL4
1		电机2热保护指示	Q	9.4	BOOL	连接指示灯HL5
1		感温探测器1	I	0.1	BOOL	连接HW1
1		感温探测器2	I	0.2	BOOL	连接HW2
1		感温探测器3	I	0.3	BOOL	连接HW3
1		感温探测器4	I	5.0	BOOL	连接HW4
1		感温探测器5	I	5.1	BOOL	连接HW5
1		感温探测器6	I	5.3	BOOL	连接HW6
1		感温探测器7	I	5.4	BOOL	连接HW7
1		感温探测器8	I	5.6	BOOL	连接HW8
2		感温探测器9	I	5.7	BOOL	连接HW9
2		计数次数设定值	MW	4	WORD	
2		计数器当前值	MW	6	WORD	
2		紧急停车	V	0.0	BOOL	连接E_stop按钮
2		内部接设值调试用	M	1.1	BOOL	
2		喷淋次数到	M	1.0	BOOL	
2		区域1报警	Q	9.5	BOOL	连接指示灯HA1
2		区域1报警指示	Q	9.0	BOOL	连接指示灯HL1
2		区域1电磁阀	Q	8.4	BOOL	连接中间继电器CR3
2		区域1启动	I	1.0	BOOL	连接QA2按钮
3		区域1启动标志	M	0.4	BOOL	
3		区域1停止	I	1.1	BOOL	连接TA2按钮
3		区域1烟雾报警	M	0.1	BOOL	
3		区域2报警	Q	9.6	BOOL	连接指示灯HA2
3		区域2报警指示	Q	9.1	BOOL	连接指示灯HL2
3		区域2电磁阀	Q	8.6	BOOL	连接中间继电器CR4
3		区域2启动	I	4.4	BOOL	连接QA3按钮
3		区域2启动标志	M	0.5	BOOL	
3		区域2停止	I	4.5	BOOL	连接TA3按钮
3		区域2烟雾报警	M	0.2	BOOL	
4		区域3报警	Q	9.7	BOOL	连接指示灯HA3
4		区域3报警指示	Q	9.2	BOOL	连接指示灯HL3
4		区域3电磁阀	Q	8.7	BOOL	连接中间继电器CR5
4		区域3启动	I	1.3	BOOL	连接QA4按钮
4		区域3启动标志	M	0.6	BOOL	
4		区域3停止	I	1.4	BOOL	连接TA4按钮
4		区域3烟雾报警	M	0.3	BOOL	
4		速度继电器1	I	4.0	BOOL	连接SV1
4		系统复位	I	1.5	BOOL	连接TA5按钮
4		系统启动	I	0.4	BOOL	连接QA1按钮

按下 F1 获取帮助。

图 3-16　符号表

● —— 第八步 新建消防泵控制功能并编制系统启动程序

在【SIMATIC Manager】中新建一个功能 FC，名称为"fire warning"，并在此功能中完成系统的消防控制，创建【FC1】功能块的过程如图 3-17 所示。

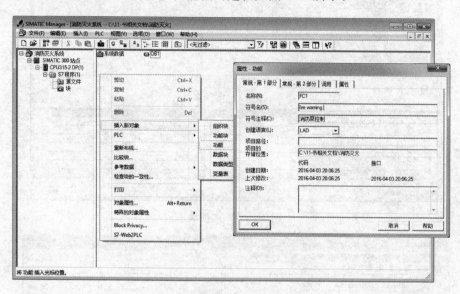

图 3-17 创建【FC1】功能的过程

下面完成系统内部启动位的编程，双击【FC1】打开功能，完成程序段 1 的编程，当按下系统启动按钮 QA1 后，启动内部继电器变量 1 并自锁，如图 3-18 所示。

图 3-18 系统启动

● —— 第九步 3个区域烟雾报警的编程

在 3 个自动报警灭火区域中，如果发生了火灾，在 3 个区域中的一个区域的烟雾探测器首先发现烟雾信号，并启动该区域的自动报警灭火系统，其余两个区域的烟雾探测器在探测到火灾信号后，将不能启动该区域的自动报警灭火系统，这是因为 3 个区域采取了火灾隔离措施，因此，在程序中采用了这样的处理方式，避免因烟雾扩散而引起的错误报警与灭火。

当 3 个区域中的一个区域的烟雾探测器检测到火灾信号时，就会启动一个内部中间继电器的线圈，用来限制其余两个区域的烟雾探测器，使其不能启动它们所在探测区域的自动报警灭火系统，烟雾探测的程序编制如图 3-19 所示。

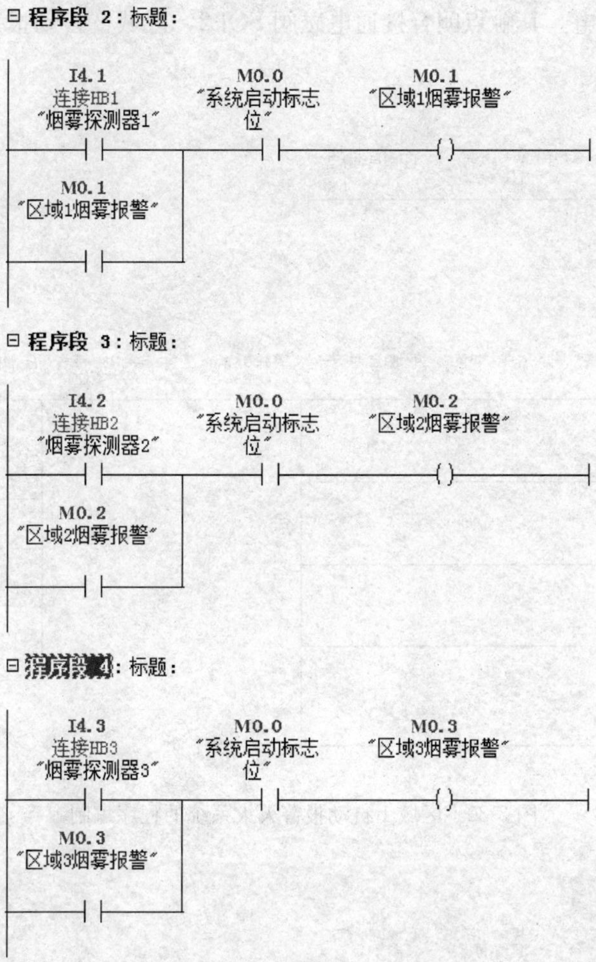

程序段 2：标题：

```
    I4.1                    M0.0              M0.1
   连接HB1               "系统启动标志          "区域1烟雾报警"
 "烟雾探测器1"              位"
  ——| |——————————————| |———————————————————( )——————
    M0.1
 "区域1烟雾报警"
  ——| |——
```

程序段 3：标题：

```
    I4.2                    M0.0              M0.2
   连接HB2               "系统启动标志          "区域2烟雾报警"
 "烟雾探测器2"              位"
  ——| |——————————————| |———————————————————( )——————
    M0.2
 "区域2烟雾报警"
  ——| |——
```

程序段 4：标题：

```
    I4.3                    M0.0              M0.3
   连接HB3               "系统启动标志          "区域3烟雾报警"
 "烟雾探测器3"              位"
  ——| |——————————————| |———————————————————( )——————
    M0.3
 "区域3烟雾报警"
  ——| |——
```

图 3-19　烟雾探测的程序编制

● 第十步 区域 1 自动报警灭火系统的启停

　　系统启动后，区域 1 自动报警灭火系统的启动由感温探测器 1、感温探测器 2、感温探测器 3 中某一个或几个接通或者烟雾探测器 1 的接通并且烟雾探测器 2 和烟雾探测器 3 没有接通来实现，只要区域 1 中有一个探测器探测到火灾信号，该区域的报警系统就立即启动并自锁，同时启动一个 30s 的接通延时定时器线圈 T1，即向仓库管理员提供火灾确认时间，如果管理员在延时时间 5min 之内没有按系统复位按钮，那么系统将自动启动，即定时时间5min 到达之后，中间继电器 CR3 的线圈得电，其触点闭合接通电磁阀 SOL1，区域 1 自动报警灭火系统的程序编制如图 3-20 所示。

● 第十一步 区域 2 自动报警灭火系统的启停

　　系统启动后，按下区域 2 启动按钮，区域 2 自动报警灭火系统就运行了，区域 2 自动报警灭火系统的启动由感温探测器 4、感温探测器 5、感温探测器 6 和烟雾探测器 2 的接通来实现，只要区域 2 中有一个探测器探测到火灾信号，该区域的报警系统就立即启动并自锁，同时启动一个 30s 的定时器 T2，即向仓库管理员提供火灾确认时间，如果管理员在延时时间5min 之内没有按下系统复位按钮，那么系统将自动启动，即定时时间 5min 到达之后，中间继电器 CR4 的线圈得电，其触点闭合接通电磁阀 SOL2，区域 2 自动报警灭火系统的程序编制如图 3-21 所示。

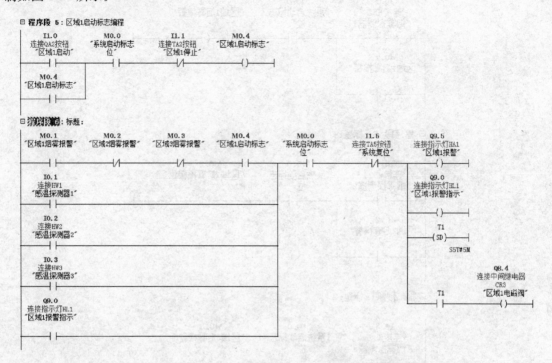

图 3-20　区域 1 自动报警灭火系统的程序编制

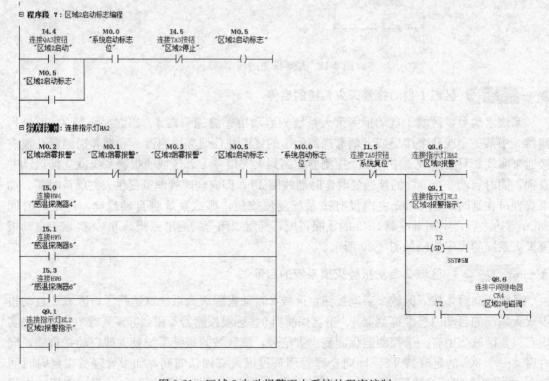

图 3-21　区域 2 自动报警灭火系统的程序编制

第十二步 区域 3 自动报警灭火系统的启停

系统启动后，按下区域 3 启动按钮，区域 3 自动报警灭火系统就运行了，区域 3 自动报警灭火系统的启动由感温探测器 7、感温探测器 8、感温探测器 9 和烟雾探测器 3 的接通来实现，只要区域 3 中有一个探测器探测到火灾信号，该区域的报警系统立即启动并自锁，同时启动一个 30s 的定时器 T3，即向仓库管理员提供火灾确认时间，如果管理员在延时时间 5min 之内没有按下系统复位按钮，系统将自动启动，即定时时间 5min 到达之后，中间继电器 CR5 的线圈得电，其触点闭合接通电磁阀 SOL3，区域 3 自动报警灭火系统的程序编制如图 3-22 所示。

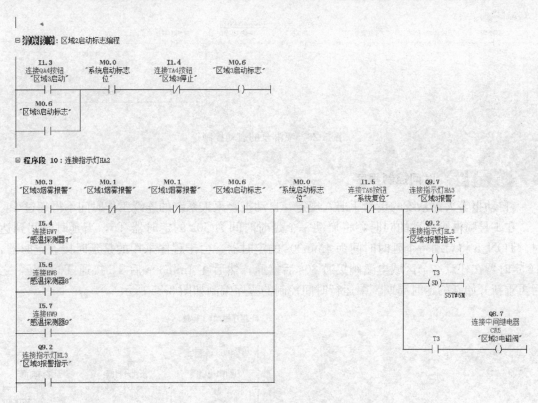

图 3-22　区域 3 自动报警灭火系统的程序编制

第十三步 喷淋泵的启动控制

喷淋泵的启动由 3 个区域的电磁阀的通断来启动，只要它们中有一个被启动，其动合触点闭合，1 号喷淋泵就会自动启动，当 1 号喷淋泵出现故障停止运转时，速度继电器 SV1 将启动一个 5s 的定时器 TON_4，定时时间 5s 到达后，2 号喷淋泵自动启动，当 3 个区域的自动报警灭火系统都没有被启动时，CR3、CR4 和 CR5 的动断触点断开，输出线圈 CR1 失电，M1 和 M2 都停止运转，程序如图 3-23 所示。

第十四步 热过负荷控制

当电动机 M1 或 M2 上连接的热继电器 FR1 或 FR2 由于热过负荷而动作时，将会点亮指示灯 HL4 或 HL5，以提醒管理员电动机有故障需要马上处理，如图 3-24 所示。

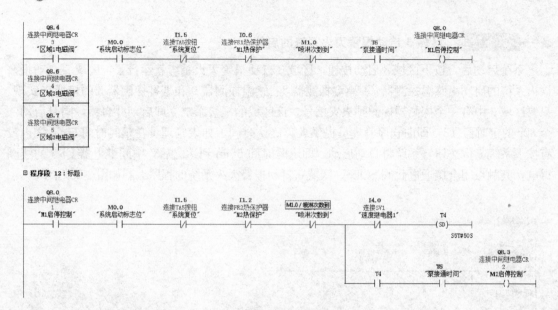

图 3-23　喷淋泵的启动控制

第十五步　时间控制程序

《自动报警灭火系统的设计手册》规定，自动报警灭火系统的连续工作时间不得超过 1h。

在 1 号喷淋泵启动的同时，将启动一个延时时间为 30s 的定时器 T5，当延时时间到达时，TON_5 将启动一个延时时间为 4min30s 的定时器，由于程序采用的是延时接通定时器，T6 定时器在任意一个区域电磁阀接通 30s 后接通，然后在 4min30s 后 T5 接通 T6 断开，之后再重新开始新的定时周期。泵运行时间控制的程序编制如图 3-25 所示。

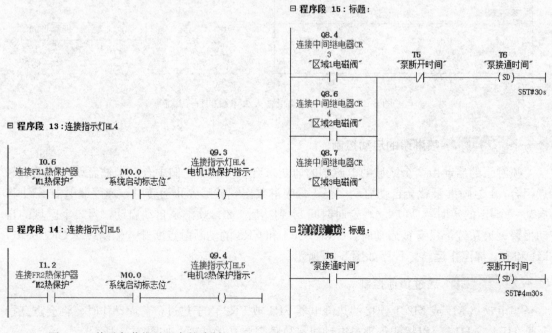

图 3-24　热过负荷指示程序的编制　　　　图 3-25　时间控制的程序编制

第十六步 计数程序的编制

TON_6 每延时一次，累加计数器 CTU_1 将计数 1 次，当计数器计数满 12 次时，喷淋泵将关闭系统，停止喷水灭火，计数器将在按下系统复位按钮 TA2 后复位。为完成计数器的基本功能，程序段 17 首先将数字 12 转换为 BCD 码，然后将其放入 MW4 中，作为累加计数器的预设输入，用于程序的出厂测试，若计数器 C1 的当前值大于 0，则计数器的输出 Q 为真，此时将计数器的当前值转换为 MW8，在程序段 19 中比较，如果计数器的当前值大于等于 12 则输出"喷淋次数到"信号，计数程序的编制如图 3-26 所示。

最后在【OB1】中调用【FC1】功能，程序如图 3-27 所示。

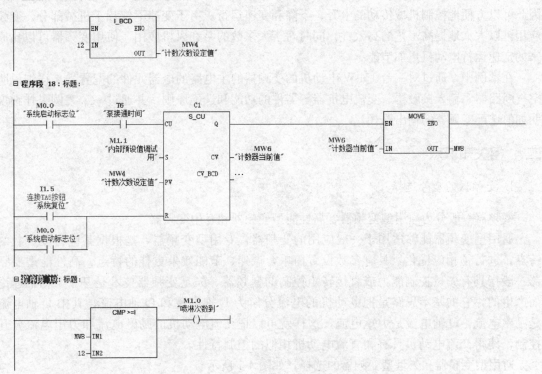

图 3-26 计数程序的编制

图 3-27 在【OB1】中调用功能【FC1】

案例4 西门子 MM4 系列变频器的主电路回路设计

一、案例说明

变频调速能够应用在大部分的电动机拖动场合，由于变频器能够提供精确的速度控制，因此可以方便地控制机械传动的上升、下降和变速运行。由于变速不依赖于机械部分，变频应用可以大大地提高工艺的高效性，同时对于大多数的泵和风机应用，使用变频器可以比原来的定速运行电动机更加节能。

在本例中，通过对一台 15kW 电动机的变频器的主电路的电器元件的配置，来详细说明空气断路器、输入接触器、交流电抗器等器件的功能和选配原则。并通过一个案例来详细说明如何选配变频器的输出路径。

二、相关知识点

1. 变频器的型号选择

变频器一般分为通用型变频器、高性能型变频器和专用变频器。

通用型变频器能够适用于一般应用的变频器，专用型变频器，是根据某些行业负载的特点，进行了相应优化，具有参数设置简单，调速、节能效果更佳的特点；高性能型变频器一般指具有矢量控制能力或直接转矩控制的变频器，矢量变频器技术是基于 DQ 轴理论而产生的，它的基本思路是把电动机的电流分解为 D 轴电流和 Q 轴电流，其中 D 轴电流是励磁电流，Q 轴电流是力矩电流，这样就可以把交流电动机的励磁电流和力矩电流分开控制，使得交流电动机具有和直流电动机相似的控制特性。

通用型变频器和矢量型变频器的选择，如图 4-1 所示。

2. 变频器主回路元件介绍

（1）低压断路器。断路器在电气回路中能够实现短路、过载、失电压保护。在低压电气回路中使用的自动空气断路器属于低压断路器，是不频繁通断电路的，但能在电路过载、短路及失电压时自动分断电路。

与低压变频器配合使用的是低压断路器，低压断路器俗称自动开关或空气开关，它相当于刀开关、熔断器、热继电器和欠电压继电器的组合，是一种既有手动开关作用又能自动进行欠电压、失电压、过载和短路保护的电器。低压断路器用于低压配电电路中不频繁的通断控制。在电路发生短路、过载或欠电压等故障时能自动分断故障电路，具有操作安全，分断能力较强的特点，是一种控制兼具保护功能的电器。

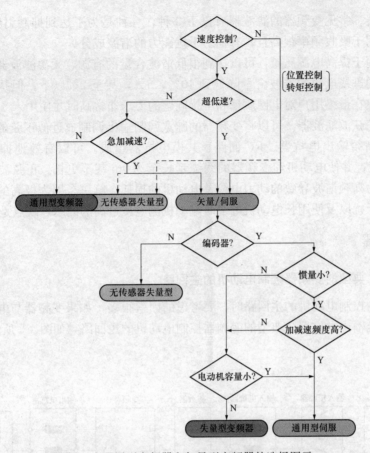

图 4-1 通用型变频器和矢量型变频器的选择图示

（2）熔断器。熔断器的作用是在电气线路中对电路进行短路和严重过载的保护，在电气回路中串接于被保护电路的首端。熔断器的结构简单、维护方便、价格便宜且体小量轻。

对电路进行短路保护是因为短路电流会引起电器设备的绝缘损坏从而产生强大的电动力，使电动机和电器设备产生机械性损坏，所以要求迅速、可靠地切断电源。通常采用熔断器（FU）进行短路保护。

（3）输入接触器。输入接触器可以接通或断开变频器的输入电源，当变频器因为故障而跳闸时，还能够使变频器迅速断开输入的电源。

（4）交流电抗器。变频器前面加装交流电抗器后可以抑制电源电压畸变对变频器造成的不良影响并保护变频器输入侧的整流元件，可以削弱高次谐波，改善功率因数，降低因三相输入电压不平衡而导致的电流不平衡，并可以降低其对其他传感器设备的干扰。当然，用户在实际选用交流电抗器时应同时考虑交流电抗器的费用、安装空间、发热以及噪声的影响。

（5）输出电抗器。当变频器与电动机的距离较远时，由于现在的变频器绝大多数采用的是脉宽调制输出，变频器的输出电压是高频高压的脉冲波，长的电动机电缆的分布电容会导致电动机侧出现高电压和非常高的电压上升率，这些很容易使电动机的绝缘发生问题而烧毁。加入输出电抗器后可以有效降低电压上升率，抑制电动机侧的高电压，从而延长电动机的使用寿命。另外，输出电抗器可以有效降低变频器输出侧的高次谐波，减小电动机的噪声和振动，并降低变频器输出侧电动机电缆的对地漏电电流。

（6）滤波器。常见变频器的滤波器有以下 3 种，一种是为了达到抑制射频干扰的 EMC 滤波器，主要用于吸收频率很高且具有辐射干扰能力的谐波成分。

另一种是用于提高电源质量，可以达到很低谐波含量的有源、无源滤波器，这些滤波器可以将变频器的进线电源的谐波含量降低到 10%，5%，甚至 2% 以下。但是这些滤波器价格昂贵，一般仅在最终用户对电网质量和干扰问题的要求非常高时才使用。

第 3 种是正弦波滤波器，可以将变频器的脉宽调制输出调制成近似正弦的电压波形。正弦波滤波器由高频输出电抗器、RC 回路、共模电抗器组成。可以有效地抑制高频损耗及 dV/dt 射频干扰，并使电动机和变频器的线缆延长至 300m 甚至更长。正弦波滤波器消除了变频器输出因为高频谐波导致的动力电缆及电动机的损耗，解决了因为极高的 dV/dt 引起的数兆赫的辐射干扰以及使用长电动机电缆时电动机侧电压过高的问题，缺点是价格昂贵。

三、创作步骤

第一步 **典型的变频器控制电动机的主回路**

设置变频器控制电动机的主回路时，要考虑的因素很多，如果变频器与电动机的距离较远，则需要加装输出电抗器，典型的变频器控制电动机的主回路，如图 4-2 所示。

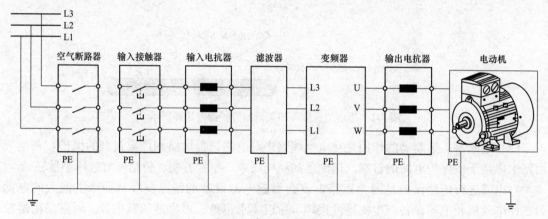

图 4-2 典型的变频器控制电动机的主回路

第二步 **空气断路器的选配**

变频器功率输入侧存在的高次谐波，会导致空气断路器的热过负荷元件误动作。另外变频器的过负荷能力一般为 150%、1min，所以在选择空气断路器时不能使用断路器过负荷保护。

读者在选择空气断路器时最好按照厂家提供的变频器和空气断路器的一类配合或二类配合表来选择。

在 IEC60947-4 标准规范中，对电动机保护控制回路规定了两种配合方式，即一类配合和二类配合。在短路情况下，保护元件可靠分断过电流且不危害人身安全的同时，这两类配合方式分别对应不同的元件损坏程度。

（1）一类配合：用电设备分支回路（如电动机启动器）在每次短路分断后允许接触器和过负荷继电器损坏，只有在修复或更换损坏的器件后才能继续工作。

（2）二类配合：进行短路分断后，用电设备分支回路的器件不允许出现损坏。允许接触器触点发生熔焊，但必须保证在不发生明显触点变形时能可靠分断。

对于不同的保护配合类型，保护元件的选择也不同。原则上二类配合方案中的保护元件容量要小于一类配合，以确保器件安全。用户应根据实际应用环境来选择配合类型。

本例中的电动机是 15kW，电动机的额定电压是 380V，额定电流是 32.5A，4 级。

● —— 第三步　输入接触器的选配

输入接触器应按负荷 AC1 类型来选择，要求接触器的 AC1 类型容量要大于变频器额定电流的 1.15 倍，同时，推荐在接触器线圈上加装浪涌抑制元件（例如阻容元件）等来防止线圈通断时出现的浪涌电流对其他设备产生干扰。

对于不同的用电设备，其负载性质和通断过程的电流变化相差很大，因此对接触器的要求也有所不同，IEC 标准将常用的负载分为以下几种。

（1）AC-1：无感或微感负载、电阻炉。

（2）AC-2：绕线式感应电动机的启动、分断。

（3）AC-3：笼型感应电动机的启动、运转中分断。

（4）AC-4：笼型感应电动机的启动、反接制动或反向运转、点动。

（5）AC-5a：放电灯的通断。

（6）AC-5b：白炽灯的通断。

（7）AC-6a：变压器的通断。

（8）AC-6b：电容器组的通断。

（9）AC-7a：家用电器和类似用途的低感负载。

（10）AC-7b：家用的电动机负载。

（11）AC-8a：具有手动复位过载脱扣器的密封制冷压缩机中的电动机。

（12）AC-8b：具有自动复位过载脱扣器的密封制冷压缩机中的电动机。

AC-1 的典型负载有电阻炉，变频器的输入侧由于是整流元件也属于这一类型，但是，选型时需考虑变频器输入侧的电流谐波的影响。

对电热元件负载中用的线绕电阻元件，其接通电流可达额定电流的 1.4 倍，例如用于室内供暖，电烘箱及电热空调等设备。若网络电压升高 10%，则电阻元件的工作电流也将相应增大。因此，在选择接触器的额定工作电流时，应予以考虑。这类负载被划分在 AC-1 使用类别中。

变频器一般的短时电流过载能力为 150%、1min，所以这里建议使用的系数为 1.15。

另外，接触器的线圈是大电感元件，所以在断电时将会产生很大的自感电动势，应该在线圈旁加装阻容吸收电路。

● —— 第四步　交流电抗器的选配

选择变频器的进线电抗器时，应尽量按照变频器厂家推荐的电抗器额定电流值和电抗器的感抗值来选择进线电抗器，这些推荐值不仅考虑了高次谐波对变频器进线电流的影响，并且还保证了电抗器的压降在合理的范围内。

交流电抗器的选配条件包括额定电流和电感两个方面。

（1）额定电流。交流电抗器的额定电流的推算公式

交流电抗器的额定电流≥82%×变频器的额定输入电流

（2）电感。输入侧交流电抗器的推算公式

输入侧交流电抗器的电感＝21/变频器输入侧的额定电流

● **第五步** **输出电抗器的选配**

一般情况下，非屏蔽电缆长度大于 100m，屏蔽电缆大于 50m 就必须加装输出电抗器，具体内容，请读者参阅厂家提供的输出电抗器选型表。

另外，对于特别长的电动机电缆的应用场合还可以考虑双电抗串联和正弦滤波器方案（使用滤波器将变频器输出波形变为正弦波）。

（1）在载波频率小于等于 3kHz 的工作场合，选用常规铁芯的电抗器。

（2）在载波频率大于等于 3kHz 的工作场合，选用铁氧体磁芯的电抗器。

因为输出电流中高次谐波电流的频率很高，这会造成铁芯里的涡流损失和磁滞损失变大，从而导致铁芯更容易发热，并且，铁芯各硅钢片的涡流之间产生的电动力，将发出较大声响。

输出电抗器的选配条件包括允许电压降和电感两个方面。

（1）输出电抗器的允许电压降。输出电抗器的允许电压降的推算公式

输出电抗器的允许电压降＝1％×输出侧的最大输出电压

（2）电感。输出电抗器的电感的推算公式

输出电抗器的电感＝5.25/电动机的额定电流

● **第六步** **输入滤波器的选配**

选配输入端滤波器时要考虑的因素包括以下几点。

（1）变频器输入端专用型滤波器的电源阻抗。

（2）电源网络的阻抗。

（3）根据阻抗不匹配的原则选择合适的变频器输入端专用型滤波器的结构。

（4）要抑制的干扰类型是差模干扰，还是共模干扰，或者是两者都要考虑。

（5）变频器输入端专用型滤波器的频率范围。

（6）变频器输入端专用型变频器所允许的供电电压。

（7）变频器输入端专用型滤波器所允许的最大电流。

● **第七步** **变频器输出线径的选配**

（1）变频器输出线径的选择原则。变频器工作时频率下降，输出电压也下降。在输出电流相等的条件下，若输出导线较长（$l > 20m$），低压输出时线路的电压降 ΔU 在输出电压中所占比例将上升，加到电动机上的电压将减小，因此低速时可能引起电动机发热。所以决定输出导线线径的主要是 ΔU，一般要求为：$\Delta U \leqslant (2 \sim 3)\% U_X$（$U_X$ 为电动机的最高工作电压）

$$\Delta U = \frac{\sqrt{3} I_N R_0 l}{1000}$$

式中　I_N——电动机的额定电流，单位为 A；

R_0——单位长度导线的电阻，单位为 mΩ/m；

l——导线长度，单位为 m。

（2）变频器输出线径的选配示例。变频器与电动机之间的距离为30m，最高工作频率为40Hz。电动机参数为：$P_N=30kW$，$U_N=380V$，$I_N=57.6A$，$f_N=50Hz$，$n_N=1460r/min$。要求变频器在工作频段范围内的线路电压降不超过2%。

已知$U_N=380V$，则

$$U_X=U_N\times\frac{f_{max}}{f_N}=380\times\frac{40}{50}=304(V)$$

$\Delta U\leqslant304\times2\%$，即 $\Delta U\leqslant6.08(V)$

$$\Delta U=\frac{\sqrt{3}I_NR_0l}{1000}=\frac{\sqrt{3}\times57.6\times R_0\times30}{1000}\leqslant6.08$$

$R_0\leqslant2.03m\Omega/m$

铜导线的单位长度电阻值见表4-1。

表 4-1 铜导线的单位长度电阻值

截面积/mm²	1.0	1.5	2.5	4.0	6.0	10.0	16.0	25.0	35.0
R_0/(mΩ/m)	17.8	11.9	6.92	4.40	2.92	1.74	1.10	0.69	0.49

通过查询铜导线的单位长度电阻值表，可知由变频器输出到电动机的线径应该选截面积为$10.0mm^2$的导线。

另外，当变频器与电动机之间的导线不是很长时，其线径可根据电动机的容量来选取。

●—— 第八步 控制电路导线线径的选择

小信号控制电路通过的电流很小，一般不进行线径计算。考虑到导线的强度和连接要求，一般选用$0.75mm^2$及以下的屏蔽线或绞合在一起的聚乙烯线。

接触器、按钮开关等强电控制电路的导线线径可取$1mm^2$的独股或多股聚乙烯铜导线。

●—— 第九步 变频的接地处理

对于电气设备上的接地端子，使用时必须将其连接到大地。

通常情况下，电气回路都用绝缘物加以绝缘并收纳在外壳中。但是，制造可以完全切断漏电流的绝缘物几乎是一件不可能的事，事实上，漏电流虽然很小但仍然是有电流泄漏到外壳上。接地的目的就是为了避免操作人员在接触到电气设备的外壳时，因为漏电流而触电。此外，因为在变频器以及变频器驱动的电动机的接地线中会流过较多高频成分的漏电流，所以安装变频器时，那些对噪声敏感的设备的接地必须与其分开并用专用接地。

变频器的接地应尽量采用专用接地，无法采用专用接地时，用户可以采用在接地点与其他设备相连的共用接地的方式进行接地，如图4-3所示。

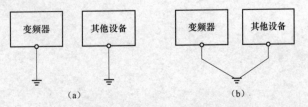

图 4-3 专业接地和共用接地的图示

（a）专用接地；（b）共用接地

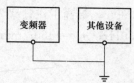

值得注意的是，变频器不能与其他设备共用同一根接地线进行接地，即共通接地，如图 4-4 所示。

也就是说变频器必须接地，接地时必须遵循国家及当地安全法规和电气规范的要求。

图 4-4 共通接地的图示

采用 EN 标准时，实施中性点接地的电源，其接地线应尽量采用较粗的线且尽量短，接地点应尽量靠近变频器。接地线的接线应尽量远离对噪声较敏感设备的输入输出线，而且平行距离应尽量缩短。

案例 5 **MM4 系列变频器的停车和制动方式**

一、 案例说明

在变频调速中，如同可控的加速一样，停止方式也可以受控，并且有不同的停止方式可以选择，选择适合的、正确的停车方式，能够减少对机械部件和电动机的冲击，从而使整个系统更加可靠，寿命也会相应增加。

在三相交流电动机的变频器调速控制中，制动单元和能耗电阻作为其附属设备起到相当重要的作用，特别是针对起重机和升降机等大位能负载在下放时，要求制动能够平稳和快速，所以合理地选择、计算制动单元容量和制动电阻值尤为关键。这是因为在由电网、变频器、电动机和负载构成的驱动系统中，能量的传递是双向的。当电动机处于工作模式时，电能从电网经变频器传递到电动机，转换为机械能带动负载，负载因此具有动能或势能，而当负载释放这些能量以求改变运动状态时，电动机被负载所带动，进入发电动机工作模式，向前级反馈已转换为电形式的能量，这些能量被称为再生制动能量，可以通过变频器返回电网，或者消耗在变频器系统的制动电阻中。

本例将为读者介绍西门子变频器 MM4 系列的停车方式，然后详细介绍变频器（MM440）的直流制动、复合制动及动能制动等多种制动方式。

二、 相关知识点

1. 变频器的动能制动

动能制动是一种能耗制动，它将电动机在发电状态下运行时所回馈的能量消耗在制动电阻中，从而达到快速停车的目的。当变频器带大惯量负载快速停车，或位能性负载下降时，电动机可能处于"发电"运行状态，回馈的能量将造成变频器直流母线的电压升高，从而导致变频器过电压跳闸。所以应该安装制动电阻来消耗掉回馈的能量。MM4 系列变频器制动电阻的连接如图 5-1 所示。

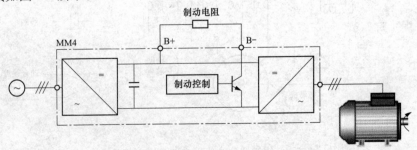

图 5-1 MM4 系列变频器制动电阻的连接图示

由图 5-1 可以看出，制动电阻是通过外部端子 B＋和 B－接入的。

2. MM440 的电气制动

西门子 MM440 变频器有 3 种电气制动：直流制动、复合制动和能耗制动。这些制动能有效地制动传动系统和避免直流母线过电压状态，MM440 变频器的电气制动内部关系如图 5-2 所示。

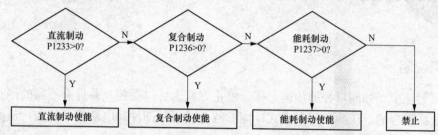

图 5-2 MM440 的电气制动内部关系图示

3. 接触器的工作原理与应用

接触器的控制对象为电动机和其他电力负载，是用于频繁地接通和断开大电流电路的开关元件。

欠电压是指电动机工作时，引起电流增大甚至使电动机停转，失电压（零电压）是指电源电压消失而使电动机停转。在电源电压恢复时，电动机可能重新自动启动，这种启动也常常被称为自启动，容易造成人身伤害或设备故障，常用的失电压和欠电压保护包括对接触器实行自锁，用低压继电器组成失电压、欠电压保护。

（1）接触器的结构和工作原理。接触器是利用电磁吸力原理工作的，主要由电磁机构和触点系统组成。电磁机构通常包括吸引线圈、铁芯和衔铁 3 个部分。在图 5-3（a）中，读者可以看到，1、2、3、4 是静触点，5、6 是动触点，7、8 是吸引线圈，9、10 分别是动、静铁芯，11 是弹簧。在图 5-3（b）中，读者可以看到，1、2 之间是动断触点，3、4 之间是动

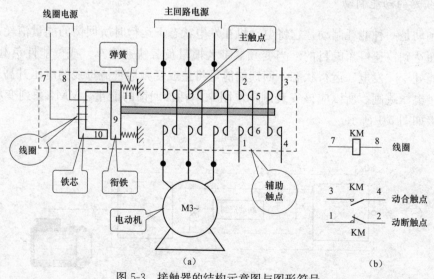

图 5-3 接触器的结构示意图与图形符号

（a）接触器结构示意图；（b）图形符号

合触点，7、8之间是线圈，工作时，接触器的线圈被施加额定电压，衔铁吸合，动断触点断开，动合触点闭合；线圈电压消失，触点恢复常态。为防止铁芯振动，需加短路环。

接触器主触点是用于主电路的，分断能力强，流过的电流也较大，需加灭弧装置。

接触器辅助触点是用于控制电路的，流过的电流较小，无须加灭弧装置。

另外，通常采用短路环来解决交流电磁铁的振动问题。短路环起到磁通分相的作用，把极面上的交变磁通分成两个交变磁通，并且使这两个磁通之间产生相位差，因此，它们所产生的吸力间也存在一个相位差，这样，两部分吸力就不会同时到达零值。当然，合成后的吸力就不会有零值的时刻。如果使合成后的吸力在任意时刻都大于弹簧拉力，那么就消除了振动。短路环的示意图如图 5-4 所示。

（2）接触器的选用技巧。在进行电路设计时，要根据电路中负载电流的种类来选择接触器的类型，并且接触器的额定电压应大于或等于负载回路的额定电压，接触器的吸引线圈的额定电压应与所连接的控制电路的额定电压等级一致，额定电流应大于或等于被控主回路的额定电流。

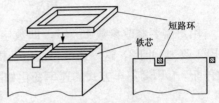

图 5-4 短路环的示意图

三、创作步骤

第一步 MM4 变频器常用的 3 种停车方式

西门子变频器 MM4 系列常用的停车方式有 3 种：第一种为 OFF1，这一命令使变频器按照选定的斜坡下降速率减速并停车；第二种为 OFF2，这一命令使电动机依惯性滑行，最后停车（脉冲被封锁）；第三种为 OFF3，这一命令使电动机进行快速减速并停车，也就是急停命令。

电动机停车减速时，处于"发电"过程中，来自电动机的能量会使变频器直流侧的电容充电而导致直流母线电压升高。一旦超过其上限，直流母线电压监测器会立即动作，封锁逆变器，这意味着电动机不能再按照预定的停车曲线停车而是自由停车。

第二步 MM440 变频器过流报警与停车方式的关系

MM440 变频器中过流保护的对象，主要是带有突变性质的、电流的峰值超过了过流检测值的（大约为额定电流的 200%，不同变频器的保护值是不一样的）。变频器显示"Over Current"，表示变频器处于过流状态，由于变频器中的逆变器件的过载能力较差，所以变频器的过流保护是至关重要的一环。

变频器运行过程的输出电流大于等于变频器的额定电流，但达不到变频器的过流点，在运行一段时间后会产生过载保护。

针对变频器容易过流的现象，MM440 变频器配置了自动限流功能，即通过对负载电流的实时控制，自动限定其不超过设定的自动限流水平值（通常以额定电流的百分比来表示），以防止电流过冲而引起的故障跳闸，这对于一些惯量较大或变化剧烈的负载场合，尤其适用。

如果工程中的 MM440 变频器显示 F001 过流故障，那么其中一个原因就是 MM440 变频器的停车方式为 OFF1，即变频器按照选定的斜坡下降速率减速并停止，这也就意味着

MM440 变频器在运行频率下降到 0Hz 的过程中，始终是有电压输出的，OFF1 停车方式的速率变化如图 5-5 所示。

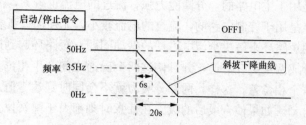

图 5-5　OFF1 停车方式的速率变化图示

用户需要修改参数 P0701，即数字输入 1 的功能号为 3，将数字输入 1 的功能从 ON/OFF1 改为 OFF2，这一命令将使电动机依照惯性滑行，最后停车（脉冲被封锁），也就是自由停车，OFF2 停车方式的速率变化如图 5-6 所示。

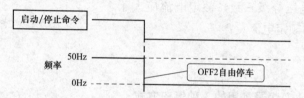

图 5-6　OFF2 停车方式的速率变化图示

●──**第三步**──**MM440 变频器过载报警与停车方式的关系**

变频器过载报警是因为虽然电动机还能够旋转，但运行电流超过了额定值。过载的基本特征是电流虽然超过了额定值，但超过的幅度不大，一般也不形成较大的冲击电流。若形成了较大的冲击电流就变成过流故障了。而且变频器报过载报警是由于变频器输出电流较大并超过一定的时间，时间超过了才报过载故障。过载故障发生时的电流波形如图 5-7 所示。

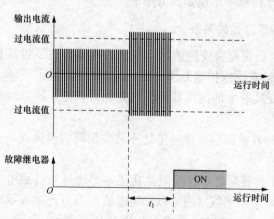

图 5-7　过载故障发生时的电流波形图

过载发生的主要原因如下。

（1）机械负荷过重，其主要特征是电动机发热，可从变频器显示屏上读取运行电流来发现。

（2）三相电压不平衡，引起某相的运行电流过大，导致过载跳闸，其特点是电动机发热不均衡，从显示屏上读取运行电流时不一定能发现（因很多变频器显示屏只显示一相电流）。

（3）误动作，变频器内部的电流检测部分发生故障，检测出的电流信号偏大，导致过载跳闸。

过载故障的解决方法如下。

（1）检查电动机是否发热，如果电动机的温升不高，则首先应检查变频器的电子热保护功能的预置值是否合理，若变频器尚有余量，则应放宽电子热保护功能的预置值。

如果电动机的温升过高，而所出现的过载又属于正常过载，则说明是电动机的负荷过重。这时，应考虑能否适当加大传动比，以减轻电动机轴上的负荷。若能够加大，则加大传动比。如果传动比无法加大，则应加大电动机的容量。

（2）检查电动机侧的三相电压是否平衡，如果电动机侧的三相电压不平衡，则应再检查变频器输出端的三相电压是否平衡，如果也不平衡，则问题存在于变频器内部。若变频器输出端的电压平衡，则问题存在于从变频器到电动机之间的线路上，应检查所有接线端的螺钉是否都已拧紧，如果在变频器和电动机之间有接触器或其他电器，则还应检查有关电器的接线端是否都已拧紧，以及触点的接触状况是否良好等。

用户需要修改参数 P0701，即数字输入 1 的功能号为 3，并将数字输入 1 的功能从 ON/OFF1 改为 OFF2，这一命令将使电动机依照惯性滑行，最后停车（脉冲被封锁），也就是自由停车。

● —— 第四步 西门子 MM440 变频器直流制动的设置过程

变频器的直流制动是利用直流电流进行制动的，从而将传动系统在最短时间内制动到停车状态。

MM440 变频器如果输出 1 个 OFF1/OFF3 命令，那么传动系统将沿参数设置制动斜坡减速。由于较大的再生能量会导致直流母线过电压，这样，会引起传动变频器脱扣（跳闸）。此时，激活直流制动，将会使传动系统进入快速制动的状态。

MM440 变频器的直流制动，是在输出的 OFF1/OFF3 命令期间，输入一个可选频率，一个直流电压/电流，而不是连续的减小输出频率/电压。这个直流电流就是在定子绕组中输入的直流电流，它在异步电动机中产生一个有效的制动转矩。

制动开始的频率、制动电流的幅值和制动的时间可以设定，因而，也能用适当参数设置制动转矩。

直流制动可按如下选择。

投入直流制动的时间是在参数 P1233 中进行设置的，范围是 1～250，如果设置 P1233＝5，则代表在 5s 中的持续时间内投入直流制动。

然后使用 OFF1 或 OFF3 命令激活直流制动，激活后的直流制动如图 5-8 所示。

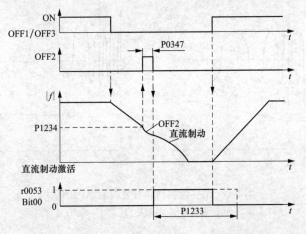

图 5-8 在 OFF1/OFF3 命令之后的直流制动

设置 P1234＝10Hz，传动变频器的频率沿参数设置的 OFF1/OFF3 斜坡下降，到达直流制动的频率，即 P1234 参数设置的 10Hz 时，注入直流，从而减少电动机的动能，注意斜坡时间不能设置得太短，太短有可能出现直流母线过电压故障"F0002"。

在去磁时间 P0347 期间内，变频器脉冲封锁。也就是说，在直流注入功能使能后，逆变器脉冲封锁直至电动机去磁结束。电动机充分去磁后变频器输出直流，产生恒定磁场。

然后送入所选择制动时间 P1232 所需的制动电流 P1233。用信号 r0053 位 00 来显示状态。

在制动时间 P1232 到了以后，变频器脉冲封锁。

● ── 第五步 **MM440 变频器复合制动的设置**

MM440 变频器复合制动是将 OFF1 的停车方式同直流制动方式相结合的制动方式，这样既保证了转速受控，同时也实现了快速停车，但注意复合制动不能用于矢量控制。

另外，在 U/f 方式下，复合制动仅依赖于直流母线电压，当母线电压升高至一定值时，直流电流叠加到交流波形上，以控制电动机频率及其回馈的能量。

在 VC、SLVC 方式下，复合制动功能是无效的，如果已经使用了直流制动，复合制动功能也是无效的。如果复合制动功能与 V_{dmax} 功能同时使能后，那么变频器的输出将会变得不稳定。

使用 P1236 激活的复合制动，是直流制动加上再生制动，即当沿斜坡制动时，传动系统向电网回馈。

当直流母线电压超过复合制动的接入阈值 $V_{DC-Comp}$ 时，就加入一个直流电流。在这种情况下，可带一个可控（闭环）电动机频率和最小回馈进行制动，无复合制动和有复合制动如图 5-9 所示。

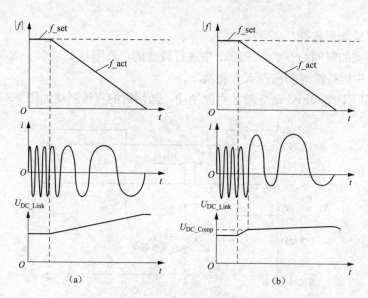

图 5-9 无复合制动和有复合制动的图示
(a) P1236＝0，无复合制动；(b) P1236＞0，有复合制动

●　**第六步**　**MM440 变频器的能耗制动**

西门子 MM440 变频器由 3 部分构成，即整流部分、直流回路部分、逆变部分。当 MM440 变频器作为驱动转换源处在制动过程时，制动能量将通过其逆变部分返回到直流回路，由于整流部分由不可控的二极管组成，制动能量无法回到电网，造成直流回路电压泵升，进而导致 MM440 变频器因为直流回路电压过高而停机，此时显示 F0002。MM440 变频器对此情况给出的解决方案是提供一个动态制动功能，即在直流回路上安装一个制动单元，再配以适当的制动电阻，将制动能量在这个电阻上以热能的形式消散掉。A~F 尺寸的 MM440 变频器将制动单元集成在变频器的内部，用户在使用时只需要选配制动电阻，然后将其安装在 MM440 变频器的端子 B+、B-上后，再去调整相应的参数。但如果 MM440 变频器功率比较大，如尺寸为 FX、GX 时，由于 MM440 的内部没有集成制动单元，则需要从 SIMOVERT MASTERD 的产品目录里选配相应的制动单元和制动电阻来进行配置，能耗制动的工作方式如图 5-10 所示。

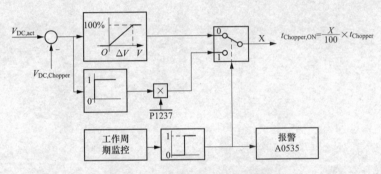

图 5-10　能耗制动的工作方式图示

制动电阻接入阈值的计算方式如下。

如果 P1254＝0：$V_{DC.Chopper}=1.13\times2V_{line supply}=1.13\times28P0210$。

其他情况：$V_{DC.Chopper}=0.98\times r1242$。

制动电阻接入阈值 $V_{DC.Chopper}$ 的计算是参数 P1245 的一个功能（自动检测 V_{DC} 接入电平），或直接用电网电压 P0210，或间接用直流母线电压和 r1242。

另外，选择正确的制动电阻是保证制动效果并避免设备损坏的必要条件。首先要计算制动功率并绘制正确的制动曲线，再根据制动曲线确定制动周期及制动功率，之后，根据所确定的制动功率及制动周期，同时参考电压、阻值等条件选择合适的制动电阻。所选制动电阻阻值不能小于选型手册中规定的数值，否则将直接造成变频器损坏，这在电阻选型时应予以说明。有时制动功率不好确定，或为了确保安全，可选择制动功率较大的电阻。西门子标准传动产品提供的 MM4 系列制动电阻均为 5% 制动周期的电阻，所以在选型时应加以注意，制动周期在参数 P1237 中选择；同时应将 P1240 设置为 0，用以禁止直流电压控制器。

实际上，5% 制动周期就意味着制动电阻可以在 12s 内消耗 100% 的功率，然后需要冷却 228s。当然，如果制动的时间小于 12s，或者消耗的功率低于 100%，则是另外一种情况，变频器会计算制动电阻的 i^2t。如果制动周期大于 5%，那么 MM440 变频器允许设置较高的制动周期，但实际上很难精确地计算出制动的情况。比如，一台变频器每分钟制动 5s，制动功

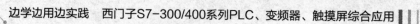

率为 50%。在这种情况下，一般建议选择比理论计算稍大一些的电阻，同时在参数 P1237 中相应地设置高一些的制动周期，增大制动电阻能吸收的制动能量，如图 5-11 所示。

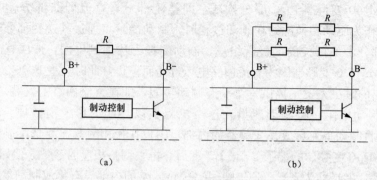

图 5-11　增大制动电阻能吸收的制动能量的图示
(a) P1237-1（5%）；(b) P1237-3（20%）

MM440 变频器的面板操作

案例 6

一、案例说明

变频器操作面板是最重要的人机操作界面，它不仅能够实现参数的输入功能，还能实现对频率、电流、转速、线速度、输出功率、输出转矩、端子状态、闭环参数、长度等物理量的在线存储与修改，以及显示变频器故障的基本信息，所有这些都可以为变频器的故障排除提供必要的信息。

另外，变频器可以控制电动机的启动电流。当电动机通过工频直接启动时，它产生的电流将是电动机额定电流的 7～8 倍。这个电流值将大大增加电动机绕组的电应力并产生热量，从而降低电动机的寿命。

而变频调速则可以在零速零电压进行启动（也可适当增加转矩）。一旦频率和电压的关系建立，变频器就可以按照 U/f 或矢量控制方式带动负荷进行工作。

也就是说使用变频调速能够充分降低启动电流，提高绕组的承受力，用户最直接的好处就是电动机的维护成本将进一步降低、电动机的寿命则相应增加。

在工程项目中，设置变频器的参数可以达到控制电动机的启动电流的目的，这些参数包括电动机的额定电流和加减速时间等。MM440 变频器的参数可以通过面板进行设置，在本例的相关知识点中介绍了 MM440 变频器的几种面板类型和面板功能，然后利用基本操作面板（BOP），以设置 P1000＝1 的过程为例，详细说明了修改变频器参数设置的流程。

二、相关知识点

1. MM440 变频器的面板类型

MM440 变频器有 3 种操作面板，即状态显示屏（SDP）、基本操作面板（BOP）和高级操作面板（AOP），如图 6-1 所示。

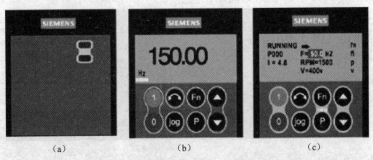

（a）　　　　　　　（b）　　　　　　　（c）

图 6-1　MM440 变频器的 3 种操作面板

（a）状态显示屏（SDP）；（b）基本操作面板（BOP）；（c）高级操作面板（AOP）

MM440 变频器操作面板的显示区域在它的上方，例如，当显示 150Hz 时，显示为 150.00，操作面板的按钮定义见表 6-1。

表 6-1　　　　　　　　　　　　MM440 变频器操作面板的按钮定义

按钮	按钮定义	按钮	按钮定义
1	启动	0	停止
↺	改变电动机的运转方向	jog	点动
Fn	功能	P	确认
▲	增加	▼	减少

2. 基本操作面板（BOP）上的按钮功能及说明

（1）r0000：状态显示，LCD 显示变频器当前的设定值。

（2）①：启动电动机。按此钮启动变频器，默认值运行时此按钮是被封锁的，使此按钮的操作有效应设定 P0700＝1。

（3）0：停止电动机。

OFF1：按此按钮变频器将按选定的斜坡下降，速率减速停车，默认值运行时此按钮被锁定，使此按钮有效，应设 P0700＝1。

OFF2：按此按钮两次（或一次但时间较长），电动机将在惯性作用下自由停车。此功能总是使能的。

（4）↔：改变电动机的运转方向。按此按钮可以改变电动机的转动方向，电动机的反向用负号（—）表示或用闪烁的小数点表示。默认值运行时此按钮是被锁定的，使此按钮有效应设定 P0700＝1。

（5）jog：电动机点动。在变频器无输出的情况下按此按钮，将使电动机启动，并按预设的点动频率运行，释放此按钮时，变频器停车。如果变频器/电动机正在运行，那么按此按钮将不起作用。

（6）Fn：功能。此按钮用于浏览辅助信息。

1）在变频器的运行过程中，显示任何一个参数时，按下此按钮 2s，将显示以下参数值。

①直流回路电压（用 d 表示，单位：V）。

②输出电流（A）。

③输出频率（Hz）。

④输出电压（用 O 表示，单位：V）。

⑤由 P0005 选定的数值［如果 P0005 选择显示上述参数中的任何一个（3，4 或 5），这里将不再显示］。

连续多次按下此按钮，将轮流显示以上参数。

2）跳转功能。在显示任何一个参数（r××××，或 p××××）时短时间按下此按钮，将立即跳转到 r0000，如果需要的话，则可以接着修改其他参数，跳转到 r0000 后，按此按钮将返回原来的显示点退出。

3）在出现故障或报警的情况下，按 Fn 按钮可以将操作面板上显示的故障或报警信息复位。

（7）P：访问参数。按此按钮可以访问参数。

（8）△：增加参数。按此按钮即可增加面板上显示的参数值。

（9）▽：减少参数。按此按钮即可减少面板上显示的参数值。

三、 创作步骤

● 第一步 改变变频器的默认控制

MM440 变频器在默认设置时，用基本操作面板（BOP）控制电动机的功能是被禁止的，如果要用 BOP 进行控制，那么变频器参数 P0700 和 P1000 都应设置为 1。

● 第二步 访问参数表

利用基本操作面板（BOP）修改设置参数时，按 P 按钮来访问参数，此时 BOP 显示 r0000。

● 第三步 访问参数 P1000

按 P 按钮，直到显示 P1000。

● 第四步 修改参数 P1000

再按 P 按钮，直到显示 P1000 的第 0 组值（in000），即显示 in000，然后按 P 按钮，显示当前值"2"，即显示 2，按 P 按钮，达到所要求的值"1"，即显示 1，按 P 按钮，存储当前设置，显示 P1000，按 Fn 按钮，显示 r0000，即 r0000，按 P 按钮，显示频率，即 5000，参数修改完毕，以此类推。

● 第五步 BOP 的显示说明

用基本操作面板（BOP）可以修改变频器内的任何一个参数，修改参数的数值时，BOP 有时会显示"busy"，表明变频器正忙于处理优先级更高的任务。

● 第六步 变频器的运行操作

（1）变频器启动：在变频器的前操作面板上按运行按钮，变频器将驱动电动机加速，并以由 P1040 所设定的频率（20Hz）对应的转速（560r/min）运行。

（2）正反转及加减速运行：电动机的转速（运行频率）及旋转方向可直接通过按操作面板上的增加按钮/减少按钮（▲/▼）来改变。

（3）点动运行：按下变频器操作面板上的点动按钮，变频器驱动电动机加速，并以由 P1058 所设置的正向点动频率（10Hz）运行。松开变频器操作面板上的点动按钮，变频器将驱动电动机降速至零。这时，如果按下变频器操作面板上的换向按钮，再重复上述的点动运行操作，电动机可在变频器的驱动下反向点动运行。

（4）电动机停车：在变频器的操作面板上按停止按钮，则变频器将驱动电动机减速至零。

案例 7 触摸屏 **MP277** 的项目创建

一、 案例说明

全面开放是西门子 WinCC flexible 人机界面组态软件的显著特性，能够非常容易地与标准的用户程序结合起来，建立人机界面，精确地满足生产的实际要求。

本例中的相关知识点，对 WinCC flexible 可以组态的项目进行了详细介绍，然后说明了触摸屏应用界面的设计步骤。

在案例创作中使用 WinCC flexible 软件一步一步地创建一个新项目，这样在以后的案例中就可以在显示项目结构的【项目】窗口中对项目进行管理了。

二、 相关知识点

1. WinCC flexible 的编程界面

在项目的编程界面中，可以看到左侧是一个包含了所有可组态的元素的树形结构，项目在工作区域中进行编辑，所有 WinCC flexible 元素都排列在工作区域的边框上，可以移动或隐藏任一元素来满足读者编程时对编程版面的要求。WinCC flexible 的编程界面如图 7-1 所示。

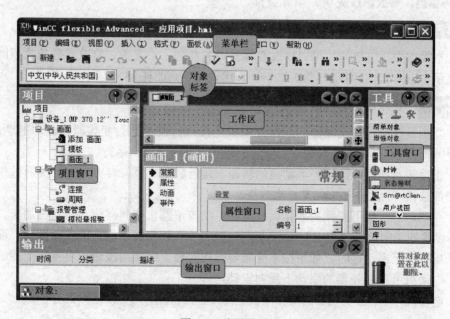

图 7-1 编程界面

2. 在 WinCC flexible 画面组态软件中创建项目的过程

在 WinCC flexible 画面组态软件中创建项目的过程主要包括启动 WinCC、创建项目、选择并安装 PLC 或驱动程序、定义变量、创建并编辑过程画面、设置 WinCC 运行系统属性、激活 WinCC 运行系统中的画面、使用模拟器测试过程画面等。

3. 项目保存后的文件后缀

项目保存后的文件的后缀为".hmi"。

三、 创作步骤

第一步 创建一个空项目

双击圖图标打开 WinCC flexible 人机界面组态软件操作系统，在启动 WinCC flexible 软件后，其相应的资源管理器也随即打开。WinCC flexible 画面组态软件的资源管理器是组态软件的核心，整个项目结构都显示在该资源管理器中。从资源管理器中调用特定的编辑器，既可用于组态，也可对项目进行管理。

在打开的【WinCC flexible Advanced】管理器窗口中，有 4 个和项目有关的选项，即【打开最新编辑过的项目】【使用项目向导创建一个新项目】【打开一个现有的项目】【创建一个空项目】，如图 7-2 所示。

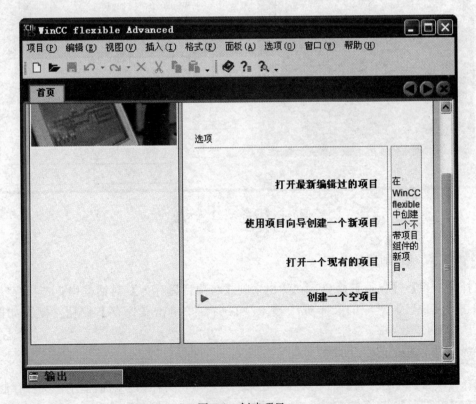

图 7-2 创建项目

读者可以通过打开 WinCC flexible 软件，选择【创建一个空项目】或【使用项目向导创建一个新项目】两种方式来创建一个新项目，也可通过选择【项目】→【新建】命令来创建项目。

　　本例是在项目创建向导中选择【创建一个空项目】，来创建一个简单的电动机控制回路，项目名称为 test。

● ━━ 第二步　选择触摸屏的类型

　　在弹出的【设备选择】对话框中选择触摸屏的类型，本例选择【MP 370 12″ Touch】触摸屏，如图 7-3 所示，单击【确定】按钮创建新项目。

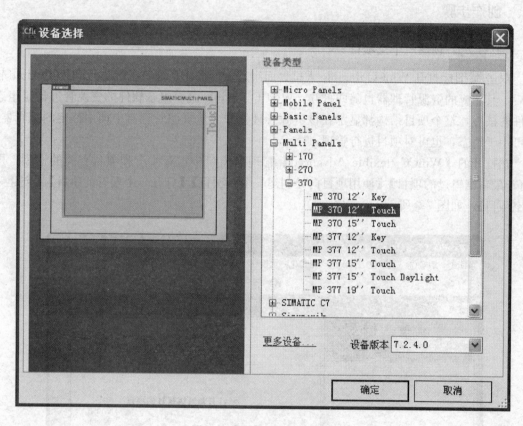

图 7-3 【设备选择】对话框

● ━━ 第三步　保存项目

　　选择【项目】→【保存】命令，在弹出来的【将项目另存为】对话框中，选择存储的位置，并在【文件名】对应的文本框中输入项目名称，单击【保存】按钮，操作如图 7-4 所示。

● ━━ 第四步　项目另存为

　　选择【项目】→【另存为】命令，在弹出来的【将项目另存为】对话框中，选择存储的位置，并在【文件名】对应的文本框中输入项目名称，单击【保存】按钮。

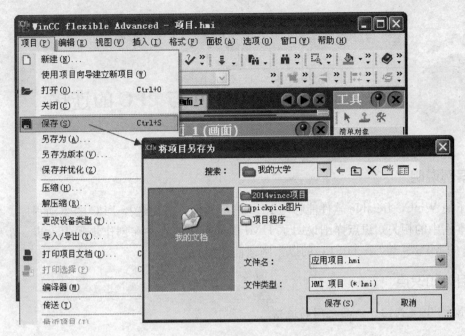

图 7-4 存储新建项目的流程

案例 8

触摸屏 MP370 与 PLC 的连接

一、 案例说明

为了使 WinCC flexible 软件能够与 PLC 进行通信，需要选择 PLC 的驱动程序，并建立连接，本例中的相关知识点详细说明了 HMI 的通信方式，并在创作步骤中一步一步地建立了 HMI 的 MP370 与 S7-300PLC 的以太网通信连接。

二、 相关知识点

1. MP370 与西门子产品之间的通信

MP370 与西门子产品 SIMATIC S5 之间的通信可以通过 AS511 和 PROFIBUS-DP 进行。

MP370 与 SIMATIC S7-200、S7-300/400 以及 SIMATIC 505 之间的通信可以通过 NITP 和 PROFIBUS-DP 进行。

MP370 还可以与西门子产品 SIMATIC WinAC 和 SIMOTION 进行通信。

2. MP370 与其他通信制造商的 PLC

MP370 与 Allen-Bradley（PLC-5、SLC 500）之间的通信是通过 DF1、DH＋和 DH485 进行的。

MP370 与 LG（Lucky Goldstar）的通信是通过 GLOFA GM 进行的，与 Modicon 之间的通信是通过 Modbus 进行的。

MP370 还能与 Mitsubishi FX 系列 PLC、GE Fanuc、Omron Hostlink/Multilink 和 Telemecanique TSX 进行通信。

3. HMI 的接线

HMI 与计算机、PLC 进行接线连接时，如果项目的动力线和通信电缆都连接到控制柜以外，就需要在分开的位置开两个引出电缆的孔，必须分别走线，以避免从同一个电缆孔走线而产生信号干扰，电缆引出方式如图 8-1 所示。

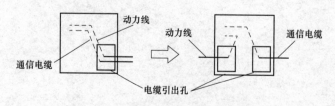

图 8-1 通信线与动力线的走线示意图

另外，线槽内的动力线和通信电缆之间的距离应该达到 10cm 以上，如果按照这个距离布线有困难，那么在较近距离安装线槽时，线槽内要使用金属的分隔器来防止干扰，布线示意图如图 8-2 所示。

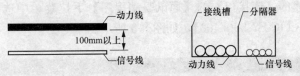

图 8-2　线槽的布置示意图

西门子 HMI 的接地线是不能与动力线捆绑后引出的，应该分别引出，否则会造成干扰，GOT 的接地线走线的示意图如图 8-3 所示。

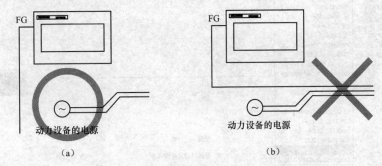

图 8-3　GOT 的接地线的走线示意图
（a）接地线与电源线分开接线；（b）接地线与电源线捆绑接线

三、创作步骤

第一步 激活连接

如果 WinCC flexible 软件的资源管理器中的【激活管理器】处于关闭状态，则必须先双击，将其激活才能进行 HMI 和 PLC 的连接创建和参数设置。

双击【项目】→【通信】→【连接】，在右侧的工作区就会看到【连接】管理器了，如图 8-4 所示。

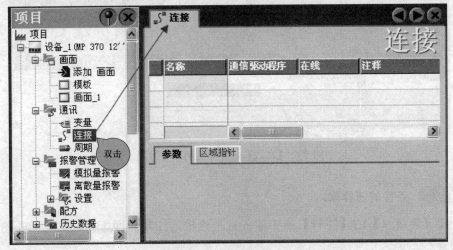

图 8-4　激活【连接】管理器

● **第二步** 创建新连接

单击【连接】管理中的【名称】下的空白处，可以新建连接，默认为【连接_1】，在 WinCC flexible 中新建的【连接_1】的【通讯驱动程序】下拉菜单中选择新建连接的通信程序，这里选择【SIMATIC S7 300/400】，如图 8-5 所示。

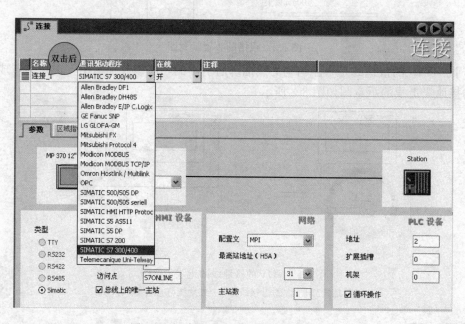

图 8-5　新建连接并选择驱动程序的过程

● **第三步** 连接的在线设置

HMI 与 PLC 的连接，在 WinCC flexible 的资源管理器中可以将【在线】设置为开和关两个状态，设置为关状态的过程如图 8-6 所示。

图 8-6　【在线】的开和关的设置过程

● **第四步** 连接的注释输入

在新建【连接_1】的【注释】列中输入这个连接的注释，即 HMI 与 S7-300 的通信连接，如图 8-7 所示。

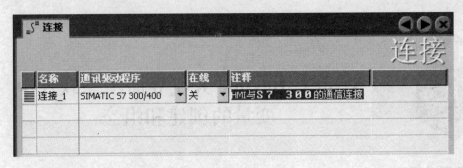

图 8-7　连接的注释输入

第五步　以太网的通信连接

在【连接】管理器的【参数】选项卡下，单击 HMI 接口的下拉框，在弹出的下拉列表框中选择【以太网】，建立以太网的连接，如图 8-8 所示。

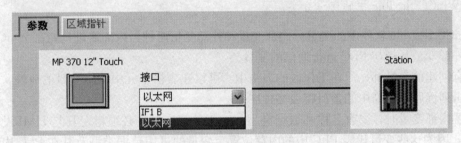

图 8-8　建立以太网的连接

第六步　设置以太网的通信地址

本例使用的是 TCP/IP 网络，所以必须添加 IP 地址，【机架】指的是 CPU 所在的机架号。

在【连接】管理器的【参数】选项卡下，在【HMI 设备】中，单击【IP】前的单选按钮，然后，在 IP【地址】文本框中，输入 HMI 设备的地址，同样，在【PLC 设备】的【地址】文本框中输入 PLC 设备的地址，如图 8-9 所示。

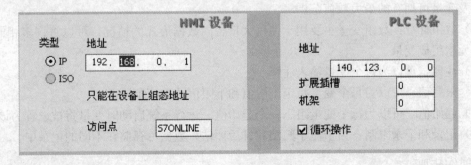

图 8-9　以太网通信地址的设置

设置完连接参数后，单击【保存】按钮██对 HMI 项目进行保存。

案例 9

WinCC flexible 人机界面组态软件中变量的创建和组态

一、 案例说明

在本例中，为用户展示的是如何使用 WinCC flexible 中的【变量】编辑器，在 HMI 的项目中创建和组态内部变量和几个不同地址的外部变量。

二、 相关知识点

1. WinCC flexible 中的变量分类

WinCC flexible 软件中的变量分内部变量和外部变量两种。内部变量只能在 WinCC 内部使用，外部变量是指与 PLC 进行通信的变量。

所有创建的变量都显示在工作区的表格中。可以在表格单元中编辑变量的属性，也可以通过单击列标题来按列中的条目将表格排序。

设置内部变量时，要有名称和数据类型。对于外部变量，必须指定其与 HMI 设备相连的 PLC，因为这些变量代表 PLC 中的内存位置。变量的可用数据类型及其在 PLC 内存中的地址都取决于 PLC 的类型。

2. 变量的编辑

在 WinCC flexible 中，能够设置的变量属性包括以下几种。

（1）名称：每个变量可设置一个名称，变量名称不能重名。

（2）外部变量的设置：对于外部变量，必须指定其与 HMI 设备相连的 PLC，从而确定外部变量的数据类型和在 PLC 中的地址。

（3）数据类型：变量的数据类型决定将在变量中存储哪些类型的值，这些值在内部如何保存以及变量可拥有的最大数值范围。

（4）数组计数：数组变量主要用于使用大量相同数据形式的情况，可以将许多相同类型的数组元素组成变量。

（5）注释：可以为每个变量输入注释。

（6）限制值：可以为每个变量指定上限值和下限值的数值范围。

（7）起始值：可以为每个变量组态一个起始值。运行系统启动时变量将被设置为该值。

（8）记录和记录限制：为了便于归档和日后评估，数据可存储在不同的记录中。

三、 创作步骤

● ━━ 第一步 激活变量编辑器

如果 WinCC flexible 中的【变量】编辑器处于关闭状态，则必须先双击，将其激活才能创建和组态变量。

双击【项目】→【通讯】→【变量】，在右侧的工作区就会看到【变量】编辑器了，如图 9-1 所示。

图 9-1 【变量编辑器】的激活过程

● 第二步 新建变量

单击 WinCC flexible【变量】编辑器中【名称】下的空白处，可以新建变量，这里为【变量_1】，在 WinCC 中新建的变量会自动生成这个变量的【连接】、【数据类型】、【数组计数】和【采集周期】，如图 9-2 所示。

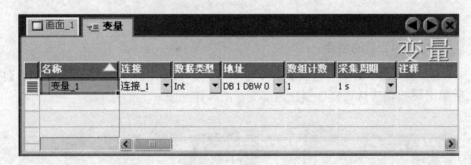

图 9-2 新建变量

● 第三步 新建变量命名

单击【变量_1】，使之变为可编辑状态，然后输入要定义的变量名称即可，这里为"启动"，如图 9-3 所示。

图 9-3 新建变量命名

● 第四步 变量数据类型的设置

WinCC flexible 画面组态软件中的数据类型包括 Char、Byte、Int、Word、Dint、DWord、Real、Bool、字符串、StringChar、定时器、计数器、日期、时间、日期和时间以

及当天的时间。单击【数据类型】的下拉按钮 ▼，在弹出的下拉列表框中选择 WinCC 中预装的数据类型即可，这里选择【Bool】，如图 9-4 所示。

图 9-4　变量数据类型的选择过程

第五步　内部变量的创建

单击新建变量【启动】的【连接】的下拉按钮 ▼，在弹出的下拉列表框中选择【内部变量】，然后单击 ☑ 按钮确认选择，创建内部变量的操作如图 9-5 所示。

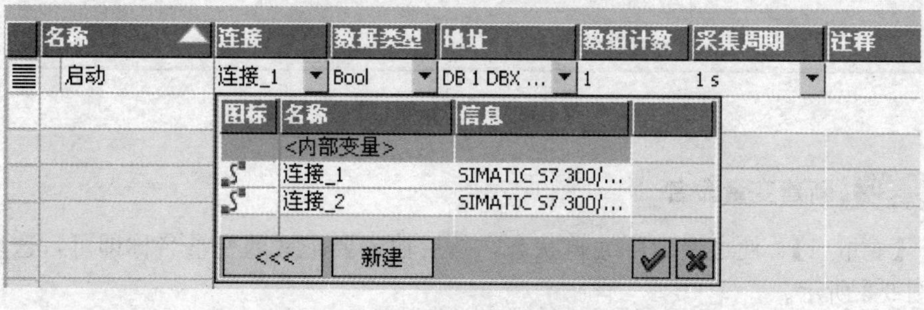

图 9-5　创建内部变量的操作图示

然后选择内部变量的数据类型，这里选择【Bool】，WinCC 的内部变量是没有连接到PLC 地址的，如图 9-6 所示。

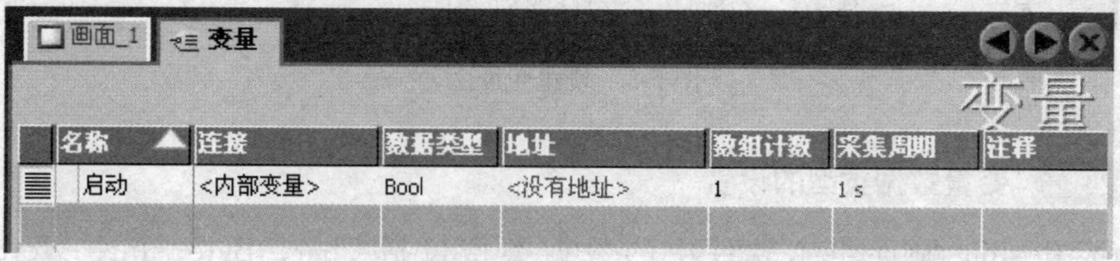

图 9-6　内部变量【启动】的创建

第六步 外部变量的创建

创建 WinCC flexible 画面组态软件的外部变量时，【名称】和【数据类型】的选择与内部变量一样，唯一不同的是外部变量必须添加地址。这里建立一个外部变量【启动_M1】，在【名称】栏中输入变量的名称【启动_M1】，单击【连接】的下拉按钮，在弹出的下拉列表框中选择【连接_1】，然后单击☑按钮确认选择，如图 9-7 所示。

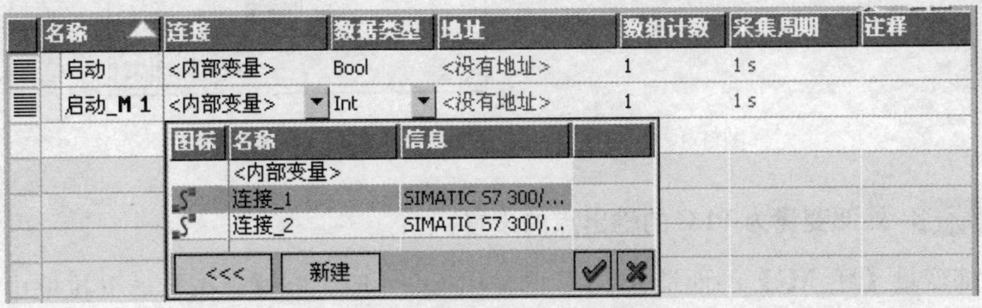

图 9-7 建立一个外部变量【启动_M1】

在【启动_M1】外部变量的【数据类型】下拉列表框中选择变量的类型，此处选择的为【Bool】，在【地址】栏的下拉列表框中选择所创建的变量的地址，这个地址是可以组态的，也就是说外部变量可以组态的地址为 DB、I、PI、Q、PQ、M。

如果外部变量是二进制变量，那么其数据类型栏中可选择的是 DB、位存储器、输入、输出。如果变量定义的是 DB，就需要在【DB】栏中填写该变量所在的 DB 块，在【地址】栏中填写该变量在 DB 块中是第几位。【启动_M1】组态的地址为【DB1DBX0.2】时，单击【地址】栏的下拉按钮，在弹出的下拉列表框中选择【范围】为【DB】，设置【DBX】为"0"，Bit 为"2"，然后单击☑按钮确认选择，操作过程如图 9-8 所示。

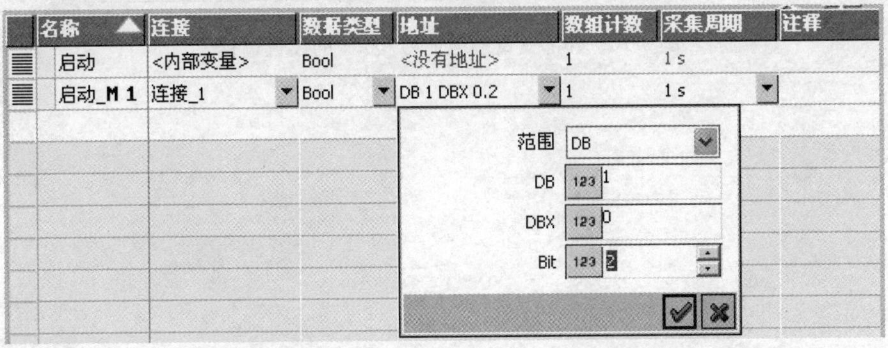

图 9-8 外部变量的地址为 DB 1 DBX 0.2 的设置过程

第七步 外部变量为 PLC 的内部变量的设置

在外部变量【停止_M1】的地址为 PLC 的输出内部地址 M0.3 时，在【范围】的下拉框中选择 M，在 M 中选择 0，在 Bit 中选择 3，然后单击☑确认选择，操作如图 9-9 所示。

91

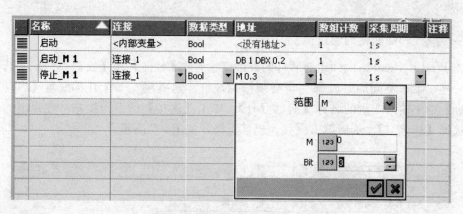

图 9-9 外部变量的地址为 M0.3 的设置过程

●——第八步 外部变量为 PLC 的输出点的设置

在外部变量【灯_M1】的地址为 PLC 的输出 Q5.4 时,在【范围】的下拉框中选择 Q,在 Q 中选择 5,在 Bit 中选择 4 即可,操作如图 9-10 所示。

名称	连接	数据类型	地址	数组计数	采集周期	注释
启动	<内部变量>	Bool	<没有地址>	1	1 s	
启动_M 1	连接_1	Bool	DB 1 DBX 0.2	1	1 s	
停止_M 1	连接_1	Bool	M 0.3	1	1 s	
灯_M 1	连接_1	Bool	Q 5.4	1	1 s	

范围 Q

Q 5
Bit 4

图 9-10 外部变量的地址为 Q5.4 的设置过程

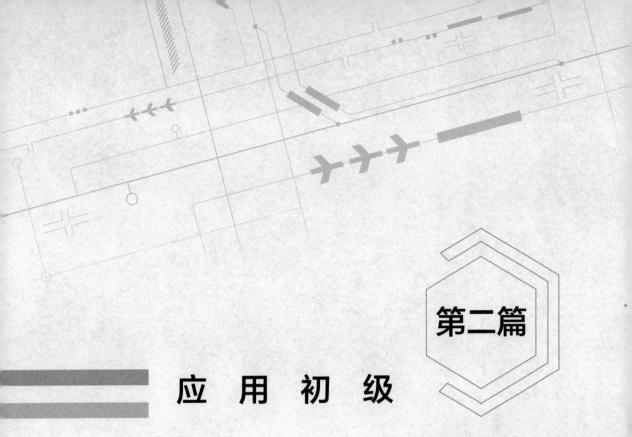

第二篇

应 用 初 级

案例 10

S7-400PLC中的计数器在半成品出入库中的应用

一、 案例说明

计数器在工程项目的程序编制中经常用到，计数器是 PLC 中的基本编程元件，计数器使用灵活，编程方便，可用于记录脉冲的次数，也可以通过简单的程序编制来作为定时器使用。

本例通过半成品库的入库和出库传送线，来说明计数器指令的应用。

二、 相关知识点

STEP 7 中的计数器在 RLO（逻辑运算结果）的正跳沿进行计数，计数器是由表示当前计数值的字及状态的位组成。

1. 计数器的组成

在 PLC 中的 CPU 中保留一块存储区作为计数器计数值的存储区，每个计数器占用两字节，计数器字中的第 0~11 位表示计数值（二进制数），计数范围为 0~999。当计数值达到上限 999 时，累加停止。计数值到达下限 0 时，将不再减小，如图 10-1 所示。

图 10-1　累加器 1 低字的内容计数值 127

计数器功能图如图 10-2 所示。图中，CU 代表加计数输入、CD 代表减计数输入、S 代表计数器预置输入、R 代表复位输入端、Q 代表计数器状态输出。

如果为计数器输入十进制的数字，而没有用 C♯标记值，那么此值将自动地转换为 BCD 码格式（127 变成 C♯127）。

2. 普通计数器的分类

普通计数器的计数脉冲受扫描周期和输入滤波时间常数的限制，是不能对高频脉冲信号进行计数的，普通计数器分为加计数器（S_CU）、减计数器（S_CD）和加/减计数器（S_CUD）3 种计数器类型。

（1）计数器。置数计数器 PV 的输入端是用 BCD 码来指定设定值的，范围是 0~999，用常数 C♯×表示，如果是通过变量给定的则需要用 BCD 码的格式。

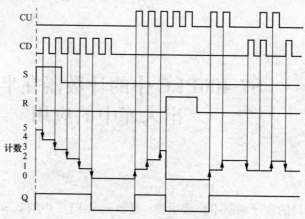

图 10-2　计数器功能图

CV 和 CV_BCD 的计数器值用二进制数或 BCD 码装入累加器，再传递到其他地址，计数器的状态在输出端 Q 处体现。如果复位条件满足，那么计数器不能置数，也不能计数。

计数器的 LAD/STL/FBD 编程如图 10-3 所示。当 CU 输入端 I0.1 的 RLO 从 0 变到 1 时，计数器的当前值加 1（最大值为 999），当 CD 输入端 I1.1 的 RLO 从 0 变到 1 时，计数器的当前值减 1（最小值为 0），当 S 输入端 I0.2 的 RLO 从 0 变到 1 时，置数计数器就设定为 PV 输入的值 C♯10。当 R 输入端 I1.2 的 RLO 为 1 时，计数器的值被置为 0。计数器的当前值在 MW50 和 MW52 输出。计数值大于设置值时，Q21.0 变为 1。

图 10-3　计数器的 LAD

计数器参数的定义见表 10-1。

表 10-1　　　　　　　　　　　　　　计 数 器 参 数 的 定 义

参数	数据类型	存储区	说明
No.	COUNTER		计数器标识号
CU	BOOL	I, Q, M, D, L	加计数输入
CD	BOOL	I, Q, M, D, L	减计数输入
S	BOOL	I, Q, M, D, L	计数器预置输入
PV	WORD	I, Q, M, D, L	计数初始值（0～999）
R	BOOL	I, Q, M, D, L	复位计数器输入
Q	BOOL	I, Q, M, D, L	计数器状态输出
CV	WORD	I, Q, M, D, L	当前计数值输出（整数）
CV_BCD	WORD	I, Q, M, D, L	当前计数值输出（BCD 码）

（2）位指令（计数器）。位指令的设定条件在输入（SC）【设置计数器值】进行设置。

如果加计数和减计数同时输入，则计数器保持不变。

如果计数器加计数到达 999，或减计数到达 0，计数值保持不变，不再对计数脉冲做出反应。

三、创作步骤

第一步　半成品库的入库和出库传送线

半成品库是用来存放半成品的，在生产中由入库传送带电动机 M1 启动，将产品传送到半成品库当中，并通过对射式光电传感器 SW1 检查半成品是否通过；出库时启动出库传送带电动机 M2，将半成品运送到车间生产，出库前必须先启动车间生产线的传送带电动机 M3。另外，半成品的出库由 SW2 进行检测，在半成品库中显示库存的数量。半成品库的入库和出库传送线的示意图如图 10-4 所示。

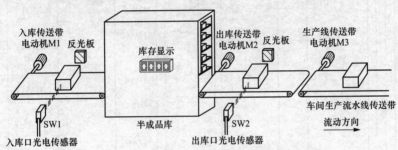

图 10-4　半成品库的入库和出库传送线的示意图

第二步　电动机控制

本例中的电动机采用 AC380V，50Hz 三相四线制电源供电，电气原理图如图 10-5 所示。

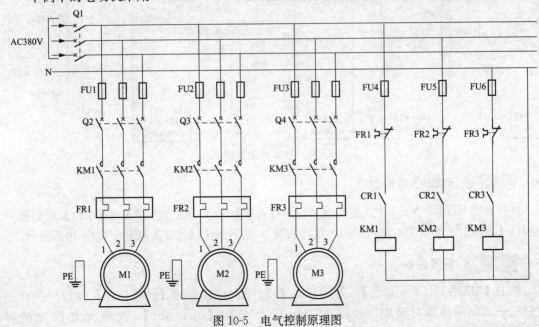

图 10-5　电气控制原理图

● 第三步 **PLC 控制设计**

本例西门子 400 的控制系统中，电源模块选用 6ES7 407-0KA01-0AA0，CPU 选用 417-4H，数字量输入模块选用的是 6ES7 421-1BL00-0AA0，数字量输出模块选用的是 6ES7 422-1FH00-0AA0，PLC 控制原理图如图 10-6 所示。

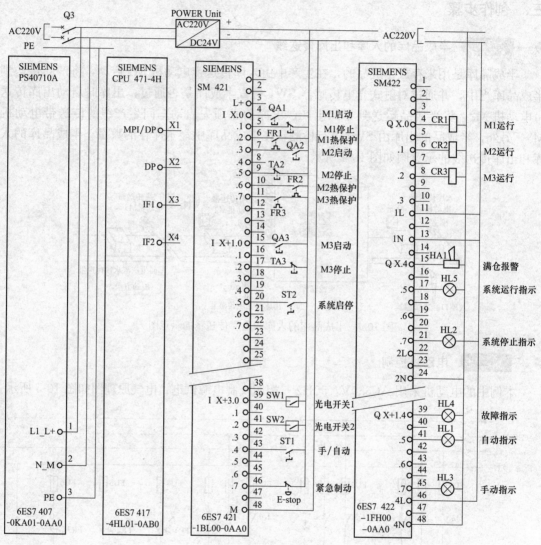

图 10-6 PLC 控制原理图

● 第四步 **STEP 7 项目创建**

在打开的 STEP 7 V5.5 中，选择【文件】→【新建】命令，在弹出的【新建项目】对话框中的项目【名称】文本框中，输入"生产线计数器"，然后单击【确定】按钮，如图 10-7 所示。

● 第五步 **管理设备**

单击【SIMATIC 400 站点】，然后双击【硬件】，在弹出的【硬件组态】窗口中，首先在西门子 400 的槽架目录中，选择【SIMATIC 400】→【CPU 400】，选择通用 18 槽机架

【6ES7 400-1TA00-0AA0】，将其拖入硬件管理器，然后添加 CPU412-1，选择【SIMATIC 400】→【CPU 400】→【CPU412-1】→【6ES7 412-1XJ05-0AB0】，然后单击图标 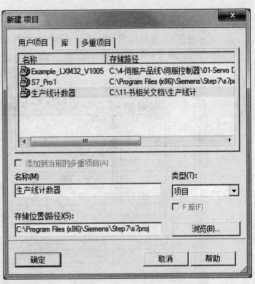 V5.3，最后将 CPU 拖入到第 3 个插槽，如图 10-8 所示。

添加完成后，在【SIMATIC 400】→【PS 400】中，添加 AC220V 供电的 10A 电源【6ES7 407-0KA01-0AA0】，将其拖入第一槽位，此电源模块占用第一和第二槽位，然后，选择【SIMATIC 400】→【SM 400】→【DI 400】，添加【6ES7 421-1BL00-0AA0】，最后，选择【SIMATIC 400】→【SM 400】→【DO400】，添加【6ES7 422-1FH00-0AA0】，如图 10-9 所示。

图 10-7 创建新项目

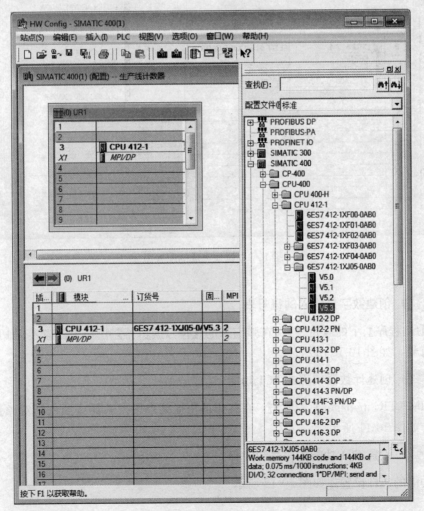

图 10-8 添加 PLC 设备

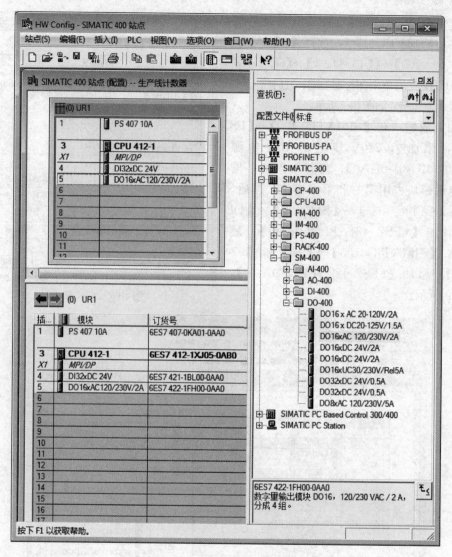

图 10-9　添加完成的配置图

第六步 创建数字量输入的符号表

单击【S7 程序】下的【符号】，在弹出来的【符号编辑器】窗口中，输入与 PLC 的输入相对应的符号，如图 10-10 所示。

第七步 创建计数器编程的 FC1 功能

在【SIMATIC manager】中右击，在弹出的快捷菜单中，选择【插入新对象】→【功能】命令，操作如图 10-11 所示。

第八步 设置 FC1 功能的符号和注释

FC1 功能的属性设置，如图 10-12 所示。

符号编辑器 - [S7 程序(2) (符号) -- 生产线计数器\SIMATIC 400 站点\CPU 412-1]

符号表(S) 编辑(E) 插入(I) 视图(V) 选项(O) 窗口(W) 帮助(H)

全部符号

	状态	符号	地址		数据类型		注释
1		product counter	FC	1	FC	1	产品计数器
2		M1启动	I	0.0	BOOL		连接QA1按钮
3		M1停止	I	0.1	BOOL		连接TA1按钮
4		M1热保护	I	0.2	BOOL		连接FR1热继电器
5		M2启动	I	0.3	BOOL		连接QA2按钮
6		M2停止	I	0.5	BOOL		连接TA2按钮
7		M2热保护	I	0.6	BOOL		连接FR2热继电器
8		M3热保护	I	0.7	BOOL		连接FR3热继电器
9		M3启动	I	1.0	BOOL		连接QA3按钮
1		M3停止	I	1.1	BOOL		连接TA3按钮
1		系统启停	I	1.5	BOOL		连接ST2拨钮
1		光电开关1	I	3.0	BOOL		光电开关1
1		光电开关2	I	3.2	BOOL		光电开关2
1		手自动切换	I	3.4	BOOL		连接拨码开关ST1
1		计数清零	I	3.5	BOOL		连接QA4按钮
1		紧急停止	I	3.7	BOOL		连接EStop
1		M1运行	Q	0.0	BOOL		连接中间继电器CR1
1		M2运行	Q	0.1	BOOL		连接中间继电器CR2
1		M3运行	Q	0.2	BOOL		连接中间继电器CR3
2		满仓报警	Q	0.4	BOOL		连接HA1报警器
2		系统运行指示灯	Q	0.5	BOOL		连接HL5指示灯
2		系统停止指示	Q	0.7	BOOL		连接HL2指示灯
2		故障指示	Q	1.4	BOOL		连接HL4指示灯
2		自动指示	Q	1.5	BOOL		连接HL1指示灯
2		手动指示	Q	1.7	BOOL		连接HL3指示灯

按下 F1 获取帮助。

图 10-10　创建数字量输入的符号表

剪切	Ctrl+X
复制	Ctrl+C
粘贴	Ctrl+V
删除	Del
插入新对象 ▶	组织块 / 功能块 / 功能 / 数据块 / 数据类型 / 变量表
PLC ▶	
重新布线...	
比较块...	
参考数据 ▶	
检查块的一致性...	
打印 ▶	
对象属性...	Alt+Return
特殊的对象属性 ▶	
Block Privacy...	
S7-Web2PLC	

图 10-11　创建新的功能

● 第九步　**系统启动控制程序**

在急停信号没有启动的前提下，将选择开关 ST2 拨到启动位置，I1.5 的动合触点的上升沿置位系统运行指示灯，将选择开关 ST2 拨到停止位置（下降沿），将关闭系统运行指示灯，然后将系统运行指示灯的状态取反后输出系统停止灯，程序如图 10-13 所示。

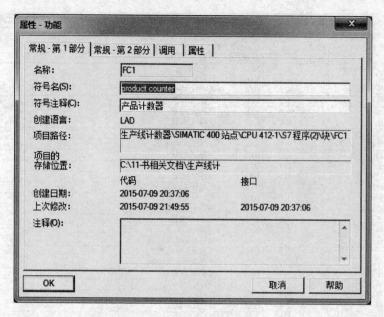

图 10-12 FC1 功能的属性

□ 消息段1: 连接HL5指示灯

图 10-13 系统启动的逻辑编程

● **第十步** 运行方式

本例有两种运行方式，一种是自动运行，一种是手动运行。

自动运行时将 ST1 选择开关拨到接通位置，即选择开关的动合触点闭合，系统自动运行。当手动运行时，将 ST1 选择开关拨到断开位置，即 I3.4 的动合触点断开，程序如图 10-14 所示。

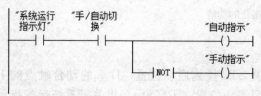

图 10-14 手/自动模式的标志位和指示灯编程

● **第十一步** **电动机 M1 的控制程序**

系统启动后，系统运行的指示灯亮起。

自动运行时，自动指示灯亮起，在没有电动机 M1 的热保护报警的前提下，利用系统启动的上升沿启动 M1，如果是手动运行模式时，则按下 M1 启动按钮同样可以启动 M1 电动机。

自动运行时，当出现系统启动的下降沿或者出现满仓报警（计数器 0 达到了预设值 150）或者是在手动模式下，按下了 M1 停止按钮，程序将停止 M1。

不论是手动模式还是自动模式，只要出现 M1 热报警，就停止 M1 的运行，程序如图 10-15 所示。

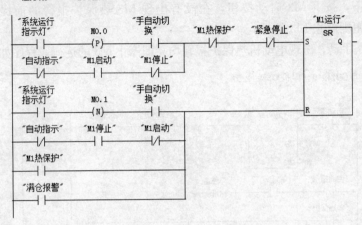

图 10-15　电动机 M1 的程序

● 第十二步　入库计数器程序

计数器采用加减计数器 CUD 功能块，在自动模式下，光电开关 1 检测到产品时计数器加 1，光电开关 2 检测到产品时计数器减 1，在手动模式下，按下计数清零按钮，将计数器 C1 的当前值设置为 0。

使用功能块将计数器的当前值的输出 CV 放入 MW12 中，后面的程序将通过判断计数器的值来执行相关的操作，程序如图 10-16 所示。

● 第十三步　报警程序的编制

当系统在自动模式下工作，且仓库内部产品数量大于 500 时，输出满仓报警，程序如图 10-17 所示。

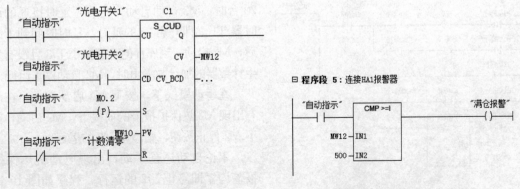

图 10-16　计数器的编程　　　　　　　　　图 10-17　报警程序的编制

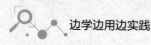

●── **第十四步** 电动机 M3 的控制程序

　　在自动模式下，当库房中的半成品大于 20 台时，电动机 M3 自动启动，为了避免计数器发生减计数溢出而干扰 M3 的正常启停，可在 M1 的启动逻辑程序中使用减计数溢出标志的动断触点来避免这种情况的发生。当库存的产品数小于 3 时，M3 自动停止运行。

　　在手动模式下，按下 M3 启动按钮，在没有出现 M3 热保护报警的前提下，M3 启动，按下 M3 停止按钮则停止 M3 的运行。

　　不论自动还是手动，出现电动机热保护报警均立即停止 M3 的运行，程序如图 10-18 所示。

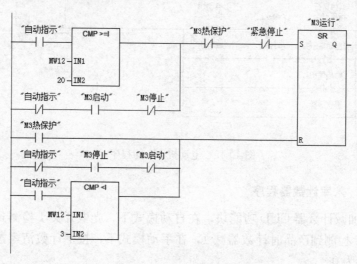

图 10-18　电动机 M3 的控制程序

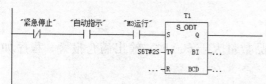

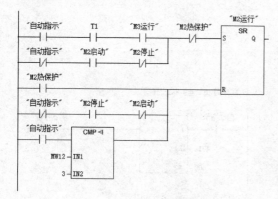

图 10-19　电动机 M2 的控制程序

●── **第十五步** 电动机 M2 的控制程序

　　电动机 M2 的启动必须等待电动机 M3 先运行，从而防止货物在两个传送带之间发生碰撞。

　　在自动模式下，当库房中的半成品大于 20 台时，M3 自动启动，之后，延时接通的计时器 T1 立即开启 2s 的延时，延时时间到了以后，M2 启动。当库存的产品数小于 3 且没有发生计数器的加计数溢出时，M2 自动停止运行。

　　在手动模式下，按下 M2 启动按钮，在没有出现 M2 热保护报警的前提下，M2 启动，按下 M2 停止按钮，则停止 M2 的运行。

　　不论自动还是手动，出现电动机热保护报警均立即停止 M2 的运行，程序如图 10-19 所示。

● **第十六步** 调用 FC1 的程序

在程序的最后在 OB1 组织块中调用 FC1，程序如图 10-20 所示。

● **第十七步** 库的应用

如果仓库内的货物数量大于 999 且小于 32767，那么，这时就需要调用系统功能块 SFB2 CTUD IEC_TC，此功能块的位置在【库】→【System Function Blocks】→【SFB2 CTUD IEC_ TC】，如图 10-21 所示。

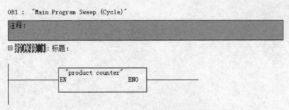

图 10-20　调用 FC1 的程序

用 SFB2 CTUD IEC_TC 功能块在输入端 CU 出现上升沿时计数值加 1，在功能块 CD 的输入出现上升沿时计数器值减 1，如果在一个扫描周期内 CU 输入和 CD 输入都有上升沿，那么计数器将保持其当前值不变。

计数器的范围是 $-32768 \sim 32767$。当数值达到下限 -32768 时将不再递减，当计数器值达到上限 32767 时将不再递增。

LOAD 输入的优先级高于 CU 和 CD 输入，当 LOAD 输入的状态为 1 时将把计数器预置为 PV 而不管 CU 和 CD 输入的状态。

R 输入的优先级高于 LOAD 输入，当 R 输入的状态为 1 时将把计数器重置为 0。功能块 QU 的输出指示当前计数值是否大于或等于预设值 PV，QD 输出指示该值是否小于或等于 0。

使用 SFB 编程的计数器，使用了背景数据块 DB2，当在自动模式下，光电开关 1 每接通一次计数器就加 1，光电开关 2 每个上升沿计数器减 1，当计数器的当前值（仓库内存放的货物）超过 2000 时，输出满仓报警，同时将计数器的当前值存放到 MW12 仓库内的货物数量当中，只有在手动模式下，按下计数清零按钮才能将当前的计数器值复位为 0，程序如图 10-22 所示。

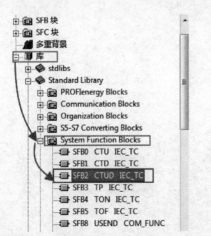

图 10-21　SFB2 CTUD IEC_TC 功能块的位置

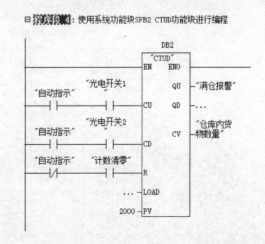

图 10-22　SFB2 CTUD 功能块的编程

另外，当货物很小并且传送带速度很快时，会导致计数频率比较高，如果两个计数脉冲的时间小于 PLC 的扫描时间，就会出现少计脉冲的现象，也就是实际的货物数多于计数器统计的数值，这时，就要使用高速计数器模块 FM350-2，此高速计数器共有 8 个通道，最大计数频率可达 20kHz，完全可以满足这种应用的要求。

案例 11　西门子 300 系列 PLC 的位置测量

一、案例说明

在本例中的冶金冷轧板的加工过程中，需要测量压下油缸的位置，可以采用通过油缸中安装在活塞上的位移传感器来检测位置，本例使用两个位移传感器来实时监测压下油缸的位置，并将这个数据通过 PROFIBUS-DP 网络显示在 HMI 上。

二、相关知识点

1. 位移传感器

位移传感器又称为线性传感器，是能够把位移转换为电量的一种传感器。位移传感器是一种属于金属感应的线性器件，传感器的作用是把各种被测物理量转换为电量。在这种转换过程中可以将多种物理量（例如压力、流量、加速度等）先变换为位移，然后再将位移变换成电量。

位移传感器分为电感式位移传感器、电容式位移传感器、光电式位移传感器、超声波式位移传感器和霍尔式位移传感器。

在生产过程中，位移的测量一般分为测量实物尺寸和机械位移两种。机械位移包括线位移和角位移。按被测变量变换形式的不同，位移传感器可分为模拟式和数字式两种。模拟式又可分为物性型（如自发电式）和结构型两种。常用位移传感器以模拟式结构居多，包括电位器式位移传感器、电感式位移传感器、自整角机、电容式位移传感器、电涡流式位移传感器、霍尔式位移传感器等。

位移传感器用于位置测量时，当压下油缸使活塞的位置发生变化时，传感器探头与金属板间的距离也会发生改变，从而引起输出电压的变化，位置测量如图 11-1 所示。

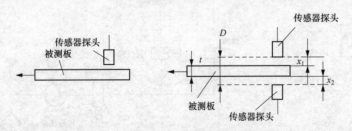

图 11-1　位置测量

在被测板的上、下方各装一个传感器探头，其间距离为 D，而它们与板的上、下表面间的距离分别为 x_1 和 x_2，这样板厚 $t = D - (x_1 + x_2)$，两个传感器在工作时分别测得 x_1 和 x_2，将其转换成电压值后相加。相加后的电压值再与两传感器间的距离 D 对应的设定电压相减，就得到与板厚相对应的电压值了。

2. 闭环与开环控制系统的比较

开环系统的优点是容易构造、结构简单、成本低且工作稳定。一般情况下，当系统控制量的变化规律能预先知道，并且，不存在外部扰动或者这些扰动能够找到并有办法进行抑制时，采用开环控制较好。

闭环系统的优点是采用了反馈，当系统的控制量和干扰量均无法事先预知，或系统中元件的参数不稳定时，闭环系统能够对外部扰动和系统内参数的变化引起的偏差进行自动纠正。这样就可以采用精度不太高且成本比较低的元件组成一个精确的控制系统。而开环系统却不具备这样的优点，因为开环系统没有反馈，故没有纠正偏差的能力，外部扰动和系统内参数的变化将引起系统的精度降低。但从稳定性的角度来看，开环系统较稳定，而闭环系统的稳定性差始终是一个有待解决的关键问题。这是因为如果闭环系统的参数选择不当，就会造成系统的振荡，甚至使得系统不稳定，完全失去控制能力。

如果要求实现复杂而准确度较高的控制任务，则可将开环控制系统与闭环控制系统结合起来一起应用，组成一个比较经济而又性能较好的复合控制系统。

三、 创作步骤

第一步 系统构建

在冶金冷轧板加工系统中，带钢的轧制设备分操作侧和传动侧，系统配备了伺服阀和液压缸，压头在设备的上方，冶金冷轧板加工系统的示意图如图11-2所示。

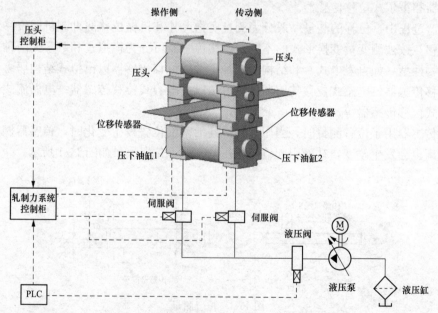

图 11-2 冶金冷轧板加工系统的示意图

第二步 PLC 控制原理图

本例采用 AC220V 电源供电，并且通过直流电源 POWER Unit 将 AC220V 电源转换为

DC24V 的直流电源给 PLC 给电。自动开关 Q1 作为电源隔离短路保护开关，项目配置的电源模块为 6ES7 307-1EA00-0AA0，负载电源为 AC 120/230V 5A，数字量混合输入输出模块为 6ES7 323-1BH80-0AA0，DI 8/DO 8，DC24V/0.5A。配置的模拟量输入模块为 6ES7 331-7KB01-0AB0，有两个 AI2 点。位移传感器 DS1 和 DS2 的 DC 0～10V 模拟量输出信号与 PLC 控制系统的 A/D 模块相连接，其控制精度取决于 A/D 模块的采样字长。例如，检测范围为 200mm，而 A/D 模块的采样字长为 12 位二进制数，则其实际精度为 200mm/4096，约为 0.05mm。PLC 控制原理图如图 11-3 所示。

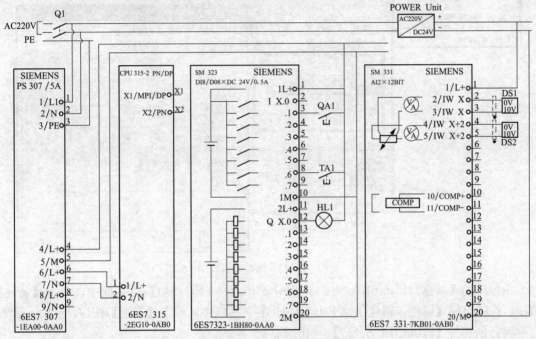

图 11-3　PLC 控制原理图

第三步　创建项目并进行硬件组态

创建一个名称为【位移传感器的编程应用】的新项目，然后添加一个西门子 300 的站和一个 DP 的 HMI 站，双击【硬件】图标，打开【硬件配置】组态窗口组态项目，组态完成后如图 11-4 所示。

插...	模块	订货号	固...	MPI 地址	I 地址	Q 地址	注释
1	PS 307 5A	6ES7 307-1EA00-0AA0					
2	CPU 315-2 PN/DP	6ES7 315-2EG10-0AB	V2.3	2			
X1	MPI/DP			2	2047*		
X2	PN-IO				2046*		
3							
4	DI8/DO8xDC24V/0.5A	6ES7 323-1BH80-0AA0			0	0	
5	AI2x12Bit	6ES7 331-7KB01-0AB0			272...275		

图 11-4　硬件组态的明细图示

第四步　组态 HMI 的 PROFIBUS 网络

选择【SIMATIC HMI Station（1）】→【组态】，双击【HW Config】窗口里的【HMI

MPI/DP】，在弹出的【属性－HMI MPI/DP】对话框中的【接口】选项区域中的【类型】下拉列表框中选择【PROFIBUS】，单击【属性】按钮，操作如图 11-5 所示。

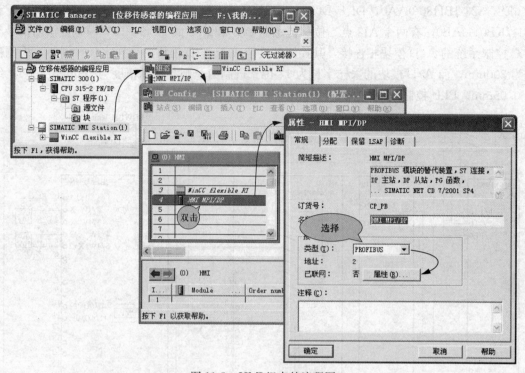

图 11-5　HMI 组态的流程图

在弹出的【属性－PROFIBUS 接口 HMI MPI/DP（RO/S4）】对话框中，单击【新建】按钮，在弹出的【属性－新建子网 PROFIBUS】对话框中，单击【确定】按钮，此时，读者会看到新创建的【PROFIBUS（1）】，如图 11-6 所示。

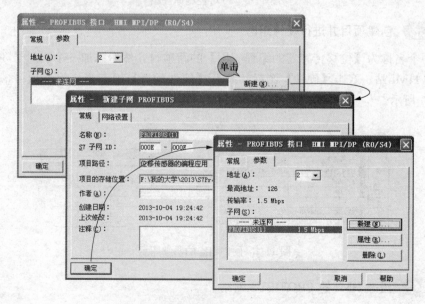

图 11-6　PROFIBUS 网络的创建图示

第五步　组态西门子 300PLC 的 PROFIBUS 网络

在【SIMATIC Manager】窗口中，选择【SIMATIC 300（1）】→【硬件】，在弹出的【HW Config】组态窗口中双击【MPI/DP】，在弹出的【属性】窗口中，在【接口】选项区域中的【类型】下拉列表框中选择【PROFIBUS】，单击【属性】按钮，如图 11-7 所示。

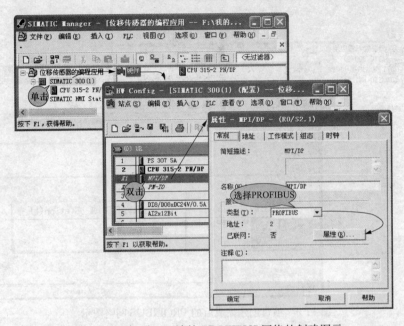

图 11-7　西门子 300 站的 PROFIBUS 网络的创建图示

然后在弹出的【属性－PROFIBUS 接口】对话框中将西门子 300 站的 PROFIBUS（1）的地址修改为"3"，单击【确定】按钮，操作的流程如图 11-8 所示。

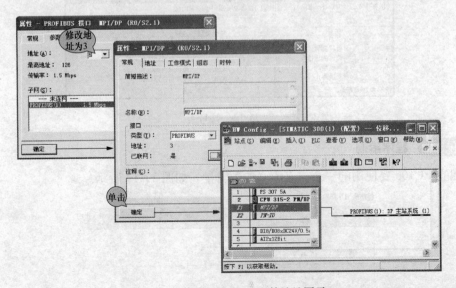

图 11-8　修改 PROFIBUS 的地址图示

组态西门子 300 站和 HMI 站的 PROFIBUS 网络后,在【SIMATIC Manager】窗口中单击【CPU 315-2 PN/DP】→【连接】,此时,就会弹出【NetPro】网络图示窗口,读者可以看到项目中组建的 PROFIBUS 网上已经出现了两个站,地址为 3 的西门子 300 站和地址为 2 的 HMI 站,如图 11-9 所示。

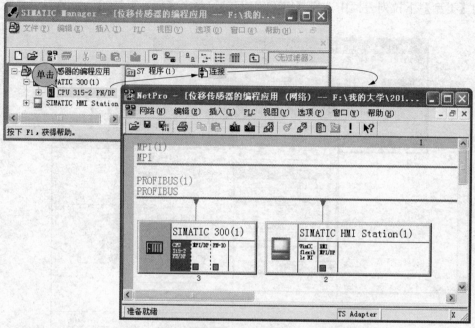

图 11-9 项目创建完成后的 PROFIBUS 网络图示

第六步 创建符号表

在打开的【符号编辑器】窗口中,编辑项目中的符号,完成的符号表如图 11-10 所示。

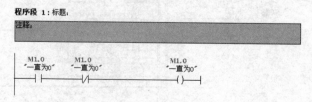

图 11-10 符号表

第七步 程序编制

先建立 FC105 要使用的一个一直为 0 的逻辑量,如图 11-11 所示。

程序段 1:标题:

注释:

```
    M1.0        M1.0                    M1.0
   一直为0      一直为0                  一直为0
    ─┤├─        ─┤/├─        ───────────( )─
```

图 11-11 程序段 1:建立一个一直为 0 的变量

在程序段 2 中按下系统启动按钮置位 Q0.0，在程序段 3 中按下系统停止按钮复位 Q0.0，这种编程的方法可以避免按钮触点粘连导致运行标志一直被置位或复位的问题，程序如图 11-12 所示。

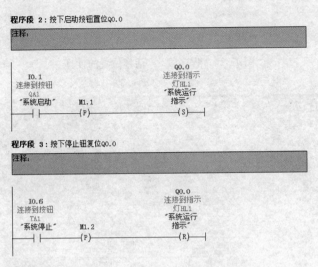

图 11-12 程序段 2 和 3 的图示

在程序段 4 中使用 FC105 将模拟量转换为 0～20000（单位是丝米，即 0.01mm）的浮点数，为活塞位置数值的计算做准备。如前所述，此模拟量模块的输入值是 12 位的，精度是 200/4096＝0.048(mm)，程序如图 11-13 所示。

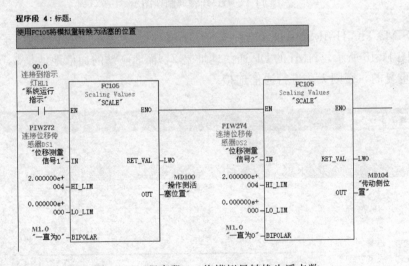

图 11-13 程序段 4：将模拟量转换为浮点数

程序段 5 将两个浮点数相加后除以 2，然后取整得到活塞平均位置的双整数值，程序如图 11-14 所示。

● ——— 第八步 **HMI** 的画面制作和变量连接

在 HMI 画面上添加文本域和 IO 域，并为这个 IO 域连接 PLC300 中的变量 MD108，如图 11-15 所示。

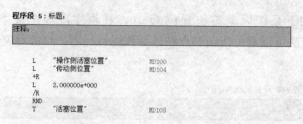

图 11-14　程序段 5：活塞位置的计算

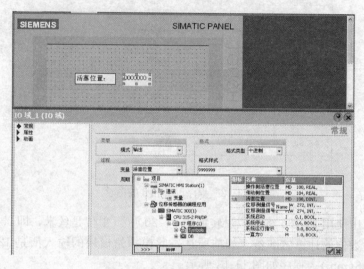

图 11-15　HMI 画面制作图示

选择【SIMATIC HMI Station（1）】→【通信】→【连接】，建立 HMI 和西门子 300 站的通信连接，如图 11-16 所示，HMI 的 DP 通信地址是 2，而 300 站的通信地址是 3，这两个站的地址是不能重复的，否则无法进行通信连接。

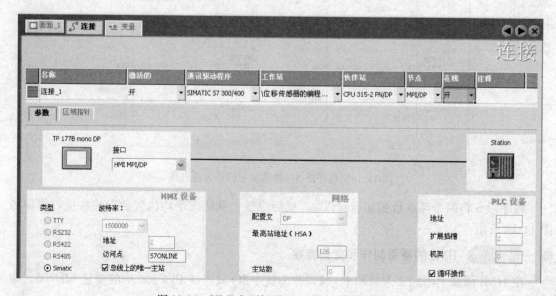

图 11-16　HMI 和西门子 300 站的通信连接图示

对上述的操作进行保存并编译，然后下载到 HMI 和 PLC 中即可。

在一般情况下，使用 STEP 7 提供的 FC105 功能块已经能满足要求，但是对于使用液压压下的轧钢等液压伺服应用，对液压压下的精度要求非常高，要达到微米级（1000μm＝1mm），所以必须对反映活塞缸位移的模拟量进行细致的处理，需要在编制的功能块中引入死区和拐点。

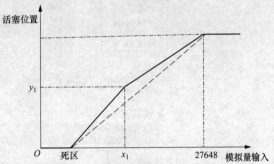

图 11-17　模拟量输入与活塞的对应关系

●──── 第九步　死区的定义与程序的编制

死区在模拟量输入中常被称为零漂，即位置为零时，模拟量输出不为零。为纠正模拟量输出的非线性，需要在编程中设置拐点，模拟量输入与活塞位置的对应关系如图 11-17 所示。

在 STEP 7 中编写一个 FB 块来实现将模拟量输入转换为活塞的位置，FB 块的输入变量如图 11-18 所示。

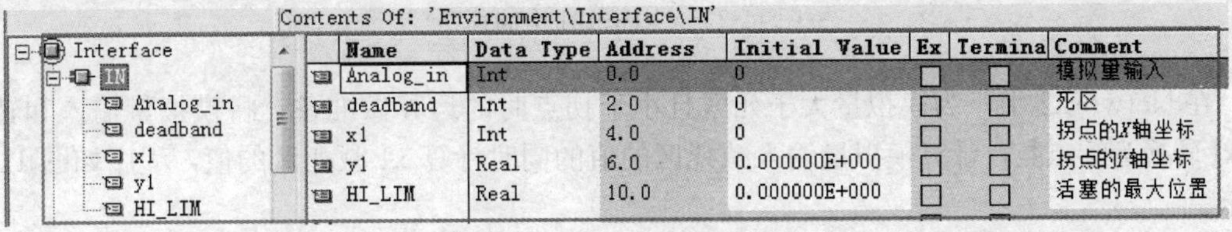

Name	Data Type	Address	Initial Value	Ex	Termina	Comment
Analog_in	Int	0.0	0	☐	☐	模拟量输入
deadband	Int	2.0	0	☐	☐	死区
x1	Int	4.0	0	☐	☐	拐点的X轴坐标
y1	Real	6.0	0.000000E+000	☐	☐	拐点的Y轴坐标
HI_LIM	Real	10.0	0.000000E+000	☐	☐	活塞的最大位置

图 11-18　FB 块的输入变量

FB 块的输出变量如图 11-19 所示。

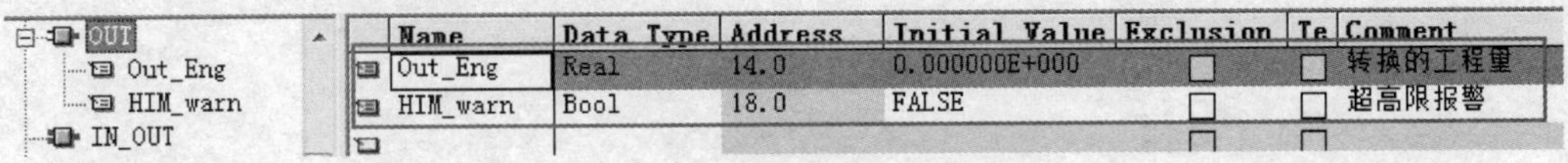

Name	Data Type	Address	Initial Value	Exclusion	Te	Comment
Out_Eng	Real	14.0	0.000000E+000	☐	☐	转换的工程量
HIM_warn	Bool	18.0	FALSE	☐	☐	超高限报警

图 11-19　FB 块的输出变量

FB 块的状态变量（包括一些计算结果）如图 11-20 所示。

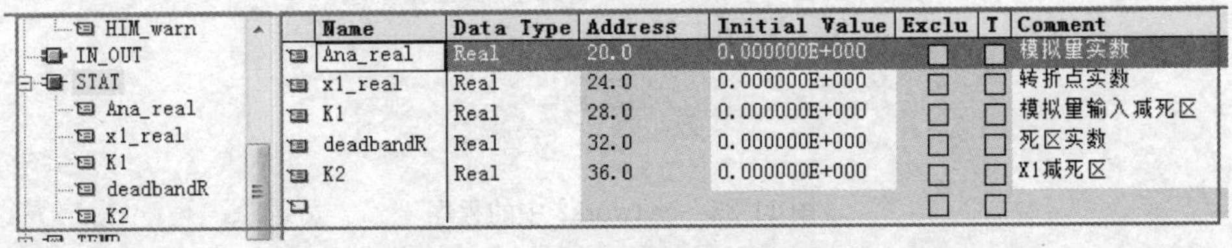

Name	Data Type	Address	Initial Value	Exclu	T	Comment
Ana_real	Real	20.0	0.000000E+000	☐	☐	模拟量实数
x1_real	Real	24.0	0.000000E+000	☐	☐	转折点实数
K1	Real	28.0	0.000000E+000	☐	☐	模拟量输入减死区
deadbandR	Real	32.0	0.000000E+000	☐	☐	死区实数
K2	Real	36.0	0.000000E+000	☐	☐	X1减死区

图 11-20　FB 块的状态变量

FB 块的临时变量用于放置一些中间的计算结果，如图 11-21 所示。

在 Network1 中，当模拟量小于或等于死区时，输出的工程量（活塞位置）为 0，程序如图 11-22 所示。

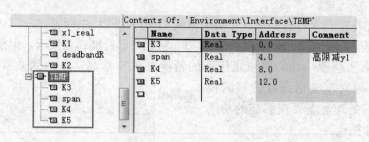

图 11-21　临时变量

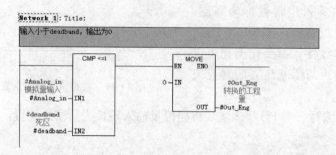

图 11-22　Network1 中的程序

在 Network2 中，为模拟量大于死区且小于拐点时的运算做准备，将模拟量输入和转折点 x1 转换为浮点数，计算模拟量输入减死区的值的同时计算 x1 减死区的值，程序如图 11-23 所示。

图 11-23　Network2 中的程序

在 Network3 中，当模拟量输入大于死区且小于等于拐点 x1 时，可使用下面的公式计算活塞位置：输出＝(模拟量输入－死区)×y1/(x1－死区)，程序如图 11-24 所示。

在 Network4 中的程序，分别计算 HI_LIM 减 y1 的值，27648.0－x1 的值和模拟量实数减 x1 的值，为 Network5 做准备，程序如图 11-25 所示。

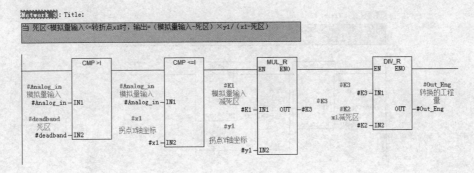

图 11-24　Network3 中的程序

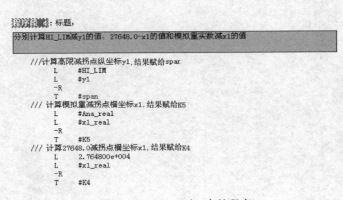

图 11-25　Network4 中的程序

在 Network5 中，当模拟量输入大于拐点 x1 且小于 27648 时，工程量可用以下公式计算：输出＝（模拟量输入－x1）×（HI_LIM－y1）/（27648.0－x1）＋y1，程序如图 11-26 所示。

```
Network 5: Title:
当转折点X1<模拟量输入<=27648时，输出=（模拟量输入-X1）×（HI_LIM-y1）/（27648.0-
X1）+y1
        A(
        L      #Analog_in              #Analog_in       -- 模拟量输入
        L      #x1                     #x1              -- 拐点X轴坐标
        >I
        )
        A(
        L      #Analog_in              #Analog_in       -- 模拟量输入
        L      27648
        <=I
        )
        JCN    HIM1
        L      #K5                     #K5
        L      #span                   #span            -- 高限减y1
        *R
        L      #K4                     #K4
        /R
        L      #y1                     #y1              -- 拐点Y轴坐标
HIM1:   NOP    0
```

图 11-26　在 Network5 中计算工程量输出

在 Network6 中，当模拟量输入大于 27648 时，输出高限，并将工程量输出限制在最大值，程序如图 11-27 所示。

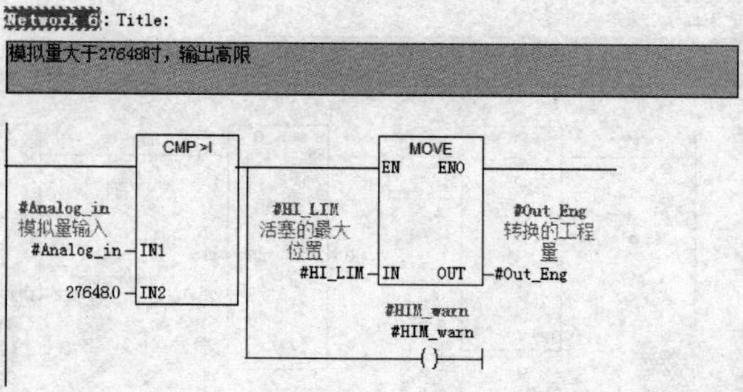

Network 6 : Title:

模拟量大于27648时，输出高限

图 11-27　在 Network6 中输出高限警告和高限工程量

案例12 西门子 300/400 系列 PLC 控制电动机的运行

一、案例说明

在实际生产中，常常需要运动部件实现正反两个方向的运动，这就要求拖动的电动机能做正反两个方向的运转。

本例给出了两个通过西门子 300 系列 PLC 来控制电动机正反转运行的程序，读者可以通过本例的程序编制来掌握 STEP 7 中程序块的相关知识，如何在程序中编辑自己的 FC 功能，以及如何在主程序中调用 FC 功能。

二、相关知识点

1. STEP 7 中程序块的操作技巧

（1）修改 STEP 7 中的程序块。读者可以在线或离线修改已经打开的程序块，但如果块处于测试模式下，则不能对块进行修改。

块修改完毕后，读者应该把修改的块下载到 PLC 进行测试。如果需要就再次对块进行修改，完全调试后把块保存到硬盘上。

另外，读者在修改了块以后，如果不想直接测试程序，而直接把修改的程序保存到硬盘上，那么这个修改过的没经过测试的程序块就会覆盖掉原来的块。

如果读者不想覆盖原来的程序块，那么在把程序存到编程器的硬盘前可以把修改的块下载到 CPU，等程序调试通过后再把它们保存到编程器的硬盘上。

（2）实现对 STEP 7 中程序块的加密保护。打开程序编辑窗口【LAD/FBD/STL】编辑器，选择【文件】→【生成源文件】命令，将要进行加密保护的程序块转换为源代码文件，在【LAD/FBD/STL】窗口中关闭要加密的程序块，并在【SIMATIC Manager】项目管理窗口的【源文件】文件夹中打开上一步所生成的【源文件】，在程序块的声明部分，TITLE 行下面的一行中输入 "KNOW_HOW_PROTECT"，存盘并编译该源文件，就完成了对程序块的加密保护了。

（3）取消对 STEP 7 中程序块的加密保护。打开程序块的【源文件】，删除文件中的 "KNOW_HOW_PROTECT"，存盘并编译该【源文件】后，程序块的加密保护就被取消了。

但如果程序中没有【源文件】，那么读者是无法对已经加密的程序块进行编辑的。

（4）复制 STEP 7 中块的便捷方式。在 STEP 7 中先单击选择的块，再按 Ctrl＋C 键进行复制，然后单击空白处，按 Ctrl＋V 键粘贴所选的块，在粘贴时，按系统的提示重命名要复制的块。

当要复制的块比较多时，可按住 Ctrl 键选择多个块，然后进行复制。

2. 插入功能 FC 块的方法一

第一种方法，读者在进入项目进行程序编制时，要首先创建项目，这里以项目【412-1】为例，如前所述添加完西门子 300 的工作站后，通过单击【SIMATIC 300（1）】的站的⊞，再单击【S7 程序】下的【块】，使之背景变色后，就可以创建块了。首先，在项目窗口中右击，然后在弹出的快捷菜单中选择【插入新对象】→【功能】命令，在弹出的【属性—功能】窗口的【名称】文本框中输入"FC1"，在【创建语言】下拉列表框中选择编程语言【LAD】，然后单击【确定】按钮，操作流程如图 12-1 所示。

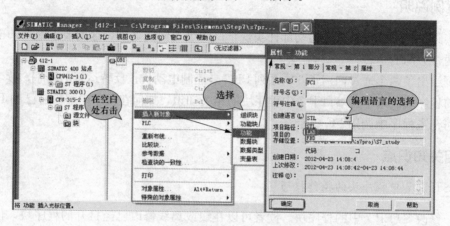

图 12-1 在项目中插入 S7 块的方法一

在项目窗口中可以看见刚刚创建的功能【FC1】，双击【FC1】块后，将会启动所选块的【LAD/STL/FBD】编辑器，此时，读者可以通过选择【视图】→【总览】命令，或单击【LAD/STL/FBD】编辑器工具栏上的 按钮来调出【总览】窗口，流程如图 12-2 所示。

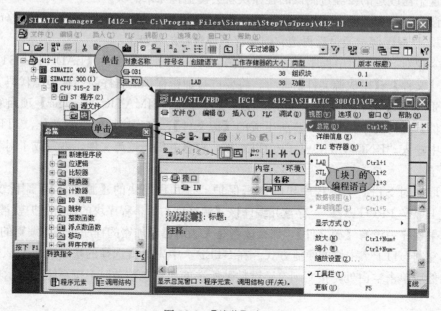

图 12-2 【总览】窗口

激活【总览】窗口后，菜单命令旁将出现一个▣。总览窗口的底部有两个选项卡，【程序元素】和【调用结构】。

其中，【程序元素】选项卡显示的是可以插入到梯形图（LAD）、功能块图（FBD）或语句表（STL）程序中的程序元素。选项卡中的内容取决于【块】设定的编程语言是 LAD、FBD 还是 STL。

块【调用结构】选项卡显示的是当前 S7 程序中【块】的调用体系和正在使用的块及其从属关系的总览。

在【LAD/STL/FBD】编辑器的【视图】菜单中，读者可以选择 FC1 功能块的编程语言，也可以把用图形化编程语言编写的程序转换成语句表，即 LAD/FBD⇒STL，但是这种转换在语句表编程方法中不是效率最高的程序，往往会在程序的执行中加入空操作。

STL 程序转换成 LAD 或 FBD 的程序时，即 STL⇒LAD/FBD，不是所有的程序都能转换，不能转换的程序仍用语句表显示。

值得注意的是，在程序中进行不同编程语言间的转换时不会发生丢失程序的现象。

3. 插入 FC 功能块的方法二

在 SIMATIC 管理器的项目窗口中，单击【站】、【S7 程序（2）】或【块】都可以使【插入】菜单中的【S7 块】命令的状态从灰色的不可使用状态变成黑色可用状态。

具体操作方法是在菜单栏中选择【插入】→【S7 块】命令，在弹出的级联菜单中的 6 种选项中选择项目中要创建或添加的内容，图 12-3 中选择的是【功能】，随后将弹出【属性－功能】对话框，读者可以在对话框中修改名称、编程的语言类型和符号名等，单击【确定】按钮后项目窗口中将会出现添加好的功能【FC1】，在项目中插入 S7 块的方法如图 12-3 所示。

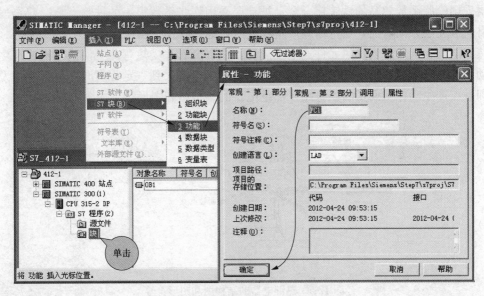

图 12-3　在项目中插入 S7 块的方法二

下面为添加的功能 FC1 更改符号名，添加符号注释，在【项目窗口】中右击【FC1】功能，在弹出的快捷菜单中选择【对象属性】命令，在随后弹出的【属性－功能】对话框中将符号名修改为"星三角启动"，在【符号注释】文本框里输入"星三角启动控制程序"，单击

【确定】按钮，流程图如图 12-4 所示。

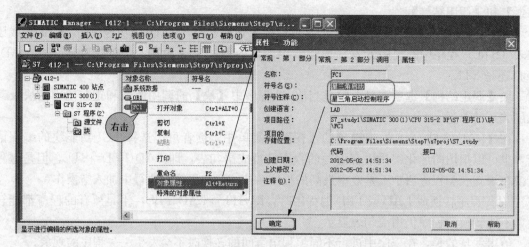

图 12-4 更改功能 FC1 的符号名和符号注释的流程图

硬件的组态完成后，下面将详细讲解如何编程以及变量表的使用、编程元素的含义和组合应用的技巧。

这里是为项目添加功能 FC1 的相关操作，如果在项目中添加数据块，在选择添加对象时，选择【数据块】即可。

4. 热继电器的结构和工作原理

热继电器的测量元件通常采用双金属片，由两种具有不同线膨胀系数的金属碾压而成。主动层采用膨胀系数较高的铁镍铬合金，被动层采用膨胀系数很小的铁镍合金。双金属片受热后将向被动层方向弯曲，当弯曲到一定程度时，通过动作机构使触点动作。

热继电器在工作时当发热元件通电发热后，主双金属片受热弯曲，使执行机构产生一定的运动。电流越大，执行机构的运动幅度就越大。当电流大到一定程度时，执行机构发生跃变，即触点产生动作从而切断主电路。热继电器的结构图和图形符号如图 12-5 所示。

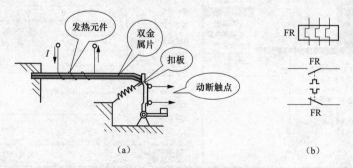

图 12-5 热继电器的结构图和图形符号
(a) 感受部分结构示意图；(b) 图形符号

热继电器主要用于电动机的过载保护，在使用中应考虑电动机的工作环境、启动情况、负载性质等因素，具体应按以下几个方面来选择。

（1）热继电器结构形式的选择：星形接法的电动机可选用两相或三相结构热继电器，三角形接法的电动机应选用带断相保护装置的三相结构热继电器。

（2）热继电器的动作电流整定值一般为电动机额定电流的 1.05 到 1.1 倍。

（3）对于重复短时工作的电动机（如起重机电动机），由于电动机不断重复升温，热继电器双金属片的温升跟不上电动机绕组的温升，电动机将得不到可靠的过载保护，因此，不宜选用双金属片热继电器，而应选用过电流继电器或能反映绕组实际温度的温度继电器来进行保护。

5. S7-300 系列 PLC 的硬件安装

西门子 S7-300 系列 PLC 有水平和垂直两种安装方式。一般情况下，配置 PLC 控制柜的温度在 0～60℃时采用水平方式进行安装，0～40℃时采用垂直方式进行安装。对于水平安装，CPU 和电源必须安装在左侧，而对于垂直安装，CPU 和电源模块必须安装在底部。

一个机架上最多插 8 个 I/O 模块（信号模块、功能模块、通信处理器），机架左右必须保证 20mm 的最小安装间距。单层组态安装时，上下距离为 40mm，两层组态安装时，上下距离至少为 80mm。接口模块安装在 CPU 的右侧，并且多层组态只适用于 CPU314/315/316 型号。安装时为保证较小的连接电阻，一般通过垫圈来连接机架与安装部分。

前连接器是连接现场信号的连接器，使用时需要插入信号模块，不同的模块有不同的连接器，如图 12-6 所示。模块和前连接器之间是一个机械编码器，可以避免以后与前连接器混淆。

从 CPU 开始每个模块安装时都需要带一个总线连接器，安装前把总线连接器插入模块，注意，最后一个模块不需要总线连接器。模块安装示意图如图 12-7 所示。

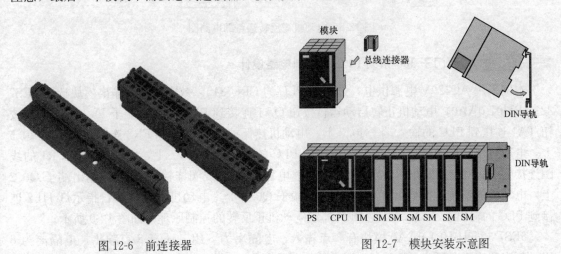

图 12-6 前连接器   图 12-7 模块安装示意图

三、创作步骤

1. 普通工艺要求的正反转控制程序

第一步 设计电动机正反转运行电路

电动机 M1 和 M2 采用 AC380V，50Hz 三相四线制电源供电，电动机正反转运行的控制回路是由自动开关 Q1、接触器 KM1 和 KM2、热继电器 FR1 及电动机 M1 组成。其中以自动开关 Q1 作为电源隔离短路的保护开关，热继电器 FR1 作为过载保护，中间继电器 CR1 的动合触点控制接触器 KM1 的线圈得电、失电，接触器 KM1 的主触点控制电动机 M1 的正转运行。而中间继电器 CR2 的动合触点控制接触器 KM2 的线圈得电、失电，接触器 KM2 的主触点控制电动机 M1 的反转运行。三相异步电动机正反转运行的控制线路如图 12-8 所示。

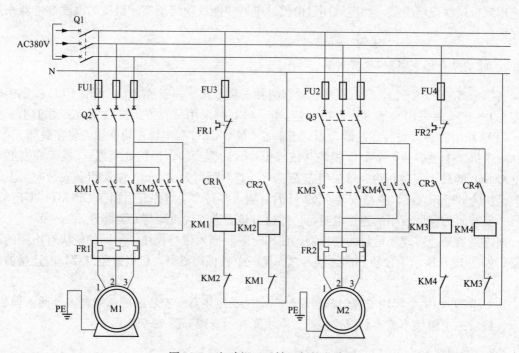

图 12-8　电动机正反转运行的电路图

第二步　西门子 300 系列 PLC 的控制电路设计

本例采用 AC220V 电源供电，选用的 PLC 为 CPU 315，数字量输入输出模块选用 6ES7 323-1BH01-0AA0，电动机正转启动运行按钮 QA1 连接到 PLC 的输入端子 I0.1 上，停止按钮 TA1 连接到 PLC 的输入端子 I0.3 上，电动机热保护元件 FR1 和 FR2 连接到 PLC 的 I0.5 上，电动机反转启动运行按钮 QA2 连接到 PLC 的输入端子 I0.7 上，中间继电器 CR1 的线圈连接到 PLC 的输出端子 Q0.0 上，中间继电器 CR2 的线圈连接到 PLC 的输出端子 Q0.2 上，电动机的正转运行指示灯 HL1 连接到端子 Q0.4 上，电动机的反转运行指示灯 HL2 连接到 PLC 的输出端子 Q0.6 上，PLC 控制电动机正反转的控制原理图如图 12-9 所示。

6ES7 323-1BH01-0AA0 模块有 8 点输入，电隔离为 8 组，还有 8 点输出，电隔离为 8 组。额定的输入电压为 DC 24V，额定负载电压为 DC 24V，这个混合模块的输入适用于开关以及二线、三线、四线的接近开关，输出能够驱动电磁阀、DC 接触器和指示灯等负载。

第三步　硬件组态

在 STEP 7 中创建一个新项目，在项目下添加一个新的西门子 300 的站，然后在添加完成后出现的【SIMATIC 300（1）】中，双击【硬件】打开【HW Config】窗口，最后依次添加 Rack 导轨，CPU 电源、CPU 315、两个 8 点数字量混合模块，组态完成图如图 12-10 所示。

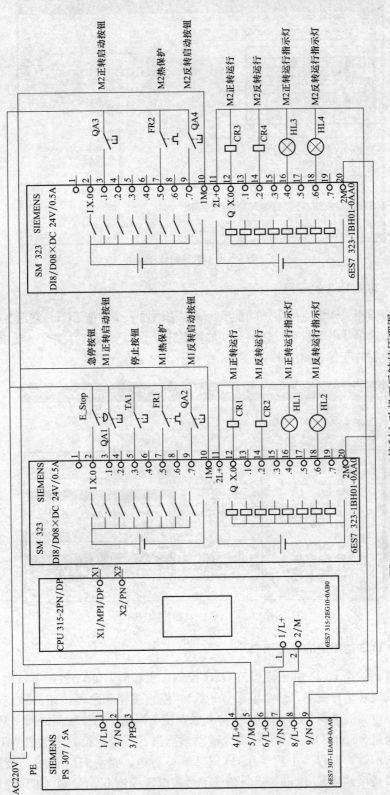

图12-9 CPU 315 PLC控制电动机正反转的原理图

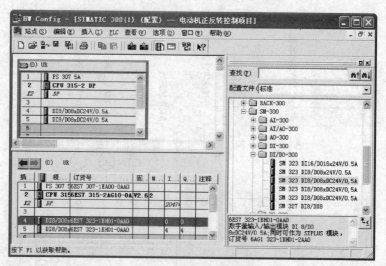

图 12-10 组态完成图

● 第四步 功能 FC3 的应用

读者可以根据相关知识点中添加功能 FC 的方法添加一个功能 FC3，然后在功能 FC3 中的临时变量中为这个【电动机正反转运行功能块】定义临时变量，并编写电动机正反转的运行程序，FC3 的临时变量表如图 12-11 所示。

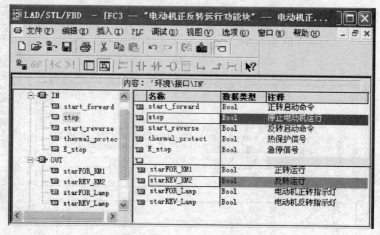

图 12-11 FC3 的临时变量表

● 第五步 FC3 功能中的程序编制

电动机正转接触器 KM1 由正转按钮 QA1 控制，正转时，QA1 被按下，由于串接在此网络 1 回路中的反转运行线圈、热继电器（FR1）、停止按钮和急停按钮的触点均为动断触点，所以中间继电器的线圈 CR1 将会得电，其触点使主回路中的接触器线圈 KM1 带电而动作，在程序中通过＃starFOR_KM1 的动合辅助触点进行了自保持，电动机 M1 正转运行，同时点亮正转指示灯，即程序中的＃starFOR_Lamp 得电，驱动 HL1 点亮。反转的控制思路与此相同，只是接触器 KM2 动作后，调换了两根电源线的 U、W 相（即改变电源相序），从而达到反转目的。

由于接触器 KM1 和 KM2 的主触点决不允许同时闭合，否则会造成两相电源短路事故。因此，为了保证一个接触器得电动作时，另一个接触器不能得电动作，以避免电源的相间短路，在正转控制电路（程序段 1）中串接了反转接触器♯starREV_KM2 的动断辅助触点，而在反转控制电路中串接了正转接触器♯starFOR_KM1 的动断辅助触点。当接触器 KM1 得电动作时，串接在反转控制电路（程序段 2）中的♯starFOR_KM1 的动断触点断开，切断了反转控制电路，保证了 KM1 主触点闭合时，KM2 的主触点不能闭合。同样，当接触器 KM2 得电动作时，♯starREV_KM2 的动断触点断开，切断了正转控制电路，可靠地避免了两相电源短路事故的发生。这种在一个接触器得电动作时，通过其动断辅助触点使另一个接触器不能得电动作的作用叫连锁（或互锁）。实现连锁作用的动断触点称为连锁触点（或互锁触点）。在 FC3 功能中实现的电动机正反转的控制程序如图 12-12 所示。

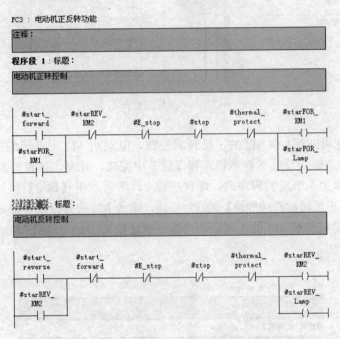

图 12-12 电动机正反转的控制程序图示

● ▬▬ 第六步 ▬▬ **在主程序中调用 FC3 块**

电动机正反转控制的主程序是在 OB1 中调用功能 FC3 块来完成的，读者在【SIMATIC Manager】窗口中，双击【块】下的 OB1 块，在弹出的 OB1 块的【LAD/STL/FBD】的程序编辑器窗口中，在【程序元素】下双击【FC】块边上的＋号，此时，就会出现之前创建的【FC3】（电动机正反转运行功能块）了。在 OB1 中调用此功能块时，首先单击程序段 1 中的编程条，使之变色变粗后，双击【FC3】功能即可，添加完成后，读者需要在 ??.? 处填写【FC3】的端子所连接的外设的地址，如【start_forward】连接的是 M1 正转的启动按钮，地址是 I0.1，具体的操作如图 12-13 所示。

● ▬▬ 第七步 ▬▬ **反复调用 FC3 的操作**

为了展示功能在主程序中的调用方法和编写功能后可以多次反复调用的实际意义，本例

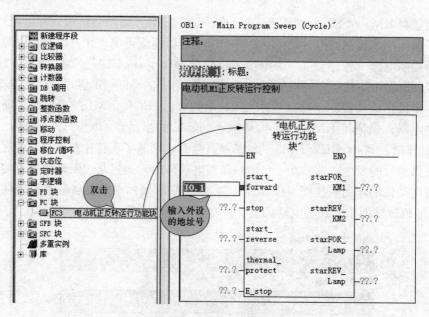

图 12-13　操作过程图示

实现的是对两台电动机 M1 和 M2 的正反转的控制，电动机 M1 正反转的控制是在程序段 1 中完成的，电动机 M2 正反转的控制将在程序段 2 中完成，此时，读者只需要在 OB1 块的工具栏上单击 🔳，添加一个新的程序段，即程序段 2，然后双击【FC3】块即可，最后在程序段 2 中的【电动机正反转运行功能块】的 ??.? 处，输入 M2 的外设地址即可，例如，【start_forward】连接的是电动机 M2 的正转启动按钮，地址是 I1.1。电动机 M1 正反转运行控制的主程序如图 12-14 所示。

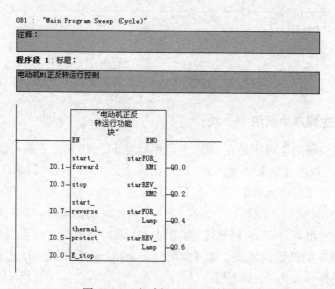

图 12-14　电动机 M1 正反转运行

程序段 2 如图 12-15 所示。

程序段 2：标题：

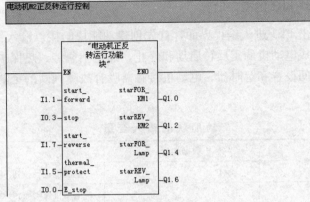

图 12-15　电动机 M2 的正反转运行控制的主程序

2. 关键设备使用的正反转功能块

上述的功能块完成普通电动机的正反转运行是没有问题的，但是对于化工生产中的某些关键电动机的启动和保护是有欠缺的，在这些关键设备的启动停止过程中，还需要加入接触器的辅助触点反馈，用于反馈电动机的接触器是否正常吸合，在启动电动机正转和反转后的一段时间以后，如果接触器没有吸合，则输出报警，通知操作人员去排查线路或元件故障，以保证电动机的正确运行。

另外，为了防止电动机在正转运行和反转运行后立即重新启动，同时为了防止电动机的频繁启动导致电动机的过热，在电动机的正反转功能块中还加入了一个保护延时，如果电动机刚刚运行过，必须经过一个可设置的延时时间后，方可再次启动。下面将详细说明电动机正反转功能块的编程过程。

第一步 **功能块 FB1 的属性设置**

用户可以采用与创建功能 FC 相类似的方法在 SIMATIC 管理器中创建一个 FB 功能块，并填写 FB1 功能块的名称等，设置完成后如图 12-16 所示。

图 12-16　功能块 FB1 的属性设置

●━━ **第二步** 功能块 FB1 的接口设置

设置完成后，双击 FB1 进入编程界面，首先创建功能块的接口输入变量（input），功能块的输入变量主要完成电动机的正反转启动和停止，还包括急停、热保护、故障复位，以及电动机再次启动的时间设置和定时器、电动机接触器吸合故障判断的定时器，详细的输入变量如表 12-1 所示。

表 12-1 功能块的输入变量

名称	数据类型	注释
MotorForward	Bool	电动机正转按钮
MotorReverse	Bool	电动机反转按钮
MotorStop	Bool	电动机停止按钮
MotorForwardFeedback	Bool	电动机正转运行接触器反馈
MotorReverseFeedback	Bool	电动机反转运行接触器反馈
ThermalProtect	Bool	电动机热保护
E_Stop	Bool	急停按钮
FaultReset	Bool	故障复位按钮
RestartTime	S5Time	再次启动的时间间隔
Runfailtime	S5Time	接触器吸合故障判断时间
RestartTimer	Timer	再次启动定时器
Runfailtimer	Timer	接触器吸合故障判断定时器

功能块的接口输出变量主要有电动机正常启动、电动机启动故障、电动机正转运行、电动机反转运行，接触器断开失败，功能块的输出变量如图 12-17 所示。

图 12-17 功能块的输出接口变量

状态变量主要是一些编程使用的辅助变量和定时器的时间，用于在程序监控时了解程序的运行状态，详细的状态变量如图 12-18 所示。

●━━ **第三步** 功能块 FB1 的编程

在程序段 1 中完成电动机的正转编程，除常规的自锁、互锁、急停、热保护功能以外还加入了接触器吸合失败和接触器断开失败这两个连锁，这两个条件的编程将在后面说明，与程序段 1 类似，程序段 2 完成了电动机反转的编程，这两个程序段如图 12-19 所示。

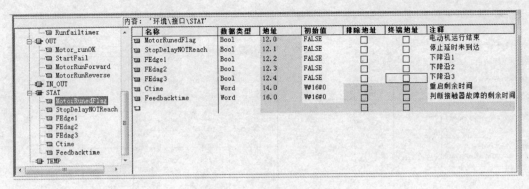

图 12-18　功能块的状态变量

□ 程序段 1：电动机正转的逻辑

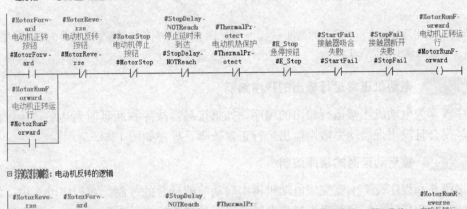

□ 程序段 2：电动机反转的逻辑

图 12-19　电动机正反转的逻辑

● 第四步　**S5 定时器 S_ODT 的编程**

在程序段 3 中，在程序段 1 或程序段 2 给出了电动机运行信号后，开启接触器吸合成功与否的延时，使用的定时器类型是接通延时定时器 S_ODT，在功能块输入端子♯Runfailtime设定的接触器吸合故障判断延时到达后，♯Runfailtimer 定时器输出为真，程序如图 12-20所示。

● 第五步　**判断接触器吸合是否失败的程序编制**

在程序段 4 中检查接触器在得到吸合命令后是否已经吸合，在功能块输入端子♯Runfailtime 设定的接触器吸合故障判断延时到达后，若判断正转时正转反馈信号为假或者反转时反转反馈为假，则输出接触器吸合失败信号，程序如图 12-21 所示。

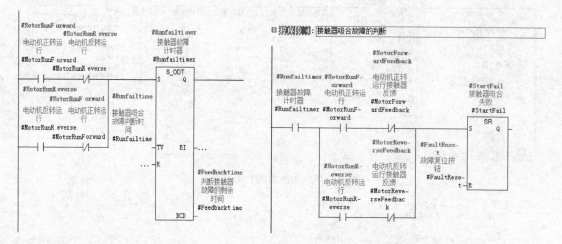

图 12-20　给出运行命令后开启延时判断
　　　　　接触器工作是否正常

图 12-21　判断接触器吸合是否失败的程序

第六步　电动机正常运行输出的程序编制

程序段 5 为电动机正常运行输出的程序，如果接触器故障判断延时到达后，接触器反馈触点已经闭合且没出现启动失败则输出运行正常管脚，程序如图 12-22 所示。

第七步　重启动延时的程序编制

程序段 6 和程序段 7 主要完成电动机再次启动前的延时的控制。在程序段 6 中，使用电动机正转运行和反转运行的下降沿置位电动机运行过结束标志，在程序段 7 中使用设置的重启动延时（♯RestartTime）作为 S_PULSE 类型定时器的时间设定，当定时器的时间没有到达时，输出停止延时未到达信号，程序如图 12-23 所示。

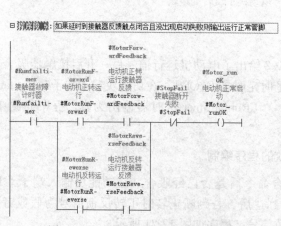

图 12-22　电动机正常运行输出的程序

图 12-23　重启动延时的程序

第八步 复位重启动标志和接触器断开失败的程序编制

在程序段 8 中，当重启动延时到了以后（重启动延时定时器的下降沿），输出电动机运行结束标志即复位 MotorRunFlag，同时检查电动机接触器的反馈触点是否还处于接通状态，如果仍处于接通状态（说明接触器没有断开），则输出接触器断开功能块，电动机不能再次启动，这样做就保证了安全，程序如图 12-24 所示。

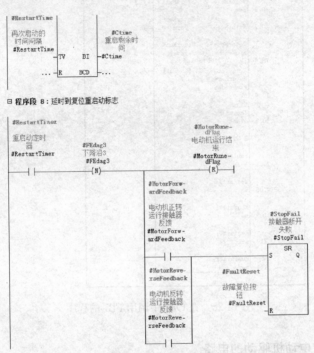

图 12-24 复位重启动标志和接触器断开失败的程序

第九步 在 OB1 中调用 FB1 的程序

在 OB1 中调用 FB1，并创建背景数据块 DB1，完成的程序如图 12-25 所示。

3. 星三角启动电动机的定时器应用

本例中采用星三角的启动方法来启动电动机，因为电动机的启动电流与电源电压成正比，采用星形连接启动电动机时，其启动电流只有全电压启动电流的 1/3，但启动力矩也只有全电压启动力矩的 1/3。也就是说星三角启动，属于降压启动，是以牺牲功率为代价换取降低启动电流实现的，所以不能一概而以电动机功率的大小来确定是否需采用星三角启动，还要根据电动机拖动的负荷来决定是否选择星三角启动方式。

在编写系统的应用程序时，编写反复多次使用的功能块的程序的方法能够大量节省编程时间，这是因为程序中多次使用的功能块的结构不变，只是在调用该功能块时所设置的每一次的输入和输出的操作数必须不同。那么，读者只需要在主程序中调用并执行该功能块时赋予不同的输入和输出的操作数即可。本例将编制一个星三角启动电动机的功能块，并在主程序中进行调用，请读者仿照这个功能块的编制方法来写适用自己项目的功能块。

注释：

□ 程序段1：调用FB1功能块

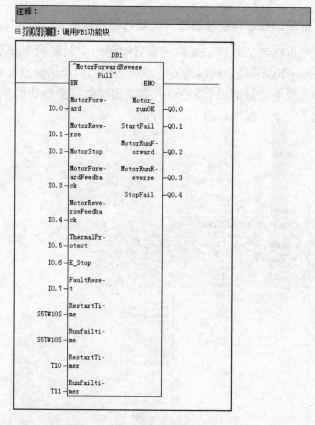

图 12-25　在 OB1 中调用 FB1 的程序

● **第一步** 设计电动机驱动的电路

本示例中的电动机 M1 采用 AC380V，50Hz 三相四线制电源供电，电动机星三角启动运行的控制回路是由自动开关 Q1，接触器 KM1、KM2 和 KM3，热继电器 FR1 及电动机 M1 组成。其中以自动开关 Q1 作为电源隔离短路保护开关，热继电器 FR1 作为过载保护元件，中间继电器 CR1 的动合触点控制接触器 KM1 的线圈得电、失电，中间继电器 CR2 的动合触点控制接触器 KM2 的线圈得电、失电，中间继电器 CR3 的动合触点控制接触器 KM3 的线圈得电、失电，KM1 和 KM2 都接通时电动机 M1 处于星接运行，KM2 和 KM3 都接通时电动机 M1 处于角接运行，另外，由于接触器 KM1、KM2 和 KM3 的线圈电压选用的是 AC220V，所以控制回路选用 AC220V 的电源，电气控制原理图如图 12-26 所示。

● **第二步** 设计西门子 400 系列 PLC 的控制电路

星三角启动电动机项目选用的中央机架为 6ES7 405-0DA00-0AA0，4 插槽，这个机架是不能用于冗余电源模块的。选用的 CPU 电源模块为 6ES7 405-0DA01-0AA0，DC 24V/4A。数字量输入模块为 6ES7 421-1BL00-0AA0，DI32×DC 24V，分成 32 组。数字量输出模块为 6ES7 422-1FH00-0AA0，DO16×AC120/230V/2A。CPU 模块为 6ES7 412-1XJ05-0AB0。PLC 控制原理图如图 12-27 所示。

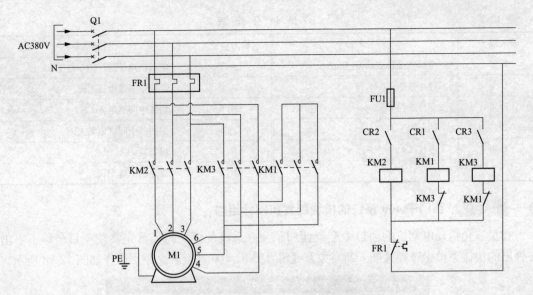

图 12-26　星三角启动电动机的电气控制原理图

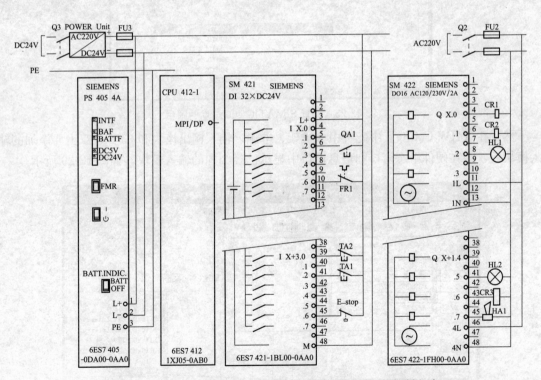

图 12-27　西门子 400PLC 控制电动机星三角启动运行的控制电路

IO 地址分配表见表 12-2。

表 12-2   I O 地 址 分 配 表

输入端子	符号名称	输出端子	符号名称
I0.2	电动机正转启动按钮 QA1	Q0.2	电动机角接运行指示灯 HL1
I3.2	停止按钮 TA1	Q0.0	星接中间继电器 CR1
I3.6	急停按钮 E_stop	Q1.6	角接中间继电器 CR3
I0.6	热保护 FR1	Q0.1	主回路中间继电器 CR2
I3.0	复位 TA2	Q1.7	报警器 HA1
		Q1.5	故障指示灯 HL2

第三步　西门子 400 系统的模块配置和硬件组态

在星三角启动电动机的项目中配置西门子 400 系统的模块时，首先要在项目名称下右击，在弹出的快捷菜单中选择【插入新对象】→【SIMATIC 400 站点】命令，操作如图 12-28 所示。

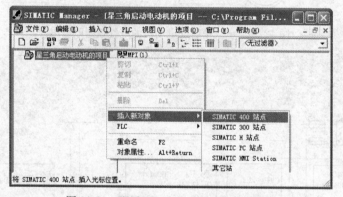

图 12-28　配置 SIMATIC 400 站点的图示

然后在【HW Config】中配置中央机架、电源、输入输出模块和 CPU，双击要添加的输入模块后，会在硬件组态窗口和信息窗口中显示已经添加的输入模块，如图 12-29 所示。

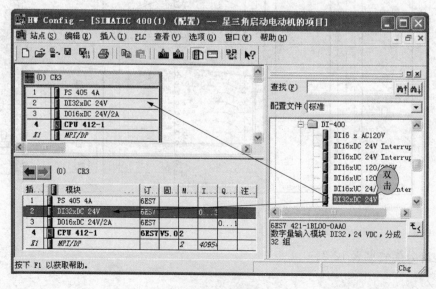

图 12-29　硬件组态

● 第四步 创建 FC1 功能

在实际的工程实践中，使用星三角的方式来启动电动机是电动机启动控制中比较常用的方法，如果在一个项目中只有一台需要使用星三角启动的电动机，那么读者在主程序中编程即可，如果有两台或多台需要使用星三角启动的电动机，那么编写一个可以在主程序中调用的功能就是比较实际和方便的方法了。本例中将星三角启动控制块的程序创建在功能 FC1 中，读者可以在主程序中反复调用 FC1，从而实现星接启动角接运行多台电动机的工程。

创建功能 FC1 星三角启动块后，在对块进行编程之前，必须指定该程序将使用哪些数据，即必须声明块变量。读者还必须给每个块的调用定义 OUT 参数。

首先声明【块】中的变量，然后在项目的星三角启动电动机的功能 FC1 中创建变量，在【LAD/STL/FBD】编辑器界面中创建并定义变量时，可以创建的变量类型是【IN】【OUT】【IN_OUT】【TEMP】【RETURN】。具体操作是在变量声明窗口的左侧进行的，单击要创建的变量的类型，然后在右侧定义属性，即在【名称】栏中输入要创建的名称，例如电动机启动按钮的名称为"motor_start"，数据类型选择【Bool】布尔型，注释为"电动机启动按钮"，创建完成后在左侧的【IN】变量下将出现定义好的这个变量，定义的流程如图 12-30 所示。

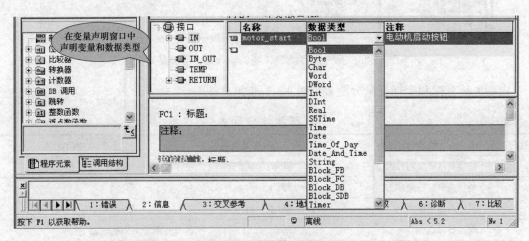

图 12-30 定义变量的流程图示

星三角启动 FC1 块的输入管脚的定义如图 12-31 所示。

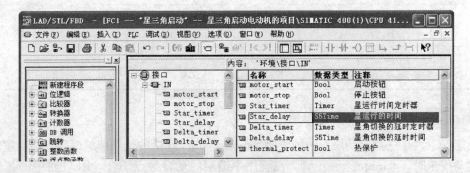

图 12-31 星三角启动 FC1 块的输入管脚的定义

星三角启动 FC1 块的输出管脚的定义如图 12-32 所示。

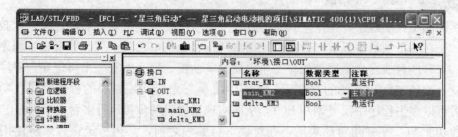

图 12-32　星三角启动 FC1 块的输出管脚的定义

星三角启动 FC1 块的输入输出管脚的定义如图 12-33 所示。

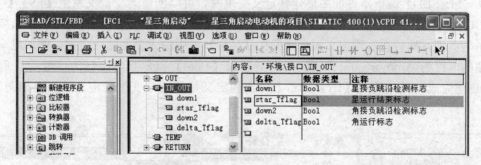

图 12-33　星三角启动 FC1 块的输入输出管脚的定义

内部地址分配和全局变量分配表见表 12-3 和表 12-4。

表 12-3　　　　　　　　　　　内 部 地 址 分 配 表

序号	内部信号名称	内部辅助继电器	FC1 中的管脚
1	星接负跳沿检测标志	M0.0	down1
2	角接负跳沿检测标志	M0.1	down2
3	星运行结束标志	M0.2	star_Tflag
4	角运行标志	M0.3	delta_Tflag

表 12-4　　　　　　　　　　　全 局 变 量 表

序号	全局变量名称	地　　址	FC1 中的管脚
1	星接运行定时器	T1	Star_timer
2	定时器（星接运行）时间	无地址（设定为常量）	Star_delay
3	星接切换角接定时器	T2	Delta_timer
4	定时器（星接切换角接）时间	无地址（设定为常量）	Delta_delay

● ——— 第五步　功能 FC1 的程序编制

功能 FC1（星三角启动块）中的管脚♯motor_start 连接的是外部的电动机启动按钮，当按下启动按钮时，♯motor_start 管脚在程序中编制的动合触点闭合，RLO 路中的其他两个元件是连接外部停止按钮的管脚（♯motor_stop 的动断触点）和热继电器管脚（♯thermal_ protect 的动断触点），所以只要按下启动按钮，控制电动机运转主回路的♯main_KM2 就会闭合，为电动机星接运行提供一个了必要条件，程序如图 12-34 所示。

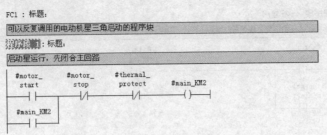

图 12-34 程序段 1

主回路♯main_KM2 的动合触点闭合后，星接运行的 RLO 为"1"，电动机开始星接运行，程序如图 12-35 所示。

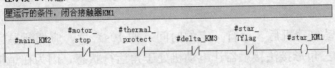

图 12-35 程序段 2

星接运行启动后，♯star_KM1 的动合触点将闭合，此时脉冲定时器♯Star_timer 开始计时，定时器的输出端 Q 将被置为"1"，时间♯Star_delay 的设定在定时器的 TV 端，当♯Star_delay 所定义的时间到达时，输出端 Q 的状态从"1"变为"0"，此时，RLO 负跳沿检测指令—（N）检测地址中"1"到"0"的信号变化，并在指令后将其显示为 RLO＝"1"。将 RLO 中的当前信号状态与地址的信号状态（边沿存储位）进行比较。如果在执行指令前地址的信号状态为"1"，RLO 为"0"，则在执行指令后 RLO 将是"1"（脉冲），在所有其他情况下将是"0"。指令执行前的 RLO 状态存储在地址中。这里的负跳沿检测指令将临时变量♯down1 的状态由"0"变为"1"，随后将置位星运行结束标志♯star_Tflag。

♯star_Tflag 是个置位线圈，即只有在置位线圈前面指令的 RLO 为"1"时，才会执行置位线圈—（S）。如果 RLO 为"1"，则把单元的指定＜地址＞置位为"1"，这里这个地址是♯star_Tflag。

值得注意的是置位线圈后，RLO＝0 将不在起作用，单元的指定地址♯star_Tflag 的当前状态将保持不变，直到线圈被复位。

♯star_Tflag 的置位线圈的动断触点串接现在星接运行回路当中（程序段 2），当线圈被置位后，星接运行的电动机将会停止星接运行。程序的编制如图 12-36 所示。

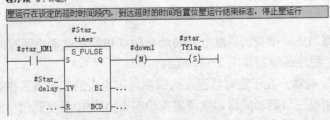

图 12-36 程序段 3

电动机控制回路当中串接的热继电器的动合触点和停止电动机运行的停止按钮都可以复位＃star_Tflag，程序的编制如图 12-37 所示。

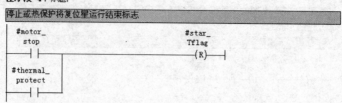

图 12-37　程序段 4

置位线圈＃star_Tflag 被置位后，将启动脉冲定时器＃Delta_timer，输出端 Q 将由"0"变为"1"，但由于有负跳沿命令—（N）—的存在，置位线圈还没有被置位。原理同程序段 3 中所述，时间是在 TV 端的＃Delta_delay 中设置的，当到达定时器的时间时，将置位＃delta_Tflag。

在使用星接启动电动机后，运行一定的时间（如 10s）后，应切断星运行，然后在延时0.5s 左右，才启动三角形接法接触器让电动机处于角运行状态，因为在星接触器断开期间会有火花产生，这个时候如果角接触器立即吸合则很容易发生弧光短路，所以要尽量保证星接触器完全断开后角接触器再吸合。程序的编制如图 12-38 所示。

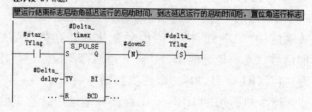

图 12-38　程序段 5

＃delta_Tflag 线圈在程序段 5 中被置位后，它的动合触点闭合，此时，RLO＝"1"，角接运行线圈＃delta_KM3 将闭合，电动机将切换到角接运行状态，程序的编制如图 12-39所示。

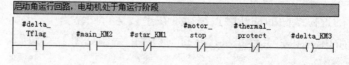

图 12-39　程序段 6

电动机控制回路当中，串接的热继电器的动合触点和停止电动机运行的停止按钮都可以复位＃delta_Tflag，程序的编制如图 12-40 所示。

这个功能 FC1 中的难点在于定时器程序的编制，因为大的工程项目往往有几台甚至十几台电动机，如果都使星三角启动的话，就需要在 OB1 组织块中反复调用功能 FC1，这样在块中就不能使用常规的定时器来做星三角切换的延时继电器，因为里面的定时器有具体的定时

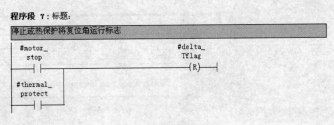

图 12-40 程序段 7

器号（如 T15），在下次调用的时候，如果同时启动两台以上的电动机，这个定时器在两个块中同时操作将产生错误，所以，笔者在这里使用的是设置标志位的方式，定时器采用的是 S_PULSE，即脉冲 S5 定时器。这个定时器如果在启动（S）输入端有一个上升沿，那么将启动编程时指定的定时器。定时器在 S 输入端的信号状态为"1"时运行，最长周期是由输入端 TV 指定的时间值。只要定时器运行，输出端 Q 的信号状态就为"1"。如果在时间间隔结束前，S 输入端的信号状态从"1"变为"0"，则定时器将停止。在这种情况下，输出端 Q 的信号状态为"0"。

如果在定时器运行期间定时器复位（R）输入端的信号状态从"0"变为"1"，则定时器将被复位。当前时间和时间基准也被设置为 0。如果定时器不是正在运行，则定时器 R 输入端的逻辑"1"没有任何作用。

本示例中使用了 S_PULSE（脉冲 S5 定时器），以实现在组织块 OB1 中反复调用功能 FC1（星三角启动）块。

第六步 主程序的编制

在编制主程序之前，为了方便编程，提高程序的可读性，读者应该首先编辑符号表，如图 12-41 所示。

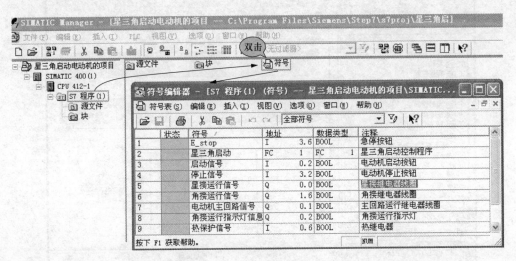

图 12-41 编辑符号表

项目中的主程序是在组织块 OB1 中创建的，打开组织块即启动组织块的【LAD/STL/FBD】编辑器，当打开组织块 OB1 后，笔者在前面创建的通用的功能 FC1，即星三角启动块，在创建完成存盘后，将被自动添加在【程序元素】中【FC】块下，如图 12-42 所示。

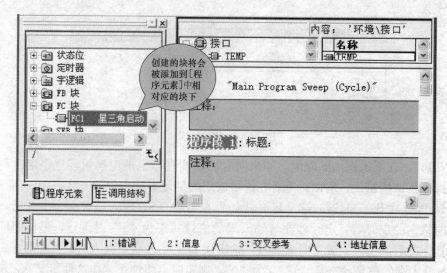

图 12-42　OB1 组织块中的【程序元素】下显示出创建完成后的块

　　在组织块中调用块时，要首先打开组织块 OB1 的【LAD/STL/FBD】编辑器，编程的方法同 FC 功能中介绍的编程是一样的，在程序段中单击程序的编制路径，然后单击工具条上【动断触点】按钮，地址为急停按钮 E_stop 的地址 I3.6，在【程序元素】窗口中单击要添加的块的复选标志，这里要添加的是【FC 块】下的星三角启动块【FC1】，即单击【FC 块】前的加号，双击星三角启动块【FC1】便可以很轻松地将 FC1 块添加到主程序的组织块 OB1 当中了，如图 12-43 所示。

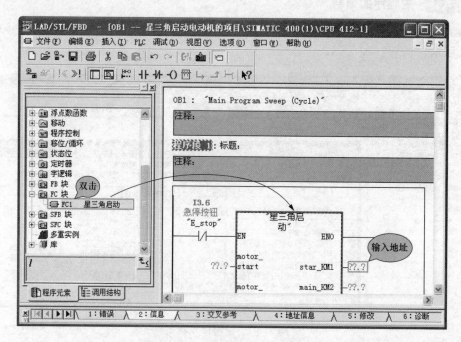

图 12-43　在程序中调用块的方法

　　读者也可以通过使用将【FC1】在【程序元素】窗口中的图标拖拽到编程路径上的方法将 FC1 块添加到程序当中，添加完成后在组织块 OB1 中显示的 FC1 块如图 12-44 左侧所示，块的信息显示在块的顶端，读者可以根据需要选择显示块的不同信息，如符号表达式、符号信息、符号选择、注释和地址标示，可以选择将这些块的信息全部显示在程序中，也可以只选一个信息在程序中显示。方法是单击块的边缘，使之背景变色后，在【SIMATIC Manager】菜单栏中选择【视图】→【显示方式】命令，在弹出的级联菜单中选择相应的要显示的块的信息即可，如图 12-44 所示。

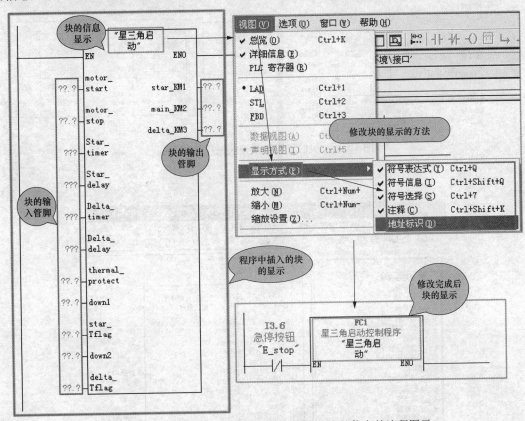

图 12-44　在程序中调用块后的显示和修改块的信息的流程图示

块在程序中刚刚调用完后，输入和输出管脚都需要读者对它们进行链接，此时管脚显示的未链接状态为【??.?】。链接时，单击模块管脚的【??.?】，在随后出现的编辑框中根据电气配置图上列出的模块地址进行链接，如启动按钮 QA1 在电路图上连接在 PLC 400 的输入模块上，地址是 I0.2，所以编辑框中就输入"I0.2"就将这个按钮链接到 FC1 功能的管脚 motor_start 上了，为块的管脚链接模块通道号的方法如图 12-45 所示。

调用功能和功能块时，读者必须用实际参数代替形式参数，因为形式参数是在功能或功能块的变量声明表中定义的。为保证功能或功能块对同一类设备的通用性，在编程中不能使用实际对应的存储区地址参数，而是使用抽象参数，即形式参数。而在调用块时，必须用实际参数替代形式参数，从而可以通过功能或功能块实现对具体设备的控制。

第七步 星三角启动电动机项目的主程序

在 OB1 中调用完功能 FC1 后，添加程序段 2，使用角接运行的动合触点来控制电动机角接运行的指示灯是否点亮，并在 FC1 块的使能上使用了急停按钮来控制 FC1 块是否允许运行，完成的程序如图 12-46 所示。

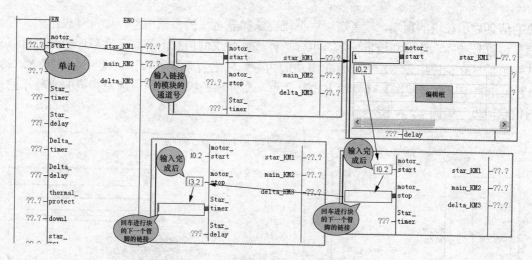

图 12-45 块的管脚链接模块通道号的方法

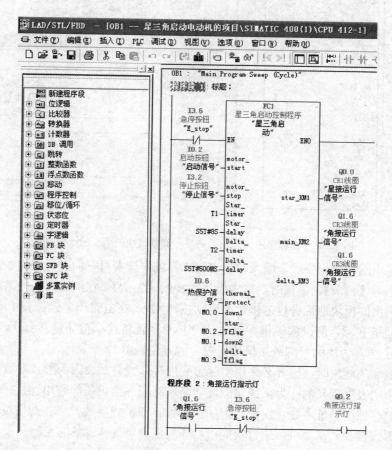

图 12-46 完整的程序

当电动机发生热保护时，PLC 的输入端子 I0.6 得电，接通蜂鸣器 HA1 和故障指示灯 HL2，按下复位按钮 TA2 进行复位操作，如图 12-47 所示。

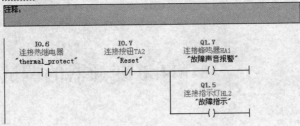

图 12-47 故障报警和故障指示的程序

案例 13

MM440 变频器的调试

一、 案例说明

变频调速能够应用于大部分的电动机拖动场合，由于变频器能够提供精确的速度控制，因此可以方便地控制机械传动的上升、下降和变速运行。由于变频器输出频率可在设置范围内平滑变化，不用像传统电动机那样需要停止下来更换齿轮箱来实现电动机速度的调节，因此，变频应用可以大大地提高工艺的高效性。

任何变频器在投入生产实践时，都需要对变频器进行参数的设置和调试，变频器的功能是以参数的形式加以体现的，变频器的功能越丰富，对应的参数越多，变频器的适应性就越强。

通过修改变频器的参数值，使变频器适用于所应用的场合，该过程称为变频器的调试。

在工程应用中，一般分 3 个步骤对 MM440 变频器进行调试，即：参数复位、快速调试和功能调试。本例不仅对 MM440 变频器的参数复位进行了说明，还详细说明了如何对变频器进行快速调试。

二、 相关知识点

1. MM440 变频器参数的属性

MM440 变频器参数的属性分为 3 种，一种是 16 位的无符号整数，参数数值的最大范围为 0~65535，另一种是 32 位的无符号整数，参数数值的最大范围为 0~4 294 967 295，还有一种为符合 IEEE 标准格式的单精度浮点数，参数数值的最大范围为 $-3.39e+38 \sim +3.39e+38$。

2. 变频器的加减速时间

变频器的加速时间是指变频器的输出频率从 0Hz 上升到最高频率（P1082）所需要的时间，减速时间是指变频器从最高频率下降到 0Hz 所需要的时间。

另外，正确设置加减速时间很重要，因为变频器设置的加速时间要与电动机负荷的惯量相匹配。在满足工艺要求的前提下，加速时间的设置要尽量长，以减小变频器在启动过程中的大电流，在变频器加速过程中不应使变频器的过电流保护装置动作。

减速时间的设置要点是在满足工艺要求的前提下，设置的减速斜坡时间要尽量长。如果设置过短的减速斜坡时间，那么电动机在减速过程中能量短时间内全部回馈到变频器的直流侧（电动机处于发电状态，能量通过变频器功率部分的反向二极管流入变频器的直流侧），回馈的电能将导致变频器直流母线电压升得过高，当直流侧电压高于跳闸水平（P2172）时会导致变频器发生高电压报警 F002 而跳闸。

加减速时间可根据负载计算出来，但在调试中常采取按负载和经验先设置较长的加减速时间，通过启、停电动机观察有无过电流、过电压报警；然后将加减速设置时间逐渐缩短，以运转中不发生报警为原则，重复操作几次，便可确定出最佳的加减速时间。

有两种设置变频器加减速时间的方法，即简易试验的方法和最短加减速时间的计算方法。

(1) 简易试验的方法。通过简易试验的方法来设置加减速时间，首先，使拖动系统以额定转速运行（工频运行），然后切断电源，使拖动系统处于自由制动状态，用秒表计算其转速从额定转速下降到停止所需要的时间。加减速时间可以首先按自由制动时间的 $1/2 \sim 1/3$ 进行预置。通过启、停电动机观察有无过电流、过电压报警，逐渐调整加减速时间的设定值，以运转中不发生报警为原则，重复操作几次，便可确定出最佳的加减速时间了。

(2) 最短加减速时间的计算方法。MM440 变频器的最短加减速时间的计算公式如下

$$加速时间\ T_S = \frac{(J_L + J_M) \times N_M}{9.55 \times (T_S - T_L)}$$

$$减速时间\ T_B = \frac{(J_L + J_M) \times N_M}{9.55 \times (T_B + T_L)}$$

式中　J_L——换算成电动机轴的负载的 J，kg·m²；

　　　J_M——电动机的 J，kg·m²；

　　　N_M——电动机的转速，r/min；

　　　T_S——变频器驱动时的最大加速转矩，N·m；

　　　T_B——变频器驱动时的最大减速转矩，N·m；

　　　T_L——所需运行转矩，N·m。

其中，无论加减速时间设置得有多短，电动机的实际加减速时间都不会短于由机械系统的惯性作用 J 及电动机转矩决定的最短加减速时间。如果加减速时间的设定值小于最短加减速时间，则可能引发过电流（OC）或过电压（OV）异常。

如果多功能输入功能选择设为 LAD（加减速）取消（LAC），则在信号 ON 时加减速时间变为最短加减速时间 0.01s，并且输出频率立即变为设定频率。

三、创作步骤

变频调速能在零速启动并按照用户的需要进行均匀的加速，而且其加速曲线也可以选择，如选择直线加速、S 形加速或者自动加速。而采用工频启动时，电动机或相连的机械部分的轴或齿轮均会产生剧烈的振动。这种振动将进一步加剧机械磨损和损耗，降低机械部件和电动机的寿命。

● ── 第一步　**MM440 变频器的参数复位**

变频器的参数复位是指将变频器参数恢复到出厂状态下的默认值的操作。一般在变频器出厂、初次调试和参数出现混乱的时候，都需要进行参数复位，以便将变频器的参数值恢复到一个确定的默认状态。

对 MM440 变频器进行参数复位操作时，应先将参数访问等级定义为标准级（F0003＝1），再进入工厂复位准备状态（P0010＝30），将参数复位到出厂设定值（P0970＝1），等待

状态 buSY （等待时间因变频器功率等级而不同），参数复位操作完成后显示 P0970，此时 P0970 ＝0，P0010＝0。流程图如图 13-1 所示。

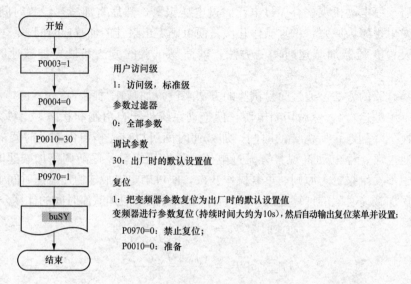

图 13-1 恢复出厂设置流程图

● **第二步** 快速调试时设置参数的访问等级

快速调试一般是在复位操作后，或者更换电动机后需要对变频器进行的快速调试的操作。此时，为使变频器可以良好地驱动电动机运转，需要用户输入电动机的相关参数和一些基本的驱动控制参数。

设置参数访问等级，推荐将参数 P0003 设置成 3。

● **第三步** 修改 **MM440** 变频器驱动的电动机的额定参数

电动机的额定参数在电动机铭牌上标注，包括功率、电流、电压、转速、最大频率，等等。

设置参数时，首先设置 P0010＝1，因为只有在 P0010＝1 的情况下，电动机的额定电压和电流等主要参数才能被修改，另外，只有将参数 P0010 设置为 0，变频器才能运行。然后根据设计图纸选择电动机的功率单位和电网频率。P0100 可设定的值如下。

（1）P0100＝0：单位 kW，频率 50Hz。

（2）P0100＝1：单位 HP，频率 60Hz。

（3）P0100＝2：单位 kW，频率 60Hz。

然后，根据负荷来选择变频器的应用对象，恒转矩（压缩机，传送带等）时，设置参数 P0205＝0，变转矩（风机，泵类等）时，设置参数 P0205＝1。

通过设置参数 P0300［0］来选择电动机的类型，电动机是异步电动机参数设为 1，同步电动机则设为 2。

再根据电动机铭牌修改变频器参数。

（1）结合实际接线（Y/D）在参数 P0304［0］中，设置电动机的额定电压。

（2）结合实际接线（Y/D）在参数 P0305［0］中，设置电动机的额定电流。

（3）在参数 P0307［0］中设置电动机的额定功率，如果 P0100＝0 或 2，则单位是 kW。

如果 P0100＝1，则单位是 hp。

（4）在参数 P0308 [0] 中设置电动机的功率因数。

（5）在参数 P0309 [0] 中设置电动机的功率因数，电动机的额定效率。如果 P0309 设置为 0，则变频器自动计算电动机效率；如果 P0100 设置为 0，则看不到此参数。

（6）在参数 P0310 [0] 中设置电动机的额定频率，通常为 50/60Hz，对于非标电动机，可以根据电动机铭牌进行修改。

（7）在参数 P0311 [0] 中设置电动机的额定速度，通常为 50/60Hz，在矢量控制方式下，必须准确设置此参数。

● 第四步 设置电动机的磁化电流、冷却方式和电动机过载因子

在 P0320 [0] 参数中设置电动机的磁化电流，通常取默认值。

在 P0335 [0] 参数中设置电动机的冷却方式，设为 0 表示利用电动机轴上的风扇进行自冷却，设为 1 则表示利用独立的风扇进行强制冷却；在 P0640 [0] 参数中设置电动机的过载因子，以电动机额定电流的百分比来限制电动机的过载电流，推荐数值是 150。

● 第五步 给定源的设置

在参数 P0700 [0] 中，选择命令给定源（启动/停止），推荐参数设置为 2，即：端子控制。P0700 [0] 可设置的值如下。

（1）P0700 [0]＝1，BOP（操作面板）。

（2）P0700 [0]＝2，I/O 端子控制。

（3）P0700 [0]＝4，通过 BOP 链路（RS232）的 USS 控制。

（4）P0700 [0]＝5，通过 COM 链路（端子 29，30）。

（5）P0700 [0]＝6，PROFIBUS（CB 通信板）。

注意：改变 P0700 设置，将把所有的数字输入输出复位至出厂设置。

在参数 P1000 [0] 中，设置频率给定源，推荐此参数设置为 2，即：模拟输入 1 通道。P1000 [0] 可设置的值如下。

（1）P1000 [0]＝1，BOP 电动电位计给定（面板）。

（2）P1000 [0]＝2，模拟输入 1 通道（端子 3，4）。

（3）P1000 [0]＝3，固定频率。

（4）P1000 [0]＝4，BOP 链路的 USS 控制。

（5）P1000 [0]＝5，COM 链路的 USS（端子 29，30）。

（6）P1000 [0]＝6，PROFIBUS（CB 通信板）。

（7）P1000 [0]＝7，模拟输入 2 通道（端子 10，11）。

● 第六步 最大和最小频率的参数设置

最大和最小频率就是变频器输出频率的上、下限幅值。

频率限制是为防止误操作或外接频率设置信号源出故障，而引起输出频率过高或过低，以防损坏设备的一种保护功能。

在实际的工程应用中按实际情况设置即可。此功能还可作限速使用，例如，有的皮带输送机，由于输送物料不太多，为减少机械和皮带的磨损，可采用变频器驱动，并将变频器的上限频率设置为某一频率值，这样就可使皮带输送机运行在一个固定、较低的工作速度上了。

最低频率在参数 P1080 [0] 中进行设置，用来限制电动机运行的最低频率，推荐数值为 5；最低频率在参数 P1082 [0] 中进行设置，用来限制电动机运行的最低频率，推荐数值为 50。

● 第七步 加减速时间的设置

加速时间预置得长时，电动机的转子能够跟得上同步转速的上升，这样电动机的启动电流不大；加速时间预置得短时，电动机的转子跟不上同步转速的上升，电动机的启动电流就会变大，甚至会导致变频器因过电流而跳闸。

这是因为电动机在加、减速时的加速度取决于加速转矩，而变频器在启、制动过程中的频率变化率是用户设置的。当电动机转动惯量或电动机负载发生变化，按预先设置的频率变化率升速或减速时，就有可能出现加速转矩不够的情况，导致电动机失速，即电动机转速与变频器输出频率不协调，从而造成过电流或过电压。因此，需要根据电动机转动惯量和负载合理地设置加、减速时间，使变频器的频率变化率能与电动机的转速变化率相协调。

设置 MM440 变频器的加速时间时，要根据拖动系统的惯性大小和生产机械时加速时间的要求而定。其中，拖动系统的惯性大小是可以通过测量拖动系统在工频运行时的停机时间来确定。

加速时间是在参数 P1120 [0] 中进行设置的，即电动机从静止状态加速到最大频率的所需时间，推荐数值为 10。

变频器在减速时，频率首先下降，旋转磁场的转速将低于转子的转速，使电动机处于"发电机"（再生）状态，电动机的动能转变成了电能，通过逆变桥的续流二极管反馈到直流部分，由制动电阻将其消耗掉。如果变频器降速过快，那么制动电阻将来不及消耗掉电动机的电能，从而使滤波电容器上的直流电压过高，导致过电压。

减速时间在第一次设置时，要设置得长一些，在电动机降速过程中观察直流电压，在直流电压的允许范围内，尽量缩短减速时间。

本示例中设置减速时间的参数是 P1121 [0]，即电动机从最大频率减速到静止状态的所需时间，推荐数值为 10。

● 第八步 选择控制方式

控制方式的参数是 P1300 [0]，推荐数值是 0。P1300 [0] 可设置的值如下。

(1) P1300 [0]=0，线性 V/F 控制，要求电动机的压频比准确。

(2) P1300 [0]=2，平方曲线的 V/F 控制。

(3) P1300 [0]=20，无传感器的矢量控制。

(4) P1300 [0]=21，带传感器的矢量控制。

● 第九步 结束快速调试

结束快速调试的参数是 P3900，推荐数值是 3。P3900 可设置的数值如下。

(1) P3900=1，电动机数据计算，并将除快速调试以外的参数恢复到工厂设置。

(2) P3900=2，电动机数据计算，并将 I/O 设置恢复到工厂设置。

（3）P3900＝3，只进行电动机技术数据计算，其他参数不复位。

当 P3900＝3 时，接通电动机，开始电动机数据的自动检测，在完成电动机数据的自动检测以后，报警信号 A0541 消失。如果电动机需要弱磁运行，那么操作应在 P1910＝3（饱和曲线）下重复。

通过上面的 8 个步骤就完成了 MM440 的快速调试，此时，变频器就可以正常驱动电动机带动负载运转了。

●── 第十步 定子电阻的设置

在快速调试模式下 P010＝1，设置 P3900＝1 或 2，根据电动机的信息，变频器可以自动计算定子电阻，并将阻值存储在 P0350 中。因此，在正确输入了电动机铭牌上的参数后，再设置参数 P0340＝1，将执行电动机参数计算，定子电阻将会存入参数 P0350 中。

也可以使用 P1910 来内部计算定子电阻，设置如下。

设置 P1910＝0 时，不进行定子电阻的测量，而是采用 P0350 的值。如果设置参数 P1910＝1，则变频器自动测量定子电阻的值，然后将测量的值写入 P0350 中，覆盖原有的数值。如果设置参数 P1910＝2，则也是要测量定子电阻，不同的是不重写已经计算的值，而是采用 P0350 原来的值。在设置了 P1910＝1 或 2 后，在测量定子电阻时，将会产生 A0541 报警信号，提出警告，代表定子电阻的测量将在下一个 ON 命令时完成。

案例 14

MM440 变频器的正反转运行控制和参数组的切换

一、案例说明

在变频器控制中，要实现可逆运行控制，即实现电动机的正反转，是不需要额外的可逆控制装置的，只需要改变输出电压的相序即可，这样就能降低维护成本并节省安装空间。

变频器在实际使用中，电动机经常要根据各类机械的某种状态进行正转、反转、点动等运行，变频器的给定频率信号、电动机的启动信号等都是通过变频器控制端子给出的，即变频器的外部运行操作，大大提高了生产过程的自动化程度。

这里用了两个示例来说明如何使用 MM440 变频器的外部信号来控制其正反转运行，一个示例是使用一个按钮 QA1 控制正反向运行，按一下 QA1 按钮，电动机 M1 正转，再按一次，电动机 M1 反转。另一个示例是使用多按钮控制 MM440 变频器进行正反转的运行。

另外，在详细地介绍了两个控制 MM440 变频器进行正反转运行的示例之后，笔者还编辑了一个例程来说明如何进行参数组的切换。这是因为在实际的工程应用中，经常会使用两路模拟通道来控制变频器的速度，这就需要对变频器参数组进行有效切换，从而实现远程和本地控制。

二、相关知识点

1. MM440 变频器的端子台

西门子 MM440 变频器的端子台如图 14-1 所示。

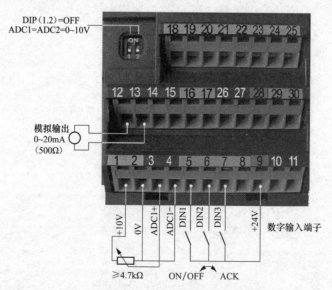

图 14-1 西门子 MM440 变频器的端子台

2. MM440 变频器的参数 P0700

P0700 是选择命令信号源，命令数据组 CDS 中的参数。设置 P0700＝1 时，使用 BOP 进行控制，即使用面板启停变频器；设置 P0700＝2 时，使用变频器的数字量输入控制变频器的启停；设置 P0700＝4 时，使用 BOP 面板下的通信口，采用 USS 协议控制变频器的启停；设置 P0700＝5 时，使用 RS485 串口，采用 USS 协议控制变频器的启停；设置 P0700＝6 时，采用外加的通信板 CB（一般指的是 PROFIBUS）来启停变频器。可以设置的 P0700 的参数功能的示意图如图 14-2 所示。

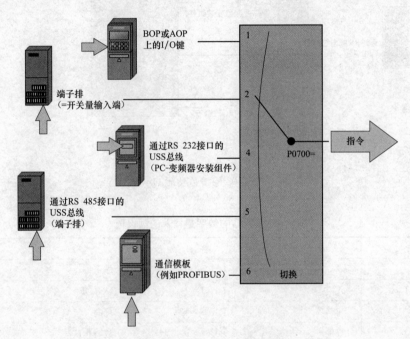

图 14-2　可以设置的 P0700 的参数功能的示意图

3. MM440 变频器的参数 P1000

MM440 变频器的 P1000 是频率设定源选择参数，例如，P1000＝2，设置的是频率源由 MM440 变频器的端子排的模拟量输入给定，可以设置的 P1000 的参数功能的示意图如图 14-3 所示。

4. MM440 变频器的自由功能模块

MM440 变频器的自由功能模块包含在基本软件中，使用自由功能模块能够使传动系统适用于各种不同的使用场合。因而自由功能模块可以实现简单的控制系统，自由功能模块分为控制模块、信号转换模块、计算模块、逻辑模块、信号模块和计时器。

5. MM440 变频器的数字量输入的预设值

MM440 变频器的数字量输入的预设值见表 14-1。

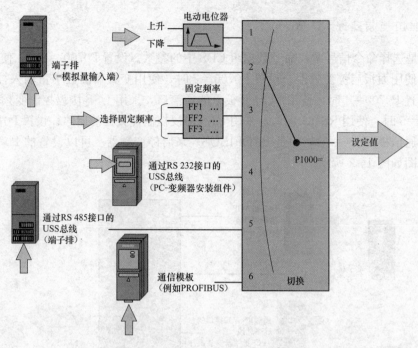

图 14-3 P1000 的参数功能的示意图

表 14-1		MM440 变频器的数字量输入的预设值		
数字量输入	端　子	参　数	功　能	激活
命令源		P0700＝2	端子排	是
数字量输入 1	5	P0701＝1	ON/OFF1	是
数字量输入 2	6	P0702＝12	反向	是
数字量输入 3	7	P0703＝9	故障确认	是
数字量输入 4	8	P0704＝15	固定给定值（直接）	否
数字量输入 5	16	P0705＝15	固定给定值（直接）	否
数字量输入 6	17	P0706＝15	固定给定值（直接）	否
数字量输入 7	通过 ADC1	P0707＝0	数字量输入封锁	否
数字量输入 8	通过 ADC2	P0708＝0	数字量输入封锁	否

6. MM440 变频器的保护功能

（1）150％额定输出电流时，在 5min 内允许重复过载持续时间 60s；200％过载时，在 1min 内允许持续 3s。

（2）过电压/欠电压保护。

（3）变频器过热保护。

（4）电动机过热保护（电动机使用 PTC/KTY 热敏元件）。

（5）I^2t 电动机过热保护。

（6）接地故障保护。

（7）短路保护。

（8）电动机失速保护。

三、创作步骤

1. 单按钮控制 MM440 变频器正反转的示例

第一步 **设计单按钮控制变频器 MM440 正反转的电路**

MM440 变频器的电源是 AC380V，启停变频器的按钮 QA1 连接在 MM440 变频器的 7 号端子和 9 号端子上，如图 14-4 所示。

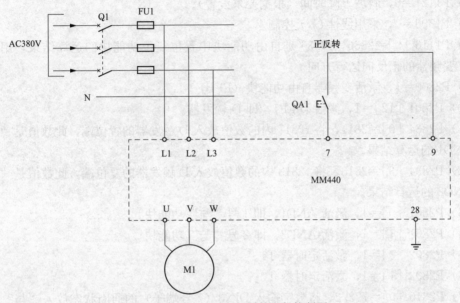

图 14-4　MM440 变频器的电气控制图

第二步 **自由功能块编程的功能图**

本例中使用按钮 QA1 来启停变频器，这个按钮的信号是脉冲信号，在 MM440 变频器中，如果要用脉冲信号来改变电动机的运行方向，那么使用普通的参数设置方法是不能实现的，但读者可以使用 MM440 变频器中的自由功能块来实现这个功能。MM440 变频器的功能块如图 14-5 所示。

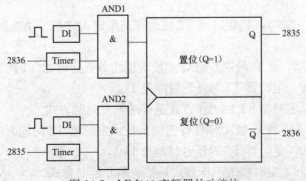

图 14-5　MM440 变频器的功能块

MM440 变频器在参数 P2800～P2890 中提供了一个可编程设置的功能，使用这个自由功能块可在 BICO 的基础上，进一步扩展变频器的功能，实现简单的工艺要求的动作。

第三步 变频器 **MM440** 的参数设置

(1) P0700 [0]＝2，采用由端子排输入来控制变频器的启停的方式。

(2) P0703 [0]＝99，数字输入 3（7 号端子）采用 BICO 参数选择功能。

(3) P1080＝0，最低频率。

(4) P1082＝50，最高频率。

(5) P1120＝10，斜坡上升时间（根据要求设置）。

(6) P1121＝6，斜坡下降时间（根据要求设置）。

(7) P1300＝0，采用线性 U/f 控制。

(8) P1113 [0]＝2836，r2836 是自由功能块中置位复位功能块的运算结果，用于选择 MM440 变频器的正反向运行方向。

(9) P2800＝1，激活变频器自由功能块（FFB）。

(10) P2801 [12]＝1，激活 D-FF1，即 D-触发器。

(11) P2834 [0]＝2811，将 r2811 内的数值放入 D 触发器的置位端，此数值是"与"功能块 AND1 的运算结果。

(12) P2834 [3]＝2813，将 r2813 内的数值放入 D 触发器的复位端，此数值是"与"功能块 AND2 的运算结果。

(13) P2801 [0]＝1，激活 AND1，即 1 号"与"功能块。

(14) P2801 [1]＝1，激活 AND2，即 2 号"与"功能块。

(15) P2802 [0]＝1，激活定时器 T1。

(16) P2802 [1]＝1，激活定时器 T2。

(17) P2810 [0]＝722.2，将数字输入 DIN3（7 号端子）的通断状态放入"与"功能块 AND1 的第一个输入端当中（"与"功能块 AND1 有两个输入端，一个是 2810.0，另一个是 2810.1）。

(18) P2810 [1]＝2852，将定时器 T1 的运算结果放入"与"功能块 AND1 里的输入端 2810.1 当中。

(19) P2812 [0]＝722.2，将数字输入 DIN3（7 号端子）的通断状态放入"与"功能块 AND2 的第一个输入端当中（"与"功能块 AND2 有两个输入端，一个是 2812.0，另一个是 2812.1）。

(20) P2812 [1]＝2857，将定时器 T2 的运算结果放入"与"功能块 AND2 里的输入端 2812.1 当中。

(21) P2849＝2836，将 D 触发器的 Q 的反转输出放入定时器 T1 的输入中。

(22) P2850＝1.0，定时器 T1 的延迟时间是 1s。

(23) P2841＝2，定时器 T1 的工作方式是接通断开延时方式。

(24) P2854＝2835，将 D 触发器的 Q 的输出放入定时器 T2 的输入中。

(25) P2855＝1.0，定时器 T2 的延迟时间是 1s。

(26) P2856＝2836，定时器的工作方式是接通断开延时方式。

● **第四步** 工作过程

MM440 变频器通过之前的参数设置后，变频器的启停已经被设置成由 DIN3（7 号端子排）的输入来进行控制，在激活了自由功能块后，假设变频器的状态是 2835 为 0，2836 为 1 时。

当按下按钮 QA1 后，DIN3（7 号端子排）输入点变为真（1），由于 2836 为 1，所以定时器 T1 也为 1，按照图 14-5 中显示的功能可以看到它们相"与"后（AND1）的结果也为 1，因此，功能块的输出也被置位为 1，即此时的 2835 为 1，同时 2836 被取反输出置为 0。

当第二次按下 QA1 按钮后，由于 2836 为 0，所以 AND1 的两个输入相"与"后的输出为 0，而 2835 在为 1 的情况下与 QA1 按钮为 1 的状态相"与"后（AND2）被复位，即 2835 为 0，同时 2836 被取反输出置为 1。

而在前面介绍的参数设置中，已经将 P1113 [0] 设置为 2836，r2836 是自由功能块中置位复位功能块的运算结果，这样，2836 为 1 和为 0 的不同的状态将改变 MM440 变频器的运行方向。其中，将定时器设置为 1s 的意义在于置 1 复位后，保证程序不发生紊乱。

这样周而复始就能够实现使用一个按钮来切换 MM440 变频器的正反转了。

2. 多按钮控制 MM440 变频器正反转运行的示例

● **第一步** 设计多按钮控制 **MM440** 变频器正反转的电气设计

驱动电动机 M1 的 MM440 变频器采用 AC380V，50Hz 三相四线制电源供电，自动开关 Q1 作为电源隔离短路的保护开关，在 MM440 变频器的供电线路中还选配了熔断器 FU1 作为短路保护元件。

本例中使用自锁按钮 QA1 和 QA2，即外部线路控制 MM440 变频器的运行，由 QA1 实现对电动机的正转控制和由 QA2 实现反转控制。其中端口"5"（DIN1）被设为正转控制，端口"6"（DIN1）被设为反转控制。对应的功能分别由 P0701 和 P0702 参数的值设置。多按钮控制 MM440 变频器正反转运行的电气原理图如图 14-6 所示。

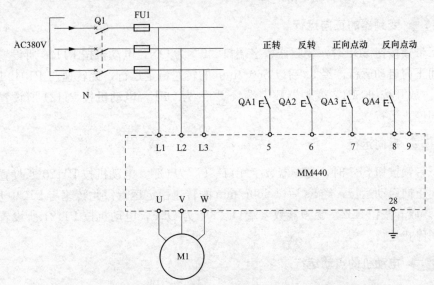

图 14-6 多按钮控制 MM440 变频器正反转运行的电气原理图

● —— 第二步　设置变频器的参数

(1) P0003＝1，设用户访问级别为标准级。

(2) P0004＝7，命令和数字 I/O。

(3) P0700＝2，命令源选择"由端子排输入"。

(4) P0003＝2，设用户访问级别为扩展级。

(5) P0004＝7，命令和数字 I/O。

(6) P0701＝1，ON 接通正转，OFF 停止。

(7) P0702＝2，ON 接通反转，OFF 停止。

(8) P0703＝10，正向点动。

(9) P0704＝11，反转点动。

(10) P0003＝1，设用户访问级别为标准级。

(11) P0004＝10，设定值通道和斜坡函数发生器。

(12) P1000＝1，由键盘（电动电位计）输入设定值。

(13) P1080＝0，电动机运行的最低频率（Hz）。

(14) P1082＝50，电动机运行的最高频率（Hz）。

(15) P1120＝5，斜坡上升时间（s）。

(16) P1121＝5，斜坡下降时间（s）。

(17) P0003＝2，设用户访问级为扩展级。

(18) P0004＝10，设定值通道和斜坡函数发生器。

(19) P1040＝20，设定键盘控制的频率值。

(20) P1058＝10，正向点动频率（Hz）。

(21) P1059＝10，反向点动频率（Hz）。

(22) P1060＝5，点动斜坡上升时间（s）。

(23) P1061＝5，点动斜坡下降时间（s）。

● —— 第三步　变频器的正向运行

当按下带锁按钮 SB1 时，变频器数字端口"5"为 ON，电动机按 P1120 所设置的 5s 斜坡上升时间正向启动运行，经 5s 后以 560r/min 的转速稳定运行，此转速与 P1040 所设置的 20Hz 对应。放开按钮 SB1，变频器数字端口"5"为 OFF，电动机按 P1121 所设置的 5s 斜坡下降时间停止运行。

● —— 第四步　反向运行

当按下带锁按钮 SB2 时，变频器数字端口"6"为 ON，电动机按 P1120 所设置的 5s 斜坡上升时间正向启动运行，经 5s 后以 560r/min 的转速稳定运行，此转速与 P1040 所设置的 20Hz 对应。放开按钮 SB2，变频器数字端口"6"为 OFF，电动机按 P1121 所设置的 5s 斜坡下降时间停止运行。

● —— 第五步　电动机的点动运行

在实际的工程项目中，变频器的点动运行起到变频器带载试运行的作用。

用户通过操作变频器面板上的运行和停止键，来对变频器进行点动带载试运行，可以观察电动机在运行和停止过程中是否有异常现象。

变频器点动带载试运行时，如果在启动和停止电动机的过程中，变频器出现过流保护动作，则用户需要重新设定加速和减速时间。检查此项设定是否合理的方法是先根据经验选定加、减速时间，如果在启动过程中出现过流，则可适当延长加速时间。如果在制动过程中出现过流，则适当延长减速时间。另一方面，加、减速时间不宜设得太长。时间太长将影响生产效率，特别是需要频繁启、制动时。

如果变频器在限定的时间内仍然启动保护，那么此时，用户应该改变启动和停止的运行曲线，从直线改为S形、U形线或反S形、反U形线。

当电动机负载惯性较大时，应该采用更长的启动、停止时间，并且根据其负载特性设置运行曲线类型。

如果变频器在点动带载运行时显示有运行故障，那么用户应该尝试增加最大电流的保护值，但是不能取消保护，应该留有至少 $10\% \sim 20\%$ 的保护余量。在增加最大电流的保护值后，如果变频器运行故障还是出现，那么用户就要考虑更换更大一级功率的变频器了。

如果变频器带动电动机在启动过程中达不到预设速度，那么可能有两种原因，一种是系统发生机电共振，另一种是电动机的转矩输出能力不够。

（1）正向点动运行：当按下带锁按钮 SB3 时，变频器数字端口"7"为 ON，电动机按 P1060 所设置的 5s 点动斜坡上升时间正向启动运行，经 5s 后，以 280r/min 的转速稳定运行，此转速与 P1058 所设置的 10Hz 对应。放开按钮 SB3，变频器数字端口"7"为 OFF，电动机按 P1061 所设置的 5s 点动斜坡下降时间停止运行。

（2）反向点动运行：当按下带锁按钮 SB4 时，变频器数字端口"8"为 ON，电动机按 P1060 所设置的 5s 点动斜坡上升时间正向启动运行，经 5s 后，以 280r/min 的转速稳定运行，此转速与 P1059 所设置的 10Hz 对应。放开按钮 SB4，变频器数字端口"8"为 OFF，电动机按 P1061 所设置的 5s 点动斜坡下降时间停止运行。

● ── 第六步 电动机的速度调节

分别更改 P1040 和 P1058、P1059 的值，按上一步的操作过程，就可以改变电动机的正常运行速度和正、反向点动运行速度。

● ── 第七步 电动机实际转速的测定

在电动机运行过程中，利用激光测速仪或者转速测试表，可以直接测量电动机的实际运行速度，当电动机处在无负荷、轻负荷或者重负荷时，实际运行速度会根据负荷的轻重略有变化。

3. 切换 MM440 变频器参数组

● ── 第一步 设计 MM440 的电气电路

驱动电动机 M1 的 MM440 变频器采用 AC380V，50Hz 三相四线制电源供电，自动开关 Q1 作为电源隔离短路的保护开关，在 MM440 变频器的供电线路中还选配了熔断器 FU1 作为短路保护元件。

在本例中，将一个选择开关 ST1 连接在数字端子"7"上，用于两个模拟输入通道的切换，模拟通道 1（3 号端子和 4 号端子）连接电位计的分量，模拟通道 2（10 号端子和 11 号端子）连接 0～20mA 电流，电气原理图如图 14-7 所示。

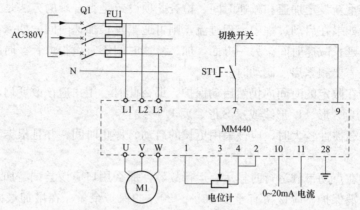

图 14-7 MM440 变频器的电气原理图

● **第二步** DIP 开关设置

在控制板上的 DIP 开关是设置变频器在 60Hz 还是 50Hz 运行的，默认状态下是 50Hz。用户在对变频器进行设置时还要查看一下是否被他人改动过，将 DIP 开关 2 设置为 OFF，50Hz，因为本示例中的模拟量 1 使用的是电位计（0～10V），而模拟量通道 2 使用的是 0～20mA 的电流，所以这里将 I/O 面板上的 DIP 开关 1 设置为 OFF，DIP 开关 2 设置为 ON，设置示意图如图 14-8 所示。

图 14-8 MM440 的 DIP 开关设置示意图

● **第三步** 启动输入点 **DIN3** 的功能参数设置

为利用 BICO 功能，首先将参数 P0703 设置为 99，P0703.0＝99，使用数字输入端子 3 来控制 MM440 变频器参数组的切换。P0703.1＝99 第二命令数据组使能 BICO 参数化。

● **第四步** 远程与本地的切换

所谓的远程与本地之间的切换，即将第一组参数设置成外围端子控制，将第二组参数设置成 BOP 面板控制。同时，实现了两路模拟通道之间的切换。

具体设置是将数字输入端子 3 的状态赋给参数 P0810，即 P0810＝722.2，就可以通过数字端子 3 来实现第一、二组参数的切换。

● **第五步** **MM440** 变频器参数切换的设置

（1）P0003＝3，将用户访问级别设置为专家级。

（2）P0004＝0，参数过滤器选择全部参数。

（3）P0700.0＝2，第一命令数据组由端子排输入。

（4）P0700.1＝2，第二命令数据组由端子排输入。

（5）P1000.0＝2，第一命令数据组由模拟设定值。

（6）P1000.1＝7，第二命令数据组由模拟设定值2。

（7）P0756.0＝0，将模拟输入的类型定义为0～＋10V，使用单极性电压输入。

（8）P0756.1＝2，将模拟输入的类型定义为模拟输入2，0～20mA，使用电流输入。

（9）P0759.0＝10，模拟输入1为10。

（10）P0759.1＝20，模拟输入2为20。

（11）P0810＝722.2，用810参数进行参数组切换，把P703的状态赋给它。

（12）P0731.1＝P0731.0，数字输出1的功能。

（13）P0732.1＝P0732.0，数字输出2的功能。

（14）P0733.1＝P0733.0，数字输出3的功能。

当数字端子7与数字端子9短接时，通过模拟通道2（0～20mA）控制；当数字端子7与数字端子9断开时，通过模拟通道1（电位计）控制。

P0810＝0，P0811＝0，变频器执行CDS1。

P0810＝1，P0811＝0，变频器执行CDS2。

P0810＝1，P0811＝1，变频器执行CDS3。

MM440变频器通过以上的参数设置就可以实现使用数字输入端子3来控制参数组的切换了。

案例 15　　MM440 变频器的不同频率的给定

一、案例说明

变频器有多种频率给定方式，如面板给定、外部电压给定、外部电流给定、外部给定、通信方式给定。在实际的工程应用中，用户可以采用这些给定方式中的一种，也可以在正确地设置参数后采用几种方式之和来作为变频器频率的给定方式。

在本例中，展示的是常用频率给定方式的应用和参数设置，其中包括使用模拟量信号来给定变频器的频率时，MM440 变频器在这种控制方式中，参数是如何设置的，读者可以在实际的工程中仿照这些参数设置进行。

二、相关知识点

1. 不同模拟量的 DIP 开关的设置

模拟量有电流信号和电压信号之分，MM440 系列变频器在硬件设计和调试时，如果是电压信号，则变频器的 DIP 开关置于 OFF 位置，如果是电流信号，则变频器的 DIP 开关置于 ON 位置。

MM440 变频器 I/O 板上左侧的 DIP 开关是 DIP 1（模拟输入 1），而右面的 DIP 开关DIP 2（模拟输入 2）。

2. MM440 变频器的参数 P0756 的设置值定义

MM440 变频器的参数 P0756 定义的是模拟输入的类型，可以定义的设定值如下。

(1) P0756＝0，单极性电压输入（0～10V）。

(2) P0756＝1，带监控的单极性电压输入（0～10V）。带监控是指模拟通道具有监控功能，当断线或信号超限时，变频器报故障 F0080。

(3) P0756＝2，单极性电流输入（4～20mA）。

(4) P0756＝3，带监控的单极性电流输入（4～20mA）。

(5) P0756＝4，双极性电压输入（－10～＋10V）。

在实际的项目应用当中，当从电压模拟输入切换到电流模拟输入时，不仅要修改参数P0756，还必须将 I/O 端子板上的 DIP 开关也设置为正确的位置。

三、创作步骤

● ▭第一步▭ 使用变频器参数设置模拟量的类型

在参数 P0756 里设置模拟量的类型，P0756.0 对应模拟量输入 1 通道，P0756.1 对应模拟量输入 2 通道。

在参数 P0757 中输入的数值代表模拟量输入值的范围的起始值，而在参数 P0759 中输入的数值代表的是模拟量输入值的范围的最高值。在参数 P0760 中，设置模拟量对应的比例。

第二步 4~20mA 电流信号输入时的参数设置

当频率由 4~20mA 电流输入信号给定时，将出现频率给定误差，变频器的默认设置为 0~20mA 对应 0~50Hz，所以，要修改变频器的参数使 4~20mA 对应 0~50Hz，参数设置如下：P0756＝2，单极性电流输入（4~20mA）；P0757＝4；P0758＝0；P0759＝20；P0760＝100％。

第三步 2~10V 电压信号输入时的参数设置

频率由 2~10V 电压输入信号给定时，将出现频率给定误差，变频器的默认设置为 0~10V，对应 0~50Hz，所以，要修改变频器的参数使 1~10V 对应 0~50Hz，参数设置如下：P0756＝0；P0757＝1；P0758＝0；P0759＝10；P0760＝100％。

第四步 两个模拟量叠加时的参数设置

两个模拟量的值相加后作为变频器的输入时，设置参数 P1000.0＝27，即实现了模拟量 1 和模拟量 2 的输入作为设置点。

在使用变频器中内置的 PID 功能时，参数设置如下。

(1) P1000.0＝27，频率由模拟量 1＋模拟量 2 给定。

(2) P2100.0＝222，变频器将因故障 F0222 而跳闸。

(3) P2101.0＝0，故障 F0222 无效。

(4) P2264.0＝1078，模拟量的叠加值作为 PID 的反馈。

(5) P2267＝100，PID 反馈的上限值。

(6) P760.1＝－100，AI2 的值为负。

(7) P2100.0＝221，选择 F0221 故障的特殊处理方式。

(8) P2101.0＝0，故障 F0221 无效。

(9) P2268＝0，PID 反馈的下限值。

触摸屏 MP370 的画面制作

一、 案例说明

一般情况下，触摸屏项目的项目数据是以对象的形式进行存储的，在项目中的对象以树形结构进行排列。项目窗口显示属于项目的对象类型和所选择的操作单元要进行组态的对象类型。项目窗口的标题栏包含的是项目名称，在画面中将显示依赖于操作单元的对象类型和所包含的对象。在本例中，将详细介绍 HMI 中的画面的相关知识和画面的制作。

二、 相关知识点

1. WinCC flexible 创建的 HMI 的项目类型

WinCC flexible 组态任务以项目文件的形式建立。可组态的项目类型包括单用户项目、多用户项目和在不同 HMI 设备上使用的项目 3 种。

（1）单用户项目。用于单个 HMI 设备的项目。

（2）多用户项目。如果使用多台 HMI 设备来对系统进行操作，则可使用 WinCC flexible 创建一个可对多台 HMI 设备进行组态的项目。无须为每台单独的 HMI 设备创建项目，而且可在同一个项目中对所有 HMI 设备进行管理。

（3）在不同 HMI 设备上使用的项目。可为指定的 HMI 设备创建一个项目，并将其下载到多台不同的 HMI 设备上。当装载到 HMI 设备上时，只有那些 HMI 设备支持的数据才能装载上去。

2. 窗口和工具栏上的控制元素

WinCC flexible 中窗口和工具栏上的控制元素，见表 16-1。

表 16-1　　　　　　　　WinCC flexible 中窗口和工具栏上的控制元素

控制元素	功能	使用要求
✖	关闭窗口或工具栏	窗口和工具栏（可移动）
项目 ✖	通过拖放来移动和停放窗口和工具栏	窗口和工具栏（可移动）
┋	通过拖放来移动工具栏	工具栏（已停放）
▾	添加或删除工具栏按钮	工具栏（已停放）
◉	激活窗口的自动隐藏模式	窗口（已停放）
◉	禁用窗口的自动隐藏模式	窗口（已停放）

三、创作步骤

第一步 添加画面

在 WinCC flexible 人机界面组态软件的菜单栏中，选择【选项】→【设置】命令可以重新设置窗口。在树形结构处的【画面】下添加新画面，画面是项目的主要元素，通过它们可以操作和监视读者设计的系统。例如，显示电动机转速、管道压力和炉膛温度等，添加画面如图 16-1 所示。

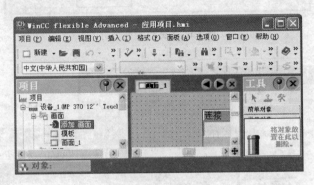

图 16-1 添加画面

第二步 更改画面名称

添加画面后，在工作区域增加了【画面_2】，右击新添加的【画面 2】的图标，在弹出来的快捷菜单中选择【对象属性】命令，如图 16-2 所示。

图 16-2 画面_2 的快捷菜单图示

在弹出来的【画面_2】对话框的【常规】选项卡中，在【名称】文本框中输入要更改的画面名称，这里为"电动机控制"，如图 16-3 所示。

第三步 打开和关闭已有画面

双击要打开的画面名称，如双击【电动机控制】画面，在右侧的工作区域中就会弹出这个画面了，单击画面右上角的按钮❌，就可以关闭当前画面了，画面的打开和关闭如图 16-4 所示。

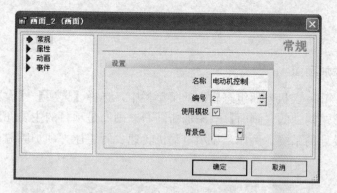

图 16-3　更改画面名称

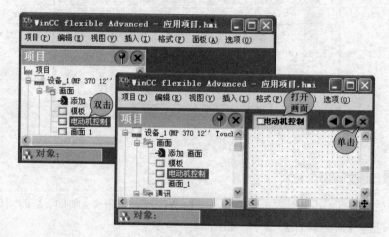

图 16-4　画面的打开和关闭

案例 17 触摸屏 MP370 上控制按钮和文本域的制作

一、案例说明

西门子 HMI 的在 WinCC flexible 画面组态软件中创建的按钮，可以实现的功能包括启动（置"1"），停止（清零），点动（按"1"松"0"），保持（取反）。而 HMI 上创建的文本域是用于输入一行或多行文本的，可以自定义字体和字的颜色，来反映所定义的文本域的功能。

二、相关知识点

1. WinCC flexible 中的按钮的属性

WinCC flexible 的按钮的属性包括布局、操作、插入和组态、键盘输入、类型、鼠标输入、特性、图形、文本、移植、应用、指定热键和按钮组态。

2. WinCC flexible 中的域

WinCC flexible 画面组态软件中创建的域包括文本域、IO 域、日期/时间域、图形 IO 域和符号 IO 域。这些不同类型的域均可以自定义位置、几何形状、样式、颜色和字体等，它们的生成与组态方法也基本类似。

（1）文本域：用于输入一行或多行文本，可以自定义字体和字的颜色，还可以为文本域添加背景色或样式。

（2）IO 域：用来输入并显示过程值。

（3）日期/时间域：显示了系统时间和系统日期，日期/时间域的布局取决于 HMI 设备中设置的语言。

（4）图形 IO 域：可用于组态图形文件的显示和选择列表。

（5）符号 IO 域：用来组态运行时用于显示和选择文本的选择列表。

三、创作步骤

1. 按钮的制作

● 第一步 弹出工具窗口

弹出工具窗口时，首先打开 WinCC flexible 中的【视图】菜单，在弹出下拉菜单中，双击【工具】，这样在工作区就会弹出【工具】窗口了，操作如图 17-1 所示。

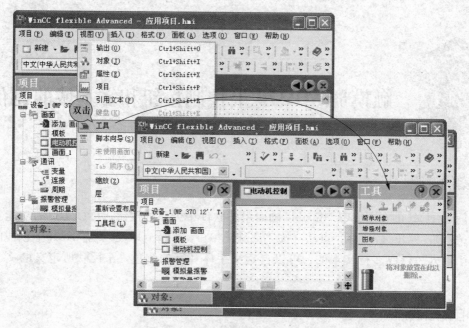

图 17-1　弹出【工具】窗口的操作流程

第二步 **控制按钮的制作**

在【工具】窗口中，有 4 个选项，即【简单对象】、【增强对象】、【图形】和【库】，在画面_1 中添加按钮时，首先打开【画面 1】，然后单击【工具】窗口中的【简单对象】，在【简单对象】下单击 **OK 按钮** 并按住拖拽到画面当中，如图 17-2 所示。

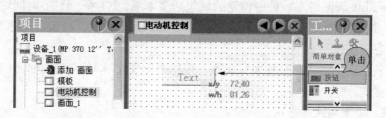

图 17-2　在画面中添加按钮

第三步 **控制按钮的属性与命名**

新添加的按钮上的文本显示为"Text"，双击这个新添加的按钮后，在工作区的下方会弹出按钮的属性对话框，在该对话框中，可以自定义按钮的位置、几何形状、样式、颜色和字体类型。还可以设置在类型中指定按钮的图形布局，在【文本/图形】中指定图形视图是静态的还是动态的，在【指定热键】中指定能够用于启动该按钮的一个按键或组合键。

在【常规】选项卡中的【按钮模式】选项组中选择【文本】，在右侧【文本】选项区域中选择【文本】，并在文本框中输入文本的名称"启动"，操作如图 17-3 所示。

第四步 **按钮启动画面的设置**

下面要编辑【启动】按钮，当按下这个按钮时，就弹出【电动机启动】画面，双击画面_1

中的【启动】按钮，在按钮的【属性】对话框中，选择【事件】→【单击】，打开【函数列表】对话框，操作如图 17-4 所示。

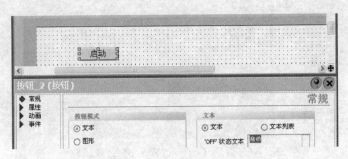

图 17-3 给按钮命名的操作图示

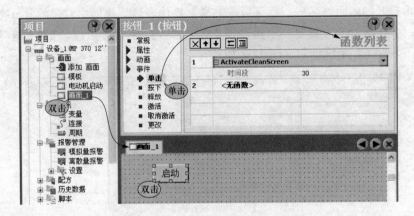

图 17-4 打开【函数列表】对话框的操作过程

第五步 **编辑按钮的系统函数**

单击函数列表的第一行，将显示项目中可以使用的系统函数和脚本的列表，如图 17-5 所示。

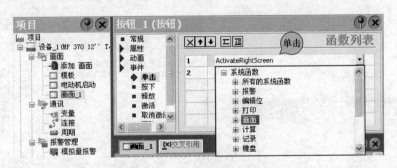

图 17-5 系统函数和脚本的列表

然后单击【画面】组选择【ActivateScreen】系统函数，如图 17-6 所示。

第六步 **连接按钮的弹出画面**

激活【ActivateScreen】系统函数后，【ActivateScreen】系统函数会出现在【函数列表】

图 17-6 激活【ActivateScreen】系统函数

对话框中。这个系统函数包括【画面名】和【对象编号】两个参数，【画面名】参数包含单击该按钮时将打开的画面的名称，而【对象编号】则代表目标画面中对象的 Tab 顺序号。在画面改变后，会在该对象上设置一个焦点，【对象编号】是可选参数，【画面名】是必选参数。【ActivateScreen】系统函数如图 17-7 所示。

图 17-7 【ActivateScreen】系统函数

单击【画面名称】下拉按钮，在弹出的下拉列表框中选择【电动机启动】画面，如图 17-8 所示。

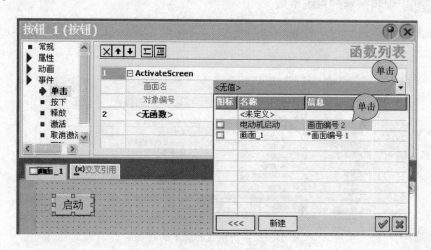

图 17-8 添加按钮的连接画面图示

保存项目后，单击 🖼 按钮启动运行系统，如图 17-9 所示。

运行系统启动后，单击画面_1 中的【启动】按钮后，就会弹出这个按钮所连接的【电动机启动】画面了，如图 17-10 所示。

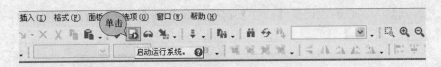

图 17-9　启动运行系统

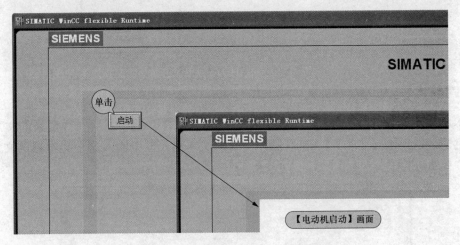

图 17-10　按钮连接的画面弹出的运行图

2. 文本域的制作

● 第一步 **创建文本域**

首先双击要添加域的画面，然后，在项目窗口右侧的工具窗口中选择【简单对象】→【文本域】，鼠标移动到画面编辑窗口时变为"＋"符号，在画面上需要生成域的区域再次单击，即可在该位置生成一个文本域了，文本域默认的显示为"text"，操作如图 17-11 所示。

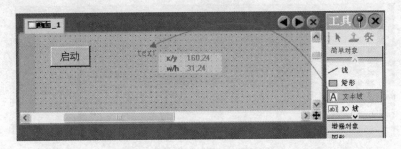

图 17-11　文本域的画面添加过程

生成文本域的另一种方法是单击右侧【工具】窗口中的【简单对象】→【文本域】，并按住左键不放，将其拖放到画面编辑窗口中画面上的合适位置即可。

● 第二步 **设置文本域的属性**

单击刚刚创建的文本域，在工作区域下方将出现这个文本域_1 的属性对话框，在该对话框中，有【常规】【属性】【动画】三组属性，可以根据工程项目的需要有针对性地选择和组态。这里设置【外观】选项卡中【填充】选项区域中的【文本颜色】为红色，【背景色】为白色，【填充样式】为实心的，设置【边框】选项区域中的【颜色】为天蓝色，【样式】也为实心的，然后勾选【三维】选项，如图 17-12 所示。

图 17-12　组态文本域

第三步　更改文本域的文本

文本域的默认文本为"text"，双击画面中的文本域【text】，然后在弹出来的文本域_1的属性对话框中，单击【常规】，在右侧弹出来的文本输入框中输入这个文本域的文本，这里输入"补水进行中"，如图 17-13 所示。

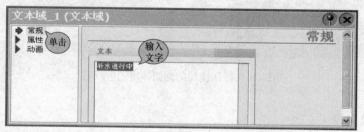

图 17-13　更改文本域的文本

第四步　组态闪烁的文本

在文本域_1的属性对话框中，单击【属性】→【闪烁】，在右侧的【运行时外观】选项区域中的【闪烁】下拉列表框中，选择【标准】，如图 17-14 所示。

图 17-14　组态闪烁的文本

组态完闪烁的文本"补水进行中"后，启动运行系统，可以看到闪烁的文本，即文本的背景色和文本颜色在交替闪烁的【电动机启动】画面，如图 17-15 所示。

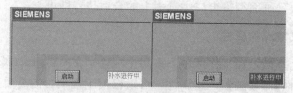

图 17-15　文本域在画面中的闪烁图示

案例 18　　触摸屏 MP370 上指示灯的制作

一、 案例说明

在 HMI 屏幕中，指示灯和按钮一样是使用最多的 PLC 元件，位状态指示灯显示的是一个指定的触摸屏内部或 PLC 设备位地址的开或关状态。如果状态为 0，则将显示图形状态为 0 的图形。如果状态为 1，则将显示图形状态为 1 的图形。读者可以将指示灯设置成电动机的启停显示、报警闪烁指示。

二、 相关知识点

1. HMI 上的指示灯

指示灯是触摸面板上的动态显示单元，指示灯指示已经定义的位的状态。例如用不同颜色的指示灯显示阀门的开闭等。

2. WinCC flexible 中的变量类型

变量类型包括字符串型变量、布尔型变量、数字型变量、数组变量等，不同的 PLC 支持的变量类型也不同，读者在项目中能够使用的变量类型要根据实际使用的 PLC 而定。

3. WinCC flexible 中的变量属性

在 HMI 项目中创建变量的同时，也必须为这个变量设置属性。其中，变量地址确定全局变量在 PLC 上的存储器位置。因此，地址也取决于读者在使用何种 PLC。变量的数据类型或数据格式也同样取决于项目中所选择的 PLC。

4. WinCC flexible 可设置变量的限制值

在 HMI 项目中可以为变量组态设置一个上限值和一个下限值。这个功能很有用，例如，在输入域中输入一个限制值外的数值时，输入会被拒绝，也可以利用上下限值来触发报警系统等。读者可以根据项目的实际需要利用这个功能。

5. WinCC flexible 可组态带有功能的变量

在 HMI 项目中可以为输入/输出域的变量分配功能，例如跳转画面功能，只要输入/输出域的变量的值改变，就跳转到另一个画面去。

6. WinCC flexible 可设置变量的起始值

在 HMI 项目中为变量设置了起始值后，下载项目后，变量被分配起始值。起始值将在操作单元中显示，不存储在 PLC 中，例如用于棒图和趋势的变量。

三、创作步骤

● 第一步　创建指示灯的相关变量

选择【项目】→【通讯】→【变量】命令，然后在工作区弹出的【变量编辑器】中创建新变量【M1_Run】，并将其放置在【画面_1】中的合适位置，在【连接】下拉列表框中选择【连接_1】，【数据类型】选择【Bool】量，【地址】选择 S7-300 的输出点【Q2.5】，如图 18-1 所示。

图 18-1　创建一个新变量

● 第二步　创建指示灯

选择【工具】→【库】→【Button_and_switches】→【Indicator_switches】命令，然后将选择的指示灯在【画面_1】中的合适位置，如图 18-2 所示。

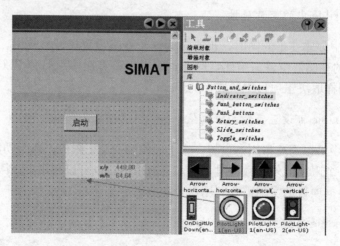

图 18-2　创建指示灯

● 第三步　组态指示灯

双击新创建的指示灯，然后在弹出来的属性对话框中，激活【常规】选项卡，在【过程】选项区域中的【变量】下拉列表框中选择【M1_Run】，如图 18-3 所示。

图 18-3　组态指示灯

● ▬▬ 第四步 ▬▬ 运行 HMI 项目

运行后，在电动机运行时，指示灯变为绿色，在电动机停止时，指示灯变为红色，如图 18-4 所示。

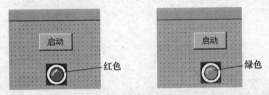

图 18-4　指示灯在电动机运行和停止时的两种状态显示

● ▬▬ 第五步 ▬▬ 库中的【Push_buttons】指示灯

库中的【Push_buttons】指示灯一共有 16 款，读者可以根据需要在项目应用中添加这些指示灯，如图 18-5 所示。

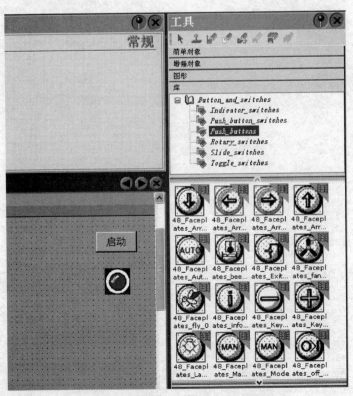

图 18-5　【Push_buttons】指示灯图示

第三篇

应 用 中 级

案例 19   S7-300 PLC 在苹果包装传送线上的应用

一、案例说明

光电开关是一种以光源为介质、应用光电效应的开关元件，当光源受物体遮蔽或发生反射、辐射和遮挡导致受光量变化来检测对象的有无、大小和明暗，然后产生输出信号的开关元件。

本例将 3 个光电开关用于苹果包装生产线控制系统中的苹果计数和位置检测，并使用光电开关的接通和断开信号来控制苹果包装传送线电动机的运行和停止。

二、相关知识点

1. 光电传感器

光电传感器是光电开关的一种，它通过把光强度的变化转换成电信号的变化来实现控制的，在一般情况下，光电传感器由 3 部分构成，它们分为发送器、接收器和检测电路。光电传感器如图 19-1 所示。

(a)   (b)

图 19-1　光电传感器
(a) 实物图；(b) 电气符号

（1）槽型光电传感器。把一个光发射器和一个光接收器面对面地装在一个槽的两侧就成了槽型光电开关。光发射器能发出红外光或可见光，在无阻情况下光接收器能接收到光。但当被检测物体从槽中通过时，光被遮挡，光电开关动作，输出一个开关控制信号，切断或接通负载电流，从而完成一次控制动作。

（2）对射型光电传感器。若把光发射器和光接收器分离开，就可使检测距离加大。由结构上相互分离的光发射器和光接收器组成的光电开关就称为对射型光电开关。它的检测距离可达几米乃至几十米。使用时把光发射器和光接收器分别装在检测物体通过路径的两侧，检测物体通过时阻挡光路，光接收器就动作输出一个开关控制信号。

（3）反光板型光电传感器。把光发射器和光接收器装入同一个装置内，在它的前方装一块反光板，利用反射原理完成光电控制作用的光电开关称为反光板型光电传感器。在正常情况下，光发射器发出的光被反光板反射回来被光接收器接收到；一旦光路被检测物体挡住，光接收器接收不到光时，光电传感器就动作，输出一个开关控制信号。

（4）扩散反射型光电传感器。扩散反射型光电传感器的检测头里也装有一个光发射器和一个光接收器，但前方没有反光板。正常情况下光发射器发出的光接收器是接收不到的。当检测物体通过时挡住了光，并把部分光反射回来，光接收器就可收到光信号，输出一个开关信号。

读者可以根据上面对光电传感器的介绍，在自己的项目中根据工艺的要求选择不同的光电开关。

2. 西门子 PLC 的工作环境要求

PLC 要求工作的环境温度在 0～55℃，安装时不能放在发热量大的元件下面，四周通风散热的空间应足够大。

为了保证 PLC 的绝缘性能，空气的相对湿度应小于 85％（无凝露）。

PLC 对于电源线带来的干扰具有一定的抵制能力。在可靠性要求很高或电源干扰特别严重的环境中，可以安装一台带屏蔽层的隔离变压器，以减少设备与地之间的干扰。当 PLC 的逻辑输入使用外接直流电源时，应选用直流稳压电源。因为普通的整流滤波电源，由于纹波的影响，容易使 PLC 接收到错误信息。

另外，应使 PLC 远离强烈的振动源，防止振动频率为 10～55Hz 的频繁或连续振动。当使用环境避免不了振动时，必须采取减振措施，如采用减振胶等。

同时，PLC 也要避免接触腐蚀和易燃的气体，例如氯化氢、硫化氢等。对于空气中有较多粉尘或腐蚀性气体的环境，可以将 PLC 安装在封闭性较好的控制室或控制柜当中。

三、 创作步骤

第一步 苹果包装生产线的流程

苹果包装生产线项目中设计了 3 个光电开关，分别用来检测空箱、苹果满箱和苹果移动，包装生产线的示意图如图 19-2 所示。

启动苹果包装生产线后，传送线 2 启动，当光电传感器 SC2 检测到有空的包装盒到达指定位置时，包装传送线 2 停止，然后，启动传送带 1，此时，已经由上道工序将苹果一个一个地放置到传送线 1 上了，传送带 1 启动后，苹果会掉落到包装盒中，通过光电传感器 SC2 的检测，当累积到 18 个时，传送线 2 运行，传送装满 18 个苹果的包装盒经过传感器 SC3 后，系统将会自动计数。

因为苹果掉落的速度比较快，为了保证脉冲捕捉的可靠性和快速响应，本例采用 DC 24V 输出的光电传感器。

当箱内苹果数量达到要求后，立刻停止带动传送带 1 的电动机的运行，启动传送带 2，当下一个苹果箱运动到指定位置后，停止带动传送带 2 的电动机的运行。

第二步 电气系统的设计

本示例中的电动机采用 AC380V，50Hz 三相四线制电源供电，电动机运行的控制回路

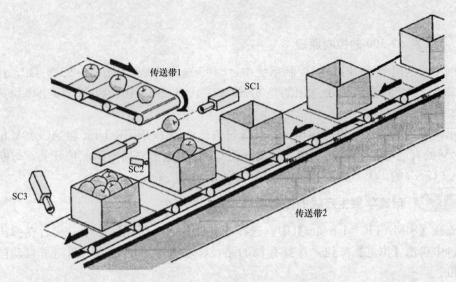

图 19-2　苹果包装生产线示意图

是由自动开关 Q1、接触器 KM1 和 KM2、热继电器 FR1 及电动机 M1 组成。其中以自动开关 Q1 作为电源隔离短路的保护开关，热继电器 FR1 作为过载保护元件，中间继电器 CR1 的动合触点控制接触器 KM1 的线圈得电、失电，接触器 KM1 的主触头控制电动机 M1 的正转运行。而中间继电器 CR2 的动合触点控制接触器 KM1 的线圈得电、失电，接触器 KM2 的主触头控制电动机 M2 的正转运行。

三相异步电动机正反转运行的控制线路如图 19-3 所示。

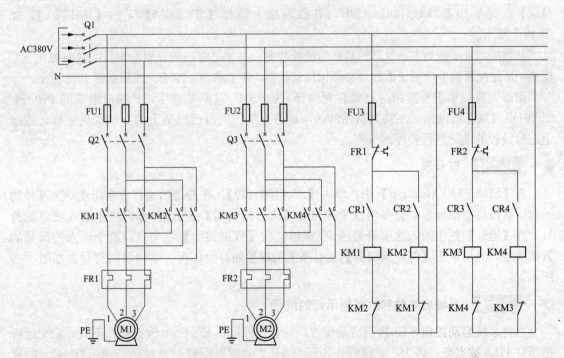

图 19-3　电动机正反转运行的电路图

● 第三步 **S7-300 的控制原理**

本例中的西门子 300PLC 的控制系统中，CPU 选用的是 CPU 315-2 PN/DP，接口模块为 IM153-1，数字量输入模块选用的是 6ES7 321-1BH02-0AA0，数字量输出模块选用的是 6ES7 322-1BH10-0AA0。

本示例采用 AC220V 电源供电，并且通过直流电源 POWER Unit 将 AC220V 电源转换为 DC24V 的直流电源给 PLC 供电。自动开关 Q1 作为电源隔离短路保护开关，熔断器 FU1 连接到 CPU315 的 1/L＋和 2/M 上，如图 19-4 所示。

● 第四步 **创建苹果生产线的控制项目**

首先在【SIMATIC Manager】中，选择【文件】→【新建】命令，然后在弹出的新建项目窗口中单击【浏览】按钮，选择存储的路径，输入项目的名称"西门子自动门控制系统"即可。

这个新创建的项目是个空项目，读者需要为这个项目插入工作的站，这里选择创建西门子 300 的站，创建西门子 300 的站的流程如图 19-5 所示。

在【硬件目录】中的【CPU 315-2 DP】下，将【6ES7 315-2AG10-0AB0】拖动到组态区域，在弹出的【属性】对话框中激活【参数】选项卡，设置【地址】并单击【新建】按钮，在弹出来的【属性-新建子网】对话框中激活【网络设置】选项卡，将【传输率】设置为 1.5Mbps，【配置文件】选择【DP】，组态带 DP 接口的 CPU 作主站的流程如图 19-6 所示。

在【SIMATIC Manager】中对硬件进行组态时，首先要单击之前添加的站，在右侧窗口中会出现硬件标志和图标，双击这个硬件的图标后，弹出【HW Config】窗口，在【硬件目录】中先后组态导轨 Rail、CPU，并在网络上添加【ET200M】下的【IM153-1】，如图 19-7 所示。

从站的地址不能与主站及其他从站的地址冲突，必须是唯一的，组态 ET200M 从站的 I/O 模块，从站配置的 I/O 模块的地址必须保持默认值，不能修改。组态完成后如图 19-8 所示。

组态完成后单击 按钮进行保存并编译，CPU315-2DP 集成了 DP 端口组成的 PROFI-BUS-DP 现场总线网络，主站对从站的访问就像直接访问自己机架上的 I/O 模块一样，按照组态时设置的地址进行程序的编写。

● 第五步 **符号表**

在【SIMATIC Manager】中，单击【S7 程序（1）】，在右侧的窗口中会出现一个符号的图标，双击这个图标后，会弹出这个项目的【符号编辑器】，在【符号】栏里输入项目的符号，在【地址】栏中输入这个符号的 IO 地址，在【数据类型】栏中选择这个输入的符号的数据类型，然后单击【符号编辑器】工具条上的 按钮存盘即可，本项目的符号表如图 19-9 所示。

● 第六步 **系统启动位和故障指示灯的编程**

当将系统启动拨钮 ST3 拨到启动位置，并且急停按钮 E_Stop 没有被按下时，系统运行指示灯 HL8 被点亮，因为，系统停止指示灯 HL2 的逻辑刚好与系统运行指示灯 HL8 的逻辑相反，所以，在程序中分别采用了动合和动断触点来编程。

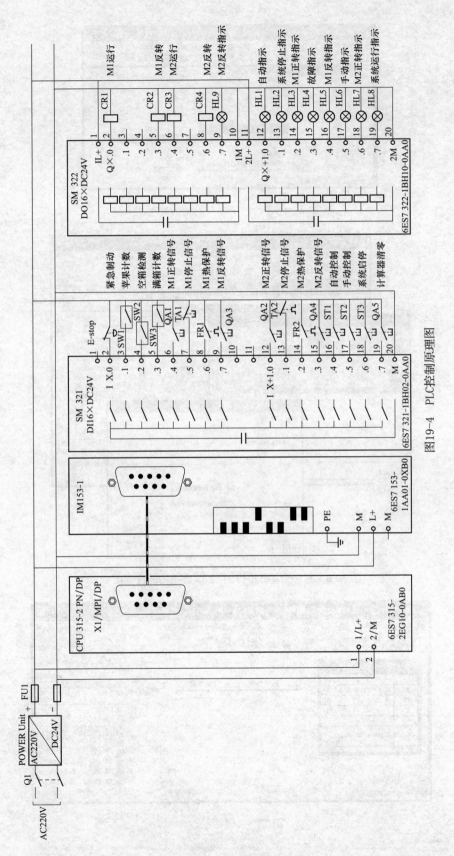

图19-4　PLC控制原理图

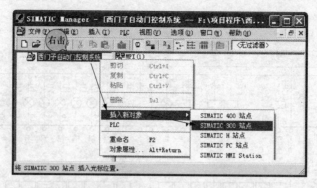

图 19-5　创建西门子 300 的站的流程图示

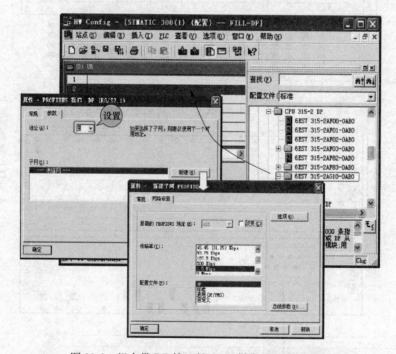

图 19-6　组态带 DP 接口的 CPU 做主站的流程图示

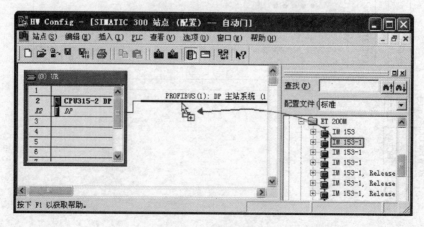

图 19-7　硬件组态 1

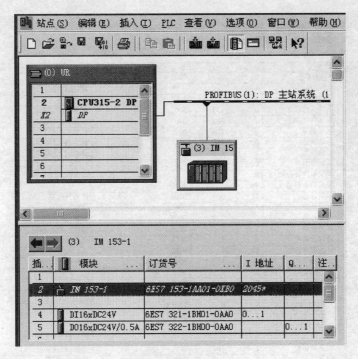

图 19-8　硬件组态 2

当出现电动机热保护信号 FR1 或者紧急制动按钮 E_Stop 被按下时，故障指示灯 HL4 被点亮，提醒操作人员进行故障处理，程序如图 19-10 所示。

第七步　电动机 1 的手动运行程序

在电动机 1 的手动模式中，不仅考虑了故障信号的连锁，同时，也加入电动机反转运行的连锁，程序还加入了电动机停止延时标志位 M0.0，其目的是为了防止电动机停止后马上再启动对电动机造成的冲击。为了防止手动模式下的电动机 1 的正转输出与自动模式下的电动机 1 的正转输出之间可能出现的冲突，本例采用了电动机 1 手动正转运行标志位 M0.1，程序如图 19-11 所示。

利用电动机正转运行和反转运行输出的下降沿来置位"电动机 1 点动启动前延时"的绝对地址 M0.0，当 M0.0 被置位后，开启一个延时定时器 T1，此定时器延时时间被设为 2s，当 T1 设置的延时时间到达时，复位"电动机 1 点动启动前延时"的绝对地址 M0.0，这样在前一次电动机运行结束后的 2s 内，是无法再进行电动机手动正反转运行的，这样可以防止电动机启动的冲击同时也保护了机械设备，程序中的 M10.0 用于下降沿的标志位，编程时注意不要用在程序其他的地方，导致程序运行出错，程序如图 19-12 所示。

第八步　电动机 2 的手动运行程序

电动机 2 的手动模式运行与电动机 1 类似，这里就不再赘述了，程序如图 19-13，请读者参考这部分程序。

与电动机 1 点动启动前延时标志位 M0.0 类似，电动机 M2 使用的运行后启动前延时标志位 M0.2，程序中的 M10.1 用于下降沿的标志位，编程时注意不要用在程序其他的地方，导致程序运行出错，编程如图 19-14 所示。

	状态	符号 ▽	地址		数据类型	注释
1		自动指示	Q	1.0	BOOL	连接指示灯HL1
2		自动控制	I	1.4	BOOL	连接ST1选择开关
3		箱数到达	M	2.0	BOOL	
4		系统运行指示	Q	1.7	BOOL	连接指示灯HL8
5		系统停止指示	Q	1.1	BOOL	连接指示灯HL2
6		系统启停	I	1.6	BOOL	连接ST3选择开关
7		手动指示	Q	1.5	BOOL	连接指示灯HL6
8		手动控制	I	1.2	BOOL	连接ST2选择开关
9		苹果总数	MD	42	DINT	
1		苹果箱内计数到达	M	1.0	BOOL	
1		苹果箱当前值	MW	22	WORD	
1		苹果计数	I	0.1	BOOL	连接光电开关SW1
1		满箱计数	I	0.3	BOOL	连接光电开关SW3
1		空箱计数	I	0.2	BOOL	连接光电开关SW2
1		紧急制动	I	0.0	BOOL	连接E_Stop按钮
1		计数器清零	I	1.7	BOOL	连接QA5按钮
1		计数器当前值	MW	20	WORD	
1		故障指示	Q	1.3	BOOL	连接指示灯HL4
1		电动机2自动运行标志	M	1.1	BOOL	
2		电动机2手动正转标志	M	0.3	BOOL	
2		电动机2点动启动?..	M	0.2	BOOL	
2		电动机1自动启动?..	T	4	TIMER	
2		电动机1手动正转标志	M	0.1	BOOL	
2		电动机1点动启动?..	M	0.0	BOOL	
2		M2正转指示	Q	1.6	BOOL	连接指示灯HL7
2		M2正转停止	I	1.1	BOOL	连接TA2按钮
2		M2正转启动	I	1.0	BOOL	连接QA2按钮
2		M2运行	Q	0.4	BOOL	控制中间继电器CR3
2		M2热保护	I	1.2	BOOL	连接热保护FR2
3		M2反转指示	Q	0.7	BOOL	控制指示灯HL9
3		M2反转启动	I	1.3	BOOL	连接QA4按钮
3		M2反转	Q	0.6	BOOL	控制中间继电器CR4
3		M1自动启动标志	M	1.2	BOOL	
3		M1正转指示	Q	1.2	BOOL	连接指示灯HL3
3		M1正转停止	I	0.5	BOOL	连接TA1按钮
3		M1正转启动	I	0.4	BOOL	连接QA1按钮
3		M1运行	Q	0.0	BOOL	控制中间继电器CR1
3		M1热保护	I	0.6	BOOL	连接热保护FR1
3		M1反转指示	Q	1.4	BOOL	控制指示灯HL5
4		M1反转启动	I	0.7	BOOL	连接QA3按钮
4		M1反转	Q	0.3	BOOL	控制中间继电器CR2
4		Cycle Execution	OB	1	OB 1	
4		apple work line	FC	1	FC 1	苹果生产线
4						

图 19-9　输入符号表的图示

第九步　自动模式标志的编程

当按下启动按钮后，在没有按下急停按钮，没有电动机热保护故障且电动机1和电动机2都没有反转运行时，启动系统的自动模式，点亮自动模式指示灯HL1，程序如图19-15所示。

自动模式启动后，程序首先检查苹果箱是否就位，如果没有就位则将M1.1【电动机2自动运行标志】置位为1，电动机2正转运行直到使苹果箱移动到位，另外，当苹果箱装入苹果达到要求后也会置位M1.1，电动机2正转运行直到下一个苹果箱就位后复位M1.1，停止电动机2的运行，程序如图19-16所示。

第十步　苹果箱移动的电动机运行程序

当苹果箱就位或者当第一个苹果箱装满，且下一个苹果箱移动到装入苹果的位置后，开

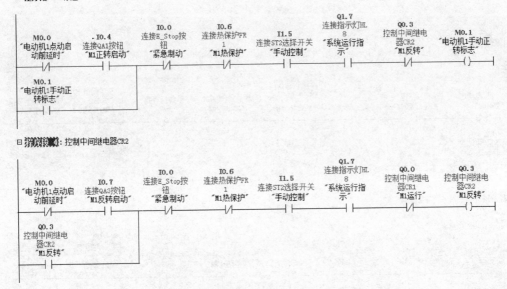

FC1：标题：

注释：

☐ 程序段 1：标题：

I1.6
连接ST3选择开关
"系统启停"

I0.0
连接E_Stop按钮
"紧急制动"

Q1.7
连接指示灯HL8
"系统运行指示"
（ ）

Q1.1
连接指示灯HL2
"系统停止指示"
─┤NOT├── （ ）

☐ 程序段2：标题：

I0.0
连接E_Stop按钮
"紧急制动"

Q1.3
连接指示灯HL4
"故障指示"
（ ）

I0.6
连接热保护FR1
"M1热保护"

I1.2
连接热保护FR2
"M2热保护"

图 19-10　系统启动位和故障指示灯的编程

☐ 程序段 3：标题：

M0.0
"电动机1点动启
动前延时"

.I0.4
连接QA1按钮
"M1正转启动"

I0.0
连接E_Stop按
钮
"紧急制动"

I0.6
连接热保护FR
1
"M1热保护"

I1.5
连接ST2选择开关
"手动控制"

Q1.7
连接指示灯HL
8
"系统运行指
示"

Q0.3
控制中间继电
器CR2
"M1反转"

M0.1
"电动机1手动正
转标志"
（ ）

M0.1
"电动机1手动正
转标志"

☐ 程序段4：控制中间继电器CR2

M0.0
"电动机1点动启
动前延时"

I0.7
连接QA3按钮
"M1反转启动"

I0.0
连接E_Stop按
钮
"紧急制动"

I0.6
连接热保护FR
1
"M1热保护"

I1.5
连接ST2选择开关
"手动控制"

Q1.7
连接指示灯HL
8
"系统运行指
示"

Q0.0
控制中间继电
器CR1
"M1运行"

Q0.3
控制中间继电
器CR2
"M1反转"
（ ）

Q0.3
控制中间继电
器CR2
"M1反转"

图 19-11　电动机 1 的正反转运行程序

始后续的苹果装箱工作，注意此处加入了一个 300ms 的延时，这是为了保证苹果箱停稳了再开始装入苹果，当延时时间到了以后，电动机 1 正转运行直到苹果数达到要求，程序使用定时器 T4 指令完成延时功能，使用"苹果箱内计数到达"M1.0 的动断触点来实现苹果装满后的自动停车，程序如图 19-17 所示。

□ 程序段 5: 标题:

```
Q0.3
控制中间继电
器CR2                                                    M0.0
"M1反转"        M10.0                              "电动机1点动启
                                                   动前延时"
——┤├——————————(N)————————————————————————————(S)——
Q0.0
控制中间继电
器CR1
"M1运行"
——┤├——
```

□ 程序段 6: 标题:

```
M0.0
"电动机1点动启
动前延时"                                            T1
——┤├—————————————————————————————————————(SD)——
                                                   S5T#2S
```

□ 程序段 7: 标题:

```
                                                   M0.0
                                                "电动机1点动启
                                                 动前延时"
T1                                                  (R)
——┤├——————————————————————————————————————(R)——
```

图 19-12   电动机 M1 运行后启动前的延时标志位的编程

□ 程序段 8: 标题:

```
                      I0.0      I0.6              Q1.7
M0.2       I0.4    连接E_Stop按 连接热保护FR  I1.5   连接指示灯HL  Q0.3
"电动机2点动启 连接QA1按钮    钮       1   连接ST2选择开关   8     控制中间继电   M0.3
动前延时"  "M1正转启动"  "紧急制动"  "M1热保护"  "手动控制"  "系统运行指    器CR2   "电动机2手动正
                                                  示"     "M1反转"    转标志"
——┤/├——┤├——————┤/├————┤/├————┤├————┤├————┤/├—————( )——
M0.3
"电动机2手动正
转标志"
——┤├——
```

□ 程序段 9: 控制中间继电器CR2

```
                      I0.0      I1.2              Q1.7
M0.2       I1.3    连接E_Stop按 连接热保护FR  I1.5   连接指示灯HL  Q0.4      Q0.6
"电动机2点动启 连接QA4按钮    钮       2   连接ST2选择开关   8     控制中间继电  控制中间继电
动前延时"  "M2反转启动"  "紧急制动"  "M2热保护"  "手动控制"  "系统运行指    器CR3     器CR4
                                                  示"     "M2运行"   "M2反转"
——┤/├——┤├——————┤/├————┤/├————┤├————┤├————┤/├—————( )——
Q0.6
控制中间继电
器CR4
"M2反转"
——┤├——
```

图 19-13   电动机 2 的正反转运行程序

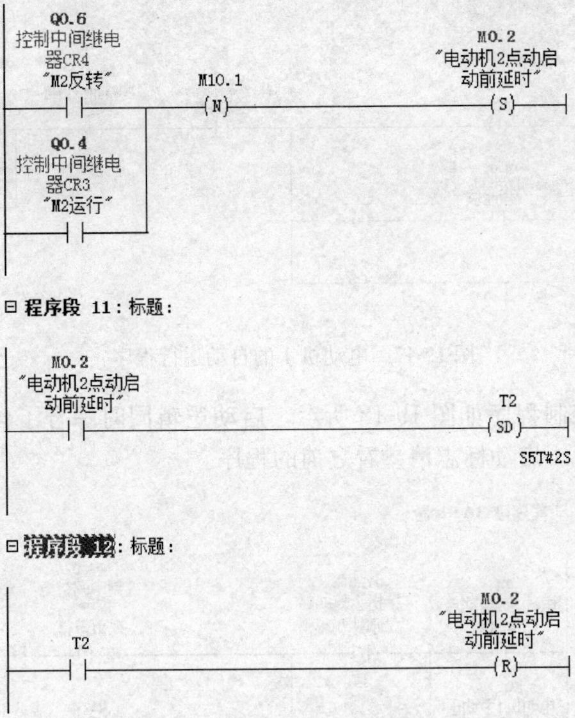

Q0.6
控制中间继电器CR4
"M2反转"
M10.1
N
M0.2
"电动机2点动启动前延时"
S
Q0.4
控制中间继电器CR3
"M2运行"
程序段 11：标题：
M0.2
"电动机2点动启动前延时"
T2
SD
S5T#2S
程序段 12：标题：
M0.2
"电动机2点动启动前延时"
T2
R

图 19-14　电动机 2 停止后启动前延时标志位的编程

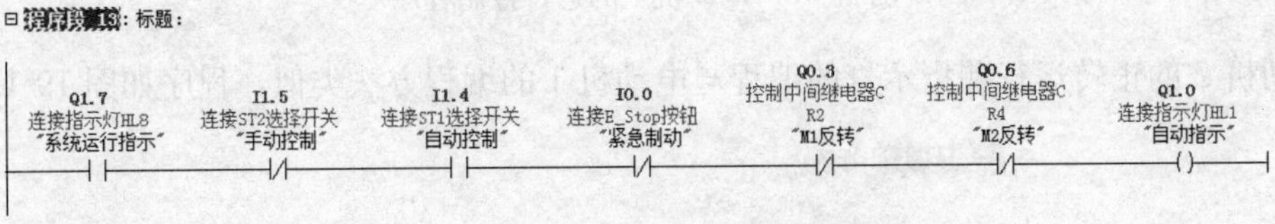

程序段 13：标题：
Q1.7
连接指示灯HL8
"系统运行指示"
I1.5
连接ST2选择开关
"手动控制"
I1.4
连接ST1选择开关
"自动控制"
I0.0
连接E_Stop按钮
"紧急制动"
Q0.3
控制中间继电器CR2
"M1反转"
Q0.6
控制中间继电器CR4
"M2反转"
Q1.0
连接指示灯HL1
"自动指示"

图 19-15　自动模式下运行指示的编程

程序段 14：标题：
Q1.0
连接指示灯HL1
"自动指示"
M10.2
P
I0.2
连接光电开关SW2
"空箱计数"
Q1.3
连接指示灯HL4
"故障指示"
M1.1
"电动机2自动运行标志"
SR
S
Q
M1.0
"苹果箱内计数到达"
Q1.0
连接指示灯HL1
"自动指示"
M10.3
P
I0.2
连接光电开关SW2
"空箱计数"
Q1.0
连接指示灯HL1
"自动指示"
M10.4
P
R

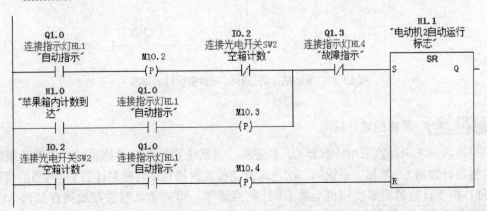

图 19-16　移动苹果箱就位的程序

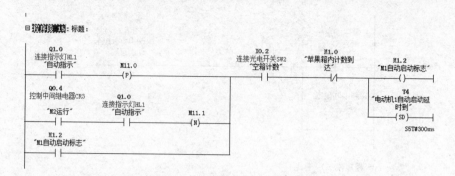

图 19-17　电动机 1 的自动运行程序

电动机 1 的运行控制程序如图 19-18 所示，启动逻辑同时综合了自动和手动两种模式，自动和手动模式电动机 1 启动标志请参看之前的程序。

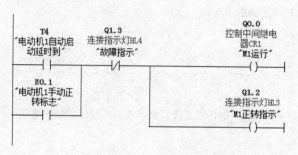

图 19-18　电动机 1 的运行控制程序

电动机 2 的正转运行和指示灯的编程与电动机 1 的编程方法类似，程序如图 19-19 所示。

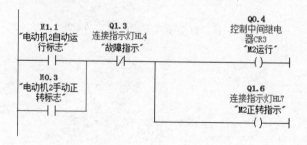

图 19-19　电动机 2 的正转运行和指示灯的编程

● 第十一步　苹果的累计程序

苹果箱内的苹果计数采用计数器 C1 来完成，当系统切换至自动模式时，检测苹果的光电开关将使计数器 C1 累加，系统第一次进入自动模式时将自动将苹果计数 C1 的当前值置为 0，另外，按下计数器清零按钮也会将 C1 计数器清零，箱内苹果数被存放到存储器 MW22 中，当苹果箱内的苹果数量达到 18 个以后，输出 M1.0 苹果箱内苹果数达到要求，程序如图 19-20 所示。

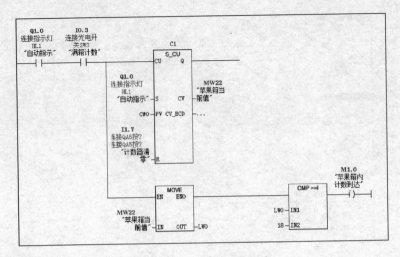

图 19-20　苹果的计数程序

第十二步　苹果箱的计数

使用 C0 计数器功能块来完成苹果箱的计数，每次苹果装满后，移动到下一个位置时计数器加 1，按下计数器复位按钮将当前的计数器清零，将当前计数器的当前值与 30 相比较，大于等于 30 输出苹果箱计数到达，程序如图 19-21 所示。

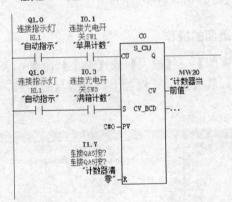

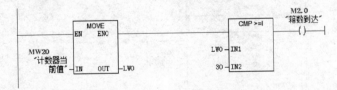

图 19-21　苹果箱计数器指令编程

第十三步　计算苹果总数

将箱数乘以每箱目标苹果数再加上当前苹果箱的苹果数等于总的苹果数，计算公式：苹果总＝苹果箱×18＋苹果箱内计数，将计数器 C0 的当前值 MW22 中的值乘以 18，然后加上 C1 计数器中的值得到总苹果数，然后进行算术运算，程序如图 19-22 所示。

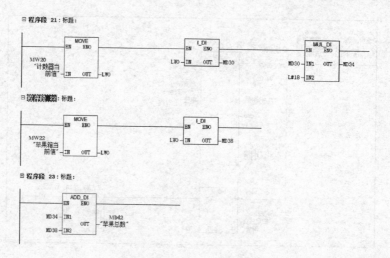

图 19-22　总苹果数的计算

FC1 苹果生产线功能编写完成后，在 OB1 中调用 FC1，程序如图 19-23 所示。

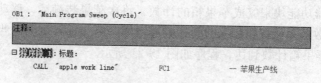

图 19-23　调用功能 FC1

● 第十四步　放大和缩小编辑页面的操作

编程时，读者可以通过选择【视图】→【放大】或【缩小】命令，来对编程元素的大小进行调整，当然也可以使用快捷键，放大是 Ctrl 键加上数字键盘的加号，缩小是 Ctrl 键加上数字键盘的减号，如图 19-24 所示。

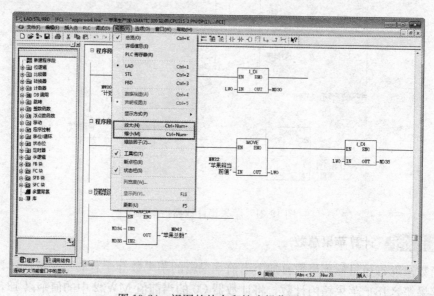

图 19-24　视图的放大和缩小操作图示

案例 20　　西门子 300 系列 PLC 的机械手控制

一、案例说明

行程开关是为了检测物体的有无而使用的代表性开关。行程开关又称为限位开关，当装于生产机械部件上的模块撞击行程开关时，行程开关的触点动作，实现电路的切换。

本示例中使用行程开关来检测机械手工作装置的位置，并将这个位置信号输入到 PLC 当中，通过设备动作的逻辑关系来进行程序的编制，从而完成相应的机械动作。

二、相关知识点

1. 行程开关

行程开关多数用来检测工作装置、操作杆的位置。行程开关的另一个常见的用法是作为位置指示，如现场安装的阀门位置指示，起升机构电缆的长度指示等，并能够进行逻辑顺序的控制，例如当物体到达某处后进行下一步操作。对生产机械的某一运动部件的行程或位置变化的控制，通常用行程开关来实现。行程开关触点的结构图、电气符号与单滚轮式实物图如图 20-1 所示。

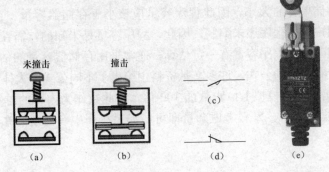

图 20-1　行程开关触点的结构图、电气符号与单滚轮式实物图
(a) 动合触点结构图；(b) 动断触点结构图；(c) 动合触点；(d) 动断触点；(e) 单滚轮式

行程开关的结构示意图如图 20-2 所示。
行程开关主要是根据动作要求和触点的数量来进行选择的。

2. PLC 设备选型

PLC 的电源在整个系统中起着十分重要的作用。如果没有一个良好的、可靠的电源，系统是无法正常工作的，因此制造商对电源的设计和制造也十分重视。一般交流电压波动在

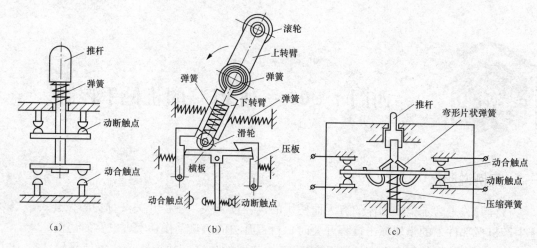

图 20-2　行程开关的结构示意图
（a）直动式行程开关；（b）滚轮式行程开关；（c）微动式行程开关

±10％范围内，可以不采取其他措施而将 PLC 的输入电源直接连接到交流电网上去。

　　读者进行 PLC 设备选型时，还要计算出所要控制的设备或系统的输入/输出点数，要特别注意外部输入的信号类型和 PLC 输出要驱动或控制的信号类型应与 PLC 的模块类型相一致，并且符合可编程控制器的点数。估算输入/输出（I/O）点数时应考虑适当的余量，通常根据统计的输入/输出点数，再增加 10％～20％的可扩展点数即可。以增加完余量后的输入/输出点数，作为输入/输出点数估算数据。但在实际订货时，还需根据制造厂商 PLC 的产品特点，对输入/输出点数进行调整。

　　另外，还需判断一下 PLC 所要控制的设备或自动控制系统的复杂程度，选择适当的内存容量。存储器容量是 PLC 本身能提供的硬件存储单元的大小，程序容量是存储器中用户应用项目使用的存储单元的大小，因此程序容量应该小于存储器容量。在 PLC 控制系统的设计阶段，由于用户应用程序还未编制，因此，程序容量是未知的，需在程序调试之后才知道。为了设计选型时能对程序容量有一定估算，通常采用存储器容量的估算来替代。存储器内存容量的估算没有固定的公式，许多文献资料中给出了不同公式，大体上都是按数字量 I/O 点数的 10～15 倍，加上模拟 I/O 点数的 100 倍，以此数作为内存的总字数（16 位为一个字），另外再按此数的 20％～25％考虑余量即可，如果程序中有复杂的在线模型计算，则需单独考虑此类情况。

三、创作步骤

　　1. 顺序控制的 PLC 程序编制

● 第一步　机械手的工作循环

　　气动机械手用于将甲地上的工件搬运到乙地，机械手的上升、下降、右行、左行执行机构由双线圈 3 位 4 通电磁阀推动气缸来完成，夹紧放松由单线圈 2 位 2 通电磁阀推动气缸来完成，线圈得电夹紧，失电松开。气缸的运动由限位开关来控制，机械手的初始状态在左限位、上限位为松开状态。机械手的动作过程为原点→下降→夹紧→上升→左行→下降→放松→

上升→右行，这就是机械手动作的一个单循环过程，机械手的工作循环图如图 20-3 所示。

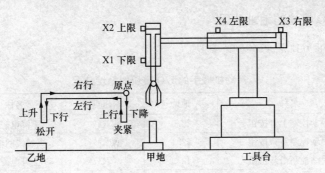

图 20-3　机械手的工作循环图

第二步　电气原理图

在气动机械手的项目中 PLC 采用的是 CPU 315，电源采用 PS 307 5A，输入模块采用 32 点的 6ES7 321-1BL00 模块，输出模块采用 16 点的输出模块，电气控制原理图如图 20-4 所示。

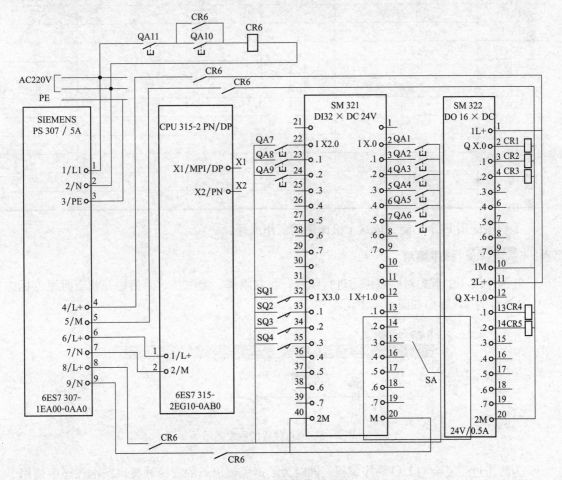

图 20-4　电气控制原理图

工作时，首先按下总电源按钮 QA10，此时，中间继电器 CR6 的线圈得电，其动合触点闭合才能使输入/输出模块的外接电源得电，从而起到控制的作用。

第三步 **I/O模块的地址分配**

I/O模块的地址分配见表20-1。

表 20-1 气动机械手的 I/O 模块的地址分配

输入点	名称	地址	输出点	名称	地址
QA1	手动控制上升按钮	I2.0	CR1	下降电磁阀	Q0.0
QA2	手动控制左行按钮	I2.1	CR2	夹紧线圈输出	Q0.1
QA3	手动控制松开按钮	I2.2	CR3	上升电磁阀	Q0.2
QA4	手动控制下降按钮	I2.3	CR4	右行电磁阀	Q0.3
QA5	手动控制右行按钮	I2.4	CR5	左行电磁阀	Q0.4
QA6	手动控制夹紧按钮	I2.5	CR6	电源继电器	
QA7	自动控制回原位按钮	I0.0			
QA8	自动控制启动按钮	I0.1			
QA9	自动控制停止按钮	I0.2			
QA10	总电源按钮				
QA11	急停				
SQ1	下限	I1.0			
SQ2	上限	I1.1			
SQ3	右限	I1.2			
SQ4	左限	I1.3			
SA	手动模式	I3.0			
	原点模式	I3.1			
	单步模式	I3.2			
	单循环模式	I3.3			
	自动模式	I3.4			

本程序使用 FC1 功能完成这个机械手的工作流程。

第四步 **程序编制**

在程序段1中首先对原点标志进行编程，在右限位、上限位、手为松开状态时原点标志 M1.0 被置为1，程序如图 20-5 所示。

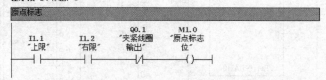

图 20-5 原点位置的程序图示

为防止过于复杂的 I/O 顺序编程，同时为了避免输出点的资源冲突，在本程序中使用了跳转语句，根据输入点的不同模式跳转到对应模式的程序段，程序执行完成后，再直接跳转到程序的末尾。手动模式、原点模式和自动模式的程序如图 20-6 所示。

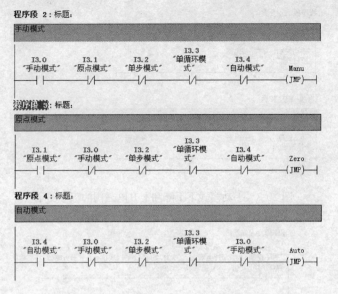

图 20-6　程序段 2、程序段 3、程序段 4 的程序图示

手动模式的编程如图 20-7 所示，Manu 是手动模式的卷标，当手动模式开始时，程序跳转到此处。

按下夹紧按钮，夹紧线圈置位为 1，按下松开按钮，夹紧线圈复位为 0，程序如图 20-7 所示。

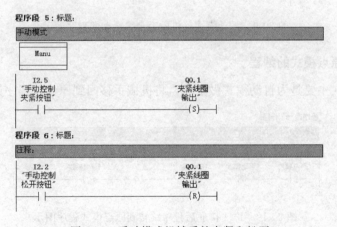

图 20-7　手动模式机械手的夹紧和松开

图 20-8 所示的程序解释了手动模式下的上升电磁阀和下降电磁阀的程序，程序中使用了互锁和行程开关的动作条件。以上升电磁阀的动作为例，当按下手动控制上升按钮时，如果此时下降电磁阀没有动作且没有碰到上限位则上升电磁阀接通，下降电磁阀的编程与上升电磁阀的编程类似。

电磁阀左移和右移的程序与上升和下降的编程类似，但为了防止油缸在移动时碰到物品导致出现设备的损坏，所以要求在左右移动时上限位必须接通，也就是说机械手必须在上方的位置。在手动程序的最后，直接跳转到 FC1 功能的末尾，程序如图 20-9 所示。

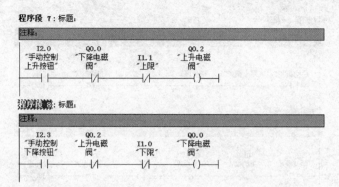

图 20-8　手动模式下下降和上升电磁阀的程序图示

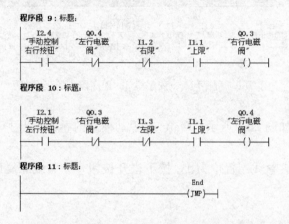

图 20-9　手动模式下机械手水平移动的程序图示

● 　第五步　原点模式的编程

原点工作模式主要是为自动模式做准备，将机械手移回到原位，程序如图 20-10 所示。

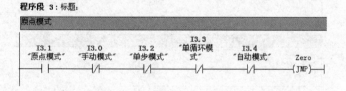

图 20-10　I3.1 接通后程序跳转到原点模式程序图示

在原点模式下首先断开夹紧电磁阀，然后将机械手上升，上升到位后（上限位为 1），将机械手向右回到原点，程序如图 20-11 所示。

● 　第六步　自动模式的编程

自动模式的编程是工艺要求的核心程序，程序首先判断是否处于自动模式，如果是的话将跳转到自动程序部分，如图 20-12 所示。

在自动程序部分首先使用了一个 SR 置复位功能块，当按下自动控制启动按钮并且机械手在原点的条件满足时，将置位 M2.0 自动运行标志位。在启动自动模式运行的上升沿将置

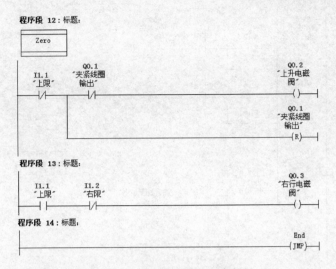

图 20-11　原点模式下的程序图示

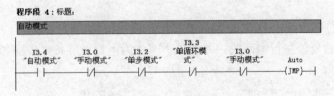

图 20-12　当 I3.4 接通时跳转到自动模式的程序图示

位 M5.0 并且将自动程序使用的 M2.0～M3.7 清零，由于置位的启动脉冲一定长于一个扫描周期，所以 M2.0 位不受影响，程序如图 20-13 所示。

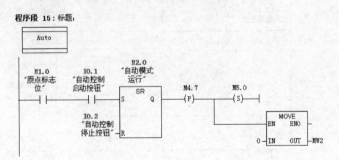

图 20-13　自动运行模式的程序图示

● ▌第七步▌ 机械手下移和夹紧物品程序的编制

在程序段 16 中，机械手首先下降，下降到位（下限位为 1）后，将机械手夹紧电磁阀接通，使机械手拿到物品，然后延时 1s，这个延时是为了机械手抓紧物品所采取的必要措施。M3.0 是为满足自动程序的不断循环而设置的，程序如图 20-14 所示。

● ▌第八步▌ 机械手上移和左移程序的编制

在程序段 17 中，抓到物品后，机械手上升，上升到位后，机械手左移，注意程序中对每个步骤标志位的置复位操作。程序使用的计时器 T0 的延时时间到达后，机械手开始上升，

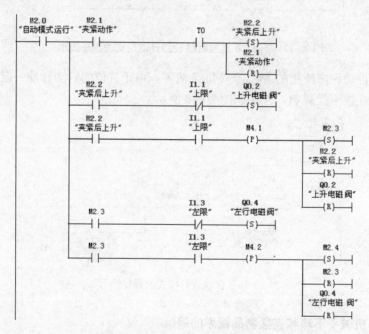

图 20-14　机械手下降和夹紧物品程序图示

在 M2.2 并且上限位的上升沿复位 M2.2 和上升电磁阀，然后置位 M2.3，进行机械手的左右移动，移动到位后复位左行电磁阀，并置位 M2.4 为下行做准备，程序如图 20-15 所示。

图 20-15　机械手上升和左移程序图示

在程序段 18 中，机械手左移到位后，机械手开始下降，下降到位后，断开夹紧电磁阀，并延时 1s，保证物品被放到指定地点，程序如图 20-16 所示。

第九步 完成一个工作循环的程序的编制

在程序段 19 中，机械手放下物品，然后上升到位后，右移到原点，到达原点后，开始下一个循环，并置位 M3.0 为下一个工作循环做准备，程序如图 20-17 所示。

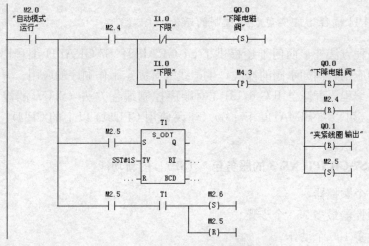

图 20-16　机械手放下物品程序的图示

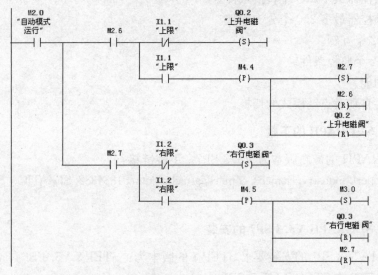

图 20-17　完成一个工作循环并为下一个工作循环做准备的程序图示

在程序段 20 中跳转到程序末尾，如图 20-18 所示。

在程序段 20 中，End 处是一个空操作，即什么都不做，然后结束 FC1 块。

End：　　NOP　0

其他的工作模式，如单次循环模式除了在程序最后置位 M3.0 外，其余均相同，此处不再赘述。

第十步　主程序中的程序编制

最后在 OB1 组织块中调用 FC1，如图 20-19 所示。

图 20-18　跳转到卷标 End 的程序图示　　　　图 20-19　在 OB1 中调用 FC1 功能的程序图示

2. S7-GRAPH 编程语言实现顺序控制的示例

除以上的编程方法外，西门子还提供了 S7-GRAPH。S7-GRAPH 编程语言特别适合于需要顺序控制的应用，例如水阀的冲洗，生产线等有固定工作顺序的应用。

S7-GRAPH 编程语言符合 IEC 61131-3 对顺序控制编程方法（SFC）的规定，另外，S7-GRAPH 编程语言可以在 SIMATIC S7-300（建议使用 CPU314 以上的 CPU）、S7-400、C7 和 WinAC。

● ▶ **第一步** **S7-GRAPH V5.3 的服务包 7（SP7）的新功能**

（1）最多 8 个顺控器。

（2）每个顺控器最多 250 个步骤。

（3）每步最多 100 个动作。

（4）每个顺控器最多 250 个转换条件。

（5）每个顺控器最多 250 个分支条件。

（6）最多 32 个互锁。

（7）最多 32 个监控条件。

（8）事件功能。

（9）手动、自动及点动模式的切换。

● ▶ **第二步** **S7-GRAPH 的下载**

目前 S7-GRAPH 的最新版本为 V5.3 SP7，下载链接：

https://support. industry. siemens. com/cs/attachments/51884382/SIMATIC _ S7 _ GRAPH _ V53_SP7. zip

● ▶ **第三步** **S7-GRAPH V5.3 SP7 的安装**

S7-GRAPH V5.3 SP7 的安装要求 STEP 7 的版本为：STEP 7 V5.4 SP4、STEP 7 V5.4 SP5、STEP 7 V5.5 或 STEP 7 V5.5 SP1。

使用 S7-GRAPH V5.3 SP7 和 STEP 7 V5.5 SP1 支持的操作系统如下。

（1）MS Windows XP Professional SP3。

（2）MS Windows Server 2003 SP2（标准版，仅在工作站模式下；没有安装客户端—服务器）。

（3）MS Windows Server 2003 R2 SP2（标准版，仅在工作站模式下；没有安装客户端—服务器）。

（4）MS Windows Server 2008 32 位（标准版，仅在工作站模式下；没有安装客户端—服务器）。

（5）MSWindows Server 2008 R2 64 位（标准版，仅在工作站模式下；没有安装客户端—服务器）。

（6）MS Windows 7 Professional 和 Ultimate（在各种情况下，32 位版本）。

（7）MS Windows 7 Professional 和 Ultimate（在各种情况下，64 位版本）。

下载完毕后，如果读者使用的是已经安装了 S7-GRAPH 的 STEP 7 专业版，则可以直接安装此升级补丁文件。

　　如果读者之前没有安装 S7-GRAPH，则建议下载一个绿色版的灰色按钮激活工具，下载
链接：

http://www.xdowns.com/soft/6/56/2012/Soft_96041.html

　　在开始安装前，请关闭所有 STEP 7 应用程序，并打开灰色按钮激活工具，并单击激活
按钮，如图 20-20 所示，激活后再双击 S7-GRAPH V5.3 SP7 软件包的"Setup.exe"程序。

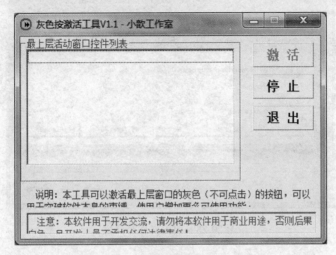

图 20-20　灰色按钮激活工具的操作

　　在 S7-GRAPH 出错对话框，单击【Next】按钮，如图 20-21 所示。

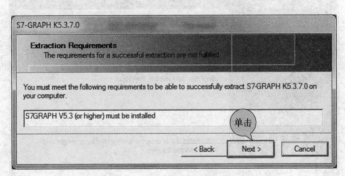

图 20-21　程序出错对话框操作一

　　在出错结束对话框中单击【Back】按钮，如图 20-22 所示。

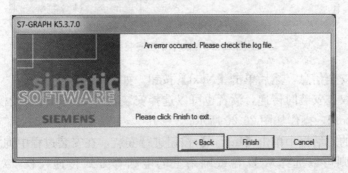

图 20-22　程序出错对话框操作二

单击【Back】按钮后，在弹出的对话框中选择【Yes to All】，软件开始正常安装，如图 20-23 所示。

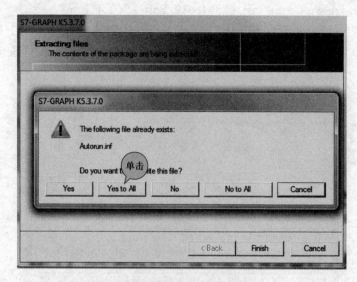

图 20-23 覆盖文件对话框

在弹出的软件安装对话框中单击【Next】按钮，如图 20-24 所示。

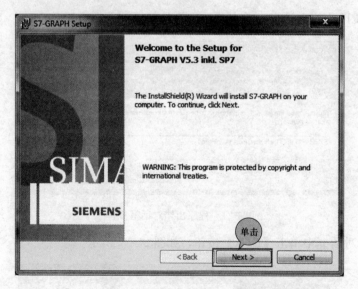

图 20-24 软件开始安装图示

先勾选确认安全信息，然后单击【Next】按钮，如图 20-25 所示。

默认软件授权在安装时传递，读者也可以选择安装软件后手动传递授权【No，Transfer License Keys Later】，操作如图 20-26 所示。

然后在弹出的对话框中单击【Install】按钮进行安装，在安装过程中询问授权同步操作，读者如果有授权则可以选择从 U 盘或网络上的电脑等方式传递授权，对话框如图 20-27 所示。

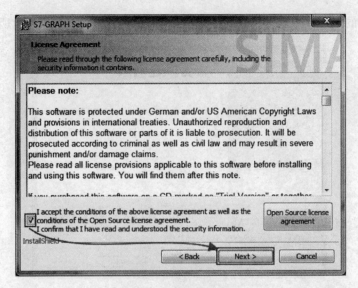

图 20-25　授权协议图示

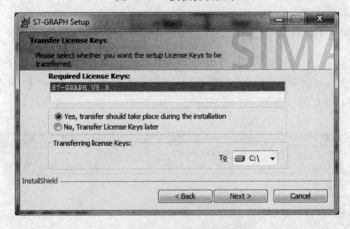

图 20-26　授权传递选择图示

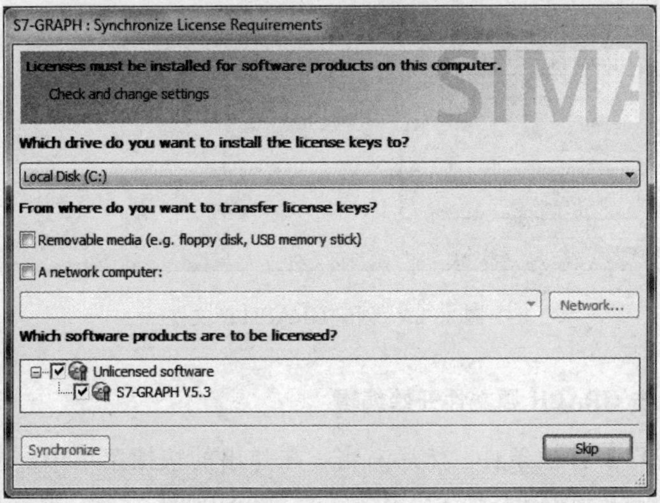

图 20-27　授权安装对话框

在安装程序的最后，单击【Finish】按钮结束软件的安装，如图20-28所示。

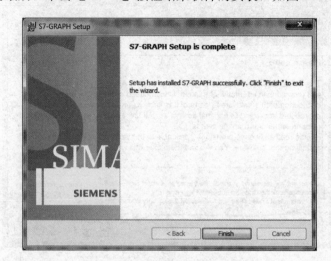

图 20-28 安装成功结束对话框

第四步 创建 GRAPH 源文件

S7 GRAPH 安装成功后，双击打开【SIMATIC Manager】软件，在【S7 程序（1）】下，右击【源文件】，在弹出的快捷菜单中，选择【插入新对象】→【GRAPH 源文件】命令，创建 GRAPH 源文件，如图20-29所示。

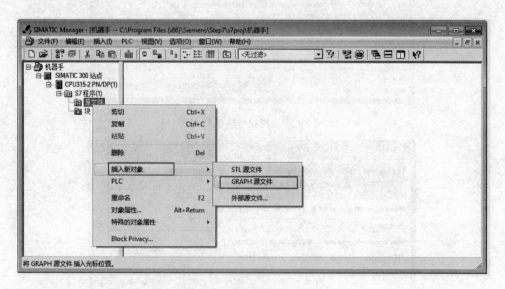

图 20-29 创建 GRAPH 源文件

第五步 双击 GRAPH 源文件开始编辑

首先，单击【T1】转换条件，然后右击，在弹出的快捷菜单中，选择插入新的元素【Insert New Element】→步和转换条件【Step＋Transition】命令，或者直接按 Ctrl＋1 键，添加新的步和转换条件，操作如图20-30所示。

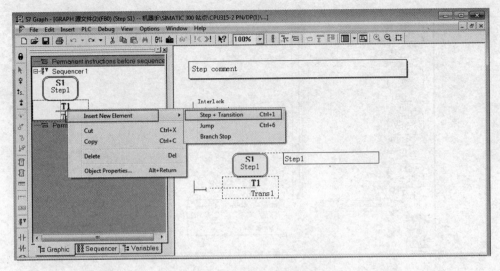

图 20-30 添加步和转换条件

添加新的步成功以后，如图 20-31 所示。

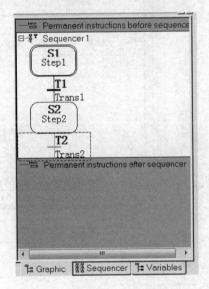

图 20-31 添加新的步成功以后的图示

● 第六步 添加跳转步

使用同样的方法添加其他步和转换条件，添加至第 11 步 S11，然后单击第 11 步的转换条件【T11】，然后右击，在弹出的快捷菜单中，选择插入新的元素【Insert New Element】→跳转【Jump】命令，或者直接按 Ctrl＋6 键，添加新的跳转，操作如图 20-32 所示。

● 第七步 添加新的分支

单击【S3】步，然后右击，在弹出的快捷菜单中，选择插入新的元素【Insert New Element】→并联分支【Alernative Branch】→打开【Open】命令，或者直接按 Shift＋F8 键，添加新的并联分支，此分支用于单步操作的程序流程，操作如图 20-33 所示。

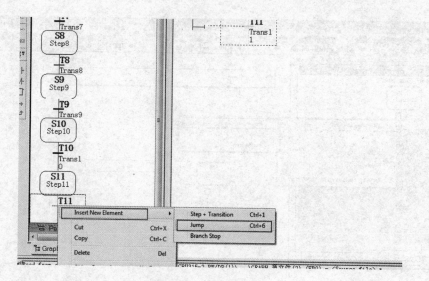

图 20-32　添加跳转步

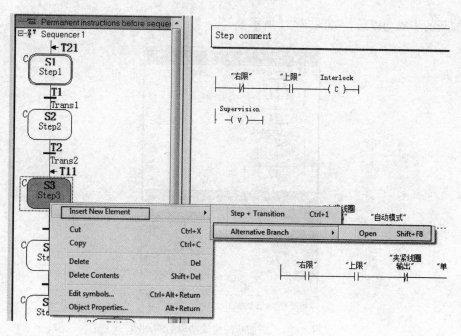

图 20-33　添加新的分支

第八步　自动循环和单步操作程序架构

然后再使用 Ctrl+1 键，创建至 S20 步，并添加跳转至第一步的跳转步【Jump】，最后创建完成的程序如图 20-34 所示。

第九步　GRAPH 编程区域

单击【S1】步，再单击单步【Single Step】按钮后，对程序动作【Action】的执行互锁条件【Interlock】、监控事件【Supervision】，切换【Trans】前的切换条件以及每步中的动作【Action】进行编程，这几个部分的区域如图 20-35 所示。

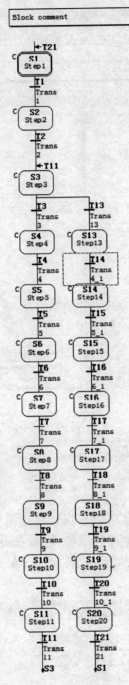

图 20-34　自动循环和单步操作程序架构图

● ▇第十步▇ 连锁条件的添加

互锁条件【Interlock】的添加是通过右键快捷菜单来完成的，可以选择动合触点【Normally Open Contact】、动断触点【Normally Closed Contact】和比较器【Comparator】，当然也可以使用功能键 F2、F3 和 F4 来完成 3 种类型元件的添加，其操作如图 20-36 所示。

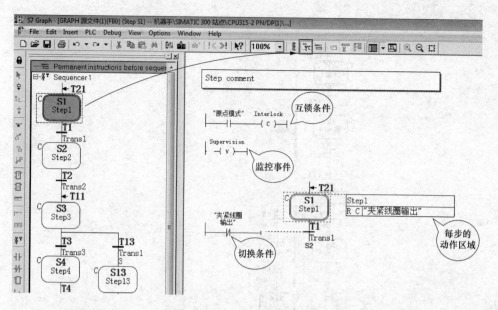

图 20-35　GRAPH 编程区域

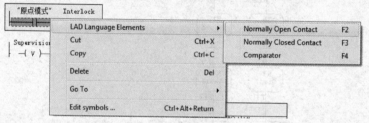

图 20-36　连锁条件的添加

● **第十一步** 动作属性对话框

互锁条件的逻辑用途主要是步内某些动作可以根据这些连锁条件执行，例如在步属性【Action Properties】对话框中如果勾选了根据连锁条件【Depends on interlock（conditional）】，则只有操作条件满足后，这些动作才被执行，动作属性【Action Properties】对话框如图 20-37 所示。

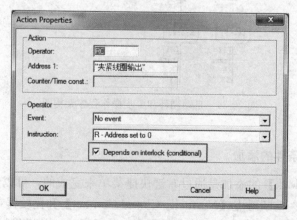

图 20-37　动作属性对话框

第十二步　添加动作【Action】

添加动作【Action】的方法是先单击 Step 步数，出现蓝框后，右击，在弹出的快捷菜单中选择添加新元素【Insert New Element】→动作【Action】命令，操作如图 20-38 所示。

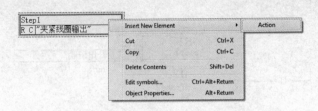

图 20-38　添加动作【Action】

添加的动作有两大类，一类是标准动作：【N】只要当前步激活变量就为真；【S】设置变量为真；【R】复位变量为假；【D】延时一段设置的时间后，设置变量为真；【L】当步被激活时，变量在设置一段内为真，然后变为假；【Call】调用功能块。

另一大类是与事件相关的操作：【S0】步不激活；【S1】步激活事件；【V1】监控故障到来，【V0】监控故障离开，【A1】监控故障的确认；【L1】互锁条件的到来，【L0】互锁条件的离开等。

事件操作有非常丰富的功能，可以组合计数器、定时器，公式计算，等等。限于篇幅，这里就不介绍了，如果读者在工程中使用到这些功能，则可以参考相关手册和寻求在线帮助。

第十三步　第一步到第五步的程序编制

下面结合工艺来说明第一步到第五步的编程，这五步程序要完成机械手回到原点的编程，在原点模式下首先断开夹紧电磁阀，然后将机械手上升，上升到位后（上限位为1），将机械手向右移动直到达到右限位，如果夹紧电磁阀为假，且上限和右限位为真则机械手回到了原点。

在第一步的编程中，当机械手处于原点模式时，断开夹紧电磁阀，互锁条件【Interlock】为原点模式，第一步的动作是满足互锁条件后，复位夹紧线圈输出，当夹紧线圈输出为0时，切换到第二步，程序如图 20-39 所示。

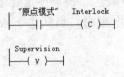

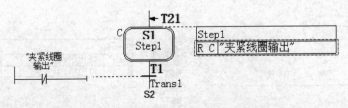

图 20-39　第一步的程序

在第二步中，将机械手上升直到达到上限位，互锁条件为处于原点模式且上限位没有接通，步的动作是机械手上升，当移动到上限位后，切换到第三步，程序如图20-40所示。

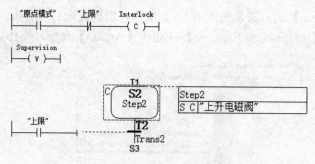

图20-40　第二步的程序

在第三步中，将机械手向右移动直到达到右限位，互锁条件为处于原点模式且上限位接通但右限位没有接通，步的动作是机械手向右移动，当移动到右限位后，如果操作人员选择的是自动模式则切换到第四步，如果操作人员选择的是单步循环模式则切换到第十三步，程序如图20-41所示。

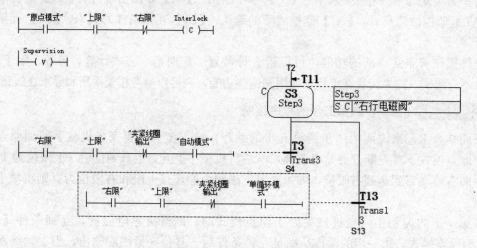

图20-41　第三步的程序

在第四步中开始自动模式的程序，移动机械手到下限，互锁条件是处于自动模式切下限位没有接通，步动作是先复位右行电磁阀，接通下降电磁阀，当到达下限位后切换到下一步，程序如图20-42所示。

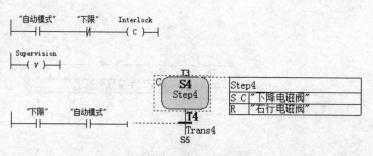

图20-42　第四步的程序

第五步，达到下限后，使用 SC 动作在满足连锁条件时置位夹紧线圈输出，然后再使用 DC 动作，在满足连锁条件的前提下，延时 1s 后置位机械手夹紧时间标志，然后进入第六步，程序如图 20-43 所示。

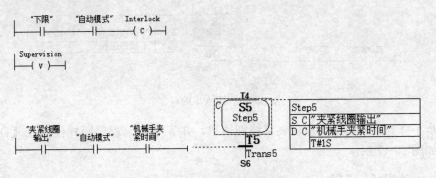

图 20-43　第五步的程序

第十四步 **第六步到第十步的程序编制**

夹紧钢球后，机械手向上运行直到上限位接通，程序如图 20-44 所示。

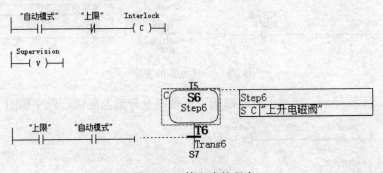

图 20-44　第六步的程序

在第七步的程序当中，复位上升电磁阀，同时接通左行电磁阀，机械手运行到左限位后切换到下一步，程序如图 20-45 所示。

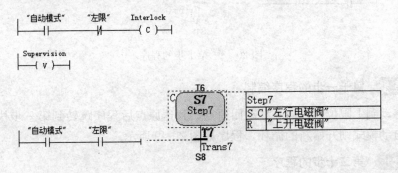

图 20-45　第七步的程序

第八步，在机械手移动到左限位后，复位左行电磁阀，同时接通下降电磁阀，机械手下降到下限位停止，程序如图 20-46 所示。

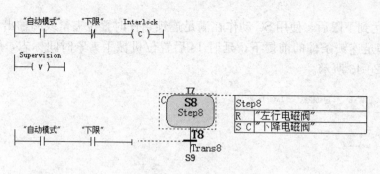

图 20-46 第八步的程序

第九步下降到下限位后，复位夹紧线圈输出，并等待 1s，程序同样使用了【D】延时动作，程序如图 20-47 所示。

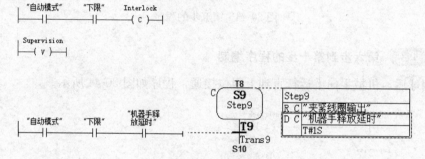

图 20-47 第九步的程序

第十步，放下钢球后，接通上升电磁阀，机械手上升至上限位，程序如图 20-48 所示。

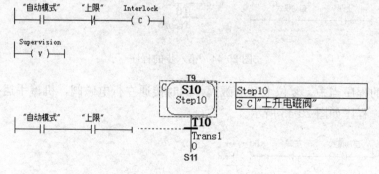

图 20-48 第十步的程序

● 第十五步 第十一步的程序编制

机械手移动到上限位后，向右移动回原点，到达原点后程序跳转到第三步执行，如果工作模式还是自动模式则开始新的循环，程序如图 20-49 所示。

● 第十六步 第二十步的程序

第十三步到第二十步的工作过程与第四步到第十一步像类似，不同的地方在于第十三步到第二十步每步中的互锁条件由自动模式更改为单步循环模式，并且在第二十一步中的设置要求必须切换为其他模式，第二十步的程序如图 20-50 所示。

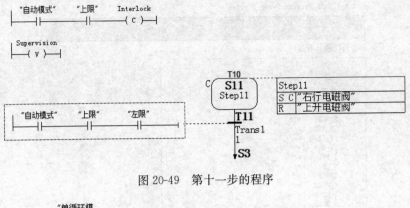

图 20-49　第十一步的程序

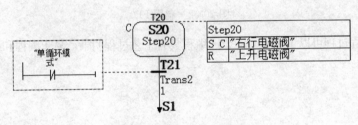

图 20-50　第二十步的程序

第十七步　程序编译

限于篇幅手动模式和单步模式就不再介绍了，程序编写完毕后，保存程序，然后单击编译【Compile】按钮，在弹出的对话框中选择【FB0】背景数据块为 DB2，操作如图 20-51 所示。

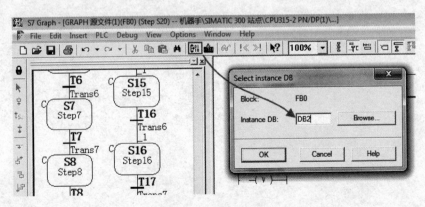

图 20-51　程序编译

第十八步　OB1 中的程序编制

在 OB1 中调用 FB0，程序如图 20-52 所示。

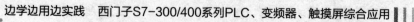

```
OB1 :  "Main Program Sweep (Cycle)"
```

注释：

程序段1：标题：

```
       CALL  FB    0 , DB2
       OFF_SQ  :=M1.0
       INIT_SQ :=M1.1
       ACK_EF  :=
       S_PREV  :=
       S_NEXT  :=
       SW_AUTO :=
       SW_TAP  :=
       SW_MAN  :=
       S_SEL   :=
       S_ON    :=
       S_OFF   :=
       T_PUSH  :=
       S_NO    :=
       S_MORE  :=
       S_ACTIVE:=
       ERR_FLT :=
       AUTO_ON :=
       TAP_ON  :=
       MAN_ON  :=
```

图 20-52　调用 FB0

从以上的编程过程可以了解到 GRAPH 编程具有工艺过程明晰，易于编程和维护等特点。

案例 21 西门子 400 系列 PLC 控制龙门刨床工作台

一、 案例说明

直流电动机具有良好的启动特性和调速特性。因此，对调速性能要求较高的大型设备，比如轧钢机，都采用直流电动机进行负荷的拖动。

本示例在相关知识点中介绍了直流调速器的功能和特点，适用的场合以及应用范围，然后使用西门子 400 系列 PLC 的模拟量和数字量 IO，对龙门刨床工作台所使用的英国欧陆 590 直流调速器的使能、启停、速度反馈等功能进行控制，使读者能够更直观地掌握 PLC 控制直流调速器的技巧和应用。

二、 相关知识点

1. 直流调速器

直流调速器是一种电动机调速装置，包括电动机直流调速器、脉宽直流调速器、晶闸管直流调速器等，一般为模块式直流电动机调速器，集电源、控制、驱动电路于一体，采用立体结构布局，控制电路采用微功耗元件，用光电耦合器实现电流、电压的隔离变换，电路的比例常数、积分常数和微分常数用 PID 适配器调整，具有体积小、重量轻等特点，可单独使用也可直接安装在直流电动机上构成一体化直流调速电动机，具有调速器所应有的一切功能。

2. 直流调速器适用的场合

以下场合都需要使用直流调速器。
(1) 需要较宽的调速范围。
(2) 需要较快的动态响应过程。
(3) 加减速时需要自动平滑的过渡过程。
(4) 需要低速运转时力矩大。
(5) 需要较好的挖土机特性，能将过负荷电流自动限制在设定电流上。

3. 直流调速器的应用范围

直流调速器常常应用于数控机床、造纸印刷、纺织印染、光缆线缆设备、包装机械、电工机械、食品加工机械、橡胶机械、生物设备、印制电路板设备、实验设备、焊接切割、轻工机械、物流输送设备、机车车辆、医疗设备、通信设备、雷达设备、卫星地面接收系统等设备和系统上。

三、 创作步骤

第一步 龙门刨床系统

龙门刨床是各类机械加工厂中较为常见的设备，是具有门式框架和卧式长床身的刨床。龙门刨床主要用于刨削大型工件，也可在工作台上装夹多个零件同时加工。龙门刨床的工作台带着工件通过门式框架做直线往复运动，空行程速度大于工作行程速度。横梁上一般装有两个垂直刀架，刀架滑座可在垂直面内回转一个角度，并可沿横梁做横向进给运动；刨刀可在刀架上做垂直或斜向进给运动；横梁可在两立柱上做上下调整。一般在两个立柱上还安装可沿立柱上下移动的侧刀架以扩大加工范围，工作台回程时能机动抬刀，以免划伤工件表面。机床工作台的驱动可用欧陆590直流调速器进行控制，调速范围较大，在低速时也能获得较大的驱动力，龙门刨床的示意图如图21-1所示。

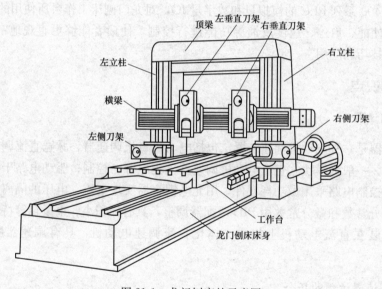

图 21-1　龙门刨床的示意图

第二步 设计直流调速器的控制电路

龙门刨床工作台的移动，使用直流调速器欧陆590进行控制，系统采用AC380V，50Hz三相四线制电源供电，直流调速器U1控制直流电动机M2的运转，冷却风机M1的运行由直流调速器U1的端子D5和D6控制的KM1的接通或断开进行控制，U1运行时KM1线圈接通，U1停止时KM1线圈断电，直流调速器的控制原理图如图21-2所示。

主电源回路中配置了电流互感器LA和LC，电流表A1、A2和A3用来显示主电路的电流值。

欧陆590直流调速器的参数复位方法是同时按住向上和向下键，然后按住电源按钮（至少按2s），此时面板会显示恢复出厂值，复位后用户一定要保存参数，不然断电后又会恢复到上次设置的参数。

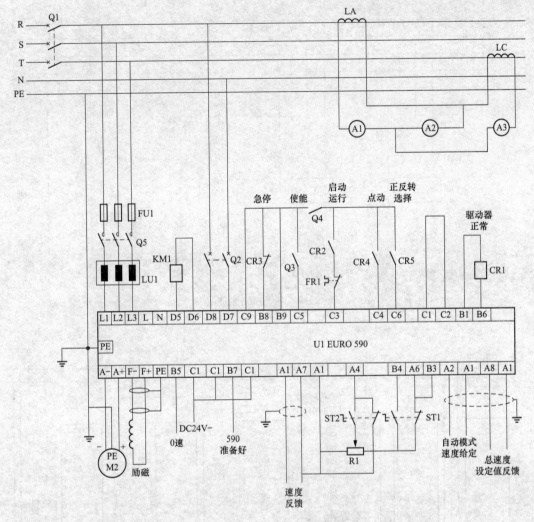

图 21-2 直流调速器的控制原理图

● **第三步** 设计电气控制电路

控制回路以自动开关 Q1 作为电源隔离短路保护开关，以热继电器 FR1 和 FR2 作为过负荷保护元件，电气控制原理图如图 21-3 所示。

● **第四步** 龙门刨床工作台的 PLC 控制电路设计

龙门刨床控制系统采用西门子 400 系列 PLC 控制系统，电源模块选配 PS 407，CPU 选配 416-3，模拟量输入模块选配 6ES7 431-1KF00-0AB0，模拟量输出模块选配 6ES7 432-1HF00-0AB0，数字量输入模块选配 6ES7 421-1BL00-0AA0，数字量输出模块选配 6ES7 422-1FH00-0AA0，如图 21-4 所示。

● **第五步** 创建龙门刨床项目并制作符号表

在使用【SIMATIC Manager】创建完新项目后，再打开符号表，输入变量的名称、地址、数据类型和注释，编制完成的符号表如图 21-5 所示。

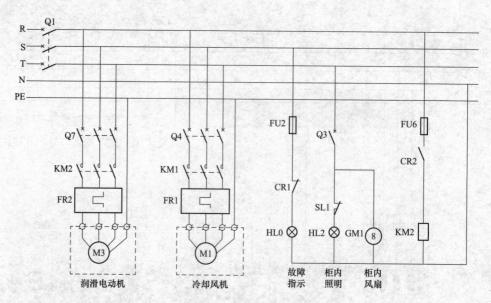

图 21-3 电气控制原理图

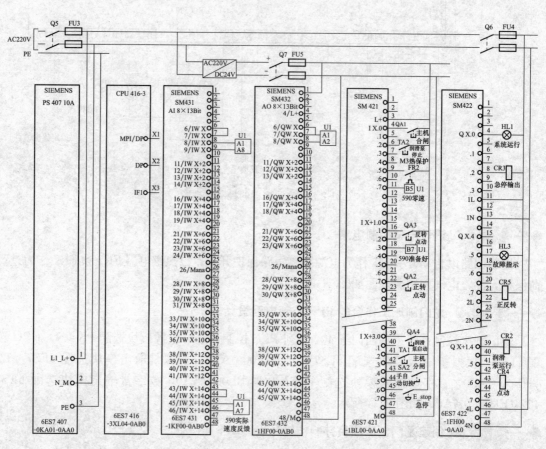

图 21-4 西门子 400 系列 PLC 控制原理图

	状态	符号	地址		数据类型		注释
1		590data	DB	1	DB	1	590 数据块
2		590零速	I	0.7	BOOL		590的24V输出
3		590实际速度反馈	PIW	526	INT		590到PLC的模拟输入第八通道
4		590运行输出C3	Q	0.4	BOOL		
5		590直流调速速度输出给定	PIW	512	INT		590到PLC的模拟输入第一通道
6		590准备好	I	1.3	BOOL		590的24V输出
7		590自动模式速度给定	PQW	512	INT		PLC到590的模拟量输出
8		analogueinout	FC	1	FC	1	
9		Cycle Execution	OB	1	OB	1	
10		MOD_ERR	OB	122	OB	122	Module Access Error
11		PROG_ERR	OB	121	OB	121	Programming Error
12		Ramp	FB	1	FB	1	线性斜坡控制
13		SCALE	FC	105	FC	105	Scaling Values
14		UNSCALE	FC	106	FC	106	Unscaling Values
15		VAT_1	VAT	1			
16		点动输出	Q	1.5	BOOL		连接中间继电器CR4
17		反转点动	I	1.1	BOOL		连接QA3
18		故障输出	Q	0.5	BOOL		连接HL3
19		急停	I	3.6	BOOL		急停按钮
20		急停输出	Q	0.2	BOOL		连接中间继电器CR3
21		润滑泵的热保护	I	0.5	BOOL		连接FR2
22		润滑泵启动	I	3.0	BOOL		连接动合按钮QA4
23		润滑泵停止	I	0.2	BOOL		润滑泵停止连接TA2
24		润滑泵运行	Q	1.4	BOOL		连接中间继电器CR2
25		手自动切换	I	3.4	BOOL		连接切换开关SA2
26		系统运行	Q	0.0	BOOL		连接系统运行HL1灯
27		正反转输出	Q	0.7	BOOL		正反转切换
28		正转点动	I	1.7	BOOL		连接动合按钮QA2
29		主机分闸	I	3.2	BOOL		连接动断按钮TA1
30		主机合闸	I	0.0	BOOL		连接QA1
31		总是0	M	1.0	BOOL		
32							

图 21-5　符号表图示

第六步　OB1 中的程序编制

在程序段 1 中先建立一个常为 0 的位变量 M1.0，为后面的程序调用做准备，程序如图 21-6 所示。

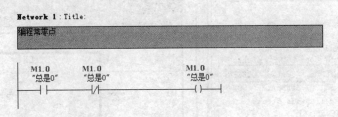

图 21-6　创建常为 0 的变量

第七步　使用 FC105 转换数值的程序编制

在龙门刨床的 PLC 系统中接入的标准模拟电量要经过转换才能和实际的工程量相对应，西门子的库中已经标配了转换功能块，FC105 和 FC106。

FC105 块的功能介绍与应用。FC105 块的功能是将一个模拟量输入的整型数 INTEGER (IN) 转换成上限 HI_LIM、下限 LO_LIM 之间的实际工程值，转换后的结果将被写入输出端 OUT 当中。

转换公式如下

$$OUT = \{([FLOAT(IN) - K1)/(K2 - K1)] \times (HI\_LIM - LO\_LIM)\} + LO\_LIM$$

常数 K1 和 K2 的值取决于输入值（IN）是双极性 BIPOLAR 还是单极性 UNIPOLAR。

1）双极性 BIPOLAR：输入的整型数为 $-27648\sim27648$，此时 $K1=-27648.0$，$K2=27648.0$。

2）单极性 UNIPOLAR：输入的整型数为 $0\sim27648$，此时 $K1=0.0$，$K2=27648.0$。

如果输入的整型数大于 K2，则输出（OUT）限位到 HI_LIM，并返回错误代码。如果输入的整型数小于 K1，则输出限位到 LO_LIM，并返回错误代码。

反向定标的实现是通过定义 LO_LIM＞HI_LIM 来实现的，也就是说反向定标后的输出值随着输入值的增大而减小，FC105 块的参数定义表见表 21-1。

表 21-1　　　　　　　　　　　　　FC105 的参数定义表

参数	类型	数据类型	存储区	描述
EN	输入	BOOL	I, Q, M, D, L	使能输入端，高电平有效
ENO	输出	BOOL	I, Q, M, D, L	使能输出端，如正确执行完毕，则为1
IN	输入	INT	I, Q, M, D, L, P, Constant	要转换为工程量的输入值
HI_LIM	输入	REAL	I, Q, M, D, L, P, Constant	工程量上限
OUT	输出	REAL	I, Q, M, D, L, P	量程转换结果
LO_LIM	输入	REAL	I, Q, M, D, L, P, Constant	工程量下限
BIPOLAR	输入	BOOL	I, Q, M, D, L	1表示输入为双极性，0表示输入为单极性
RET_VAL	输出	WORD	I, Q, M, D, L, P	返回值 W#16#0000 代表指令执行正确。如返回值不是 W#16#0000，则需在错误信息中查该值的含义

在程序中添加 FC105 块时，首先打开【程序元素】窗口中的【库】，在标准库【Standard Library】下，将【FC105】块拖动到程序中选中的编程路径上即可，如图 21-7 所示。

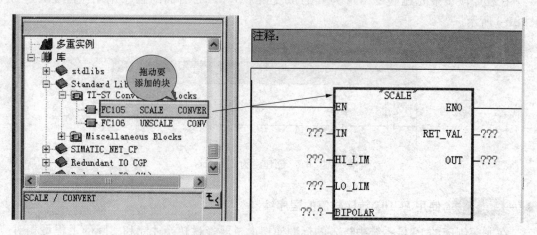

图 21-7　添加 FC105 块的图示

龙门刨床中工作台控制所使用的陆欧 590 直流调速器的 A8（总速度设定值反馈）和 A1（模拟量 0V 基准）接到模拟量输入第一通道，在程序段 2 中使用功能 FC105 将模拟量输入转换为 $0\sim3000r$ 的实际直流电动机速度总给定值，程序如图 21-8 所示。

龙门刨床中工作台控制所使用的陆欧 590 直流调速器的 A7（速度实际值反馈）和 A1（模拟量 0V 基准）接到模拟量输入第 8 通道，在程序段 3 中使用功能 FC105 将模拟量输入转换为 $0\sim3000r$ 的实际直流电动机速度实际值，程序如图 21-9 所示。

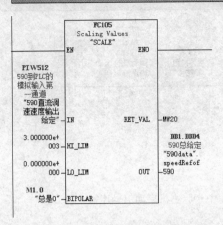

图 21-8　将陆欧 590 返回的速度总给定值转换为工程量

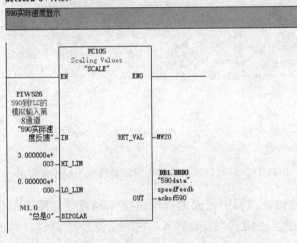

图 21-9　将陆欧 590 返回的速度实际值转换为工程量

第八步　龙门刨床工作台主机启动运行的程序编制

龙门刨床系统中的陆欧 590 直流调速器的使能信号在 Q3 开关闭合时给出，使能信号为 1 后，如果风机没有过负荷，则主机的润滑泵开启（必须保证此泵运行，否则直流电动机的运行将损坏减速机齿轮箱），按下润滑泵启动按钮后，如果急停按钮没被按下且润滑泵热保护没有动作，则润滑泵运行，程序如图 21-10 所示。

在没有急停信号的前提下，按主机合闸按钮将给 C3（陆欧 590 的启动/停止端子）运行命令，按主机分闸按钮将断开运行命令，程序如图 21-11 所示。

第九步　龙门刨床中工作台的点动和急停控制的程序编制

点动的输入使用陆欧 590 的输入端子 C4，正点动和反点动的选择使用陆欧 590 的 C5。点动有效的前提条件是风机不过热、没有急停、润滑泵启动并且陆欧 590 没有通过 C3（启动/运行输入端）启动。当按下点动按钮有效时，Q0.7 输入为 1，陆欧 590 的 C5 被接通，因为

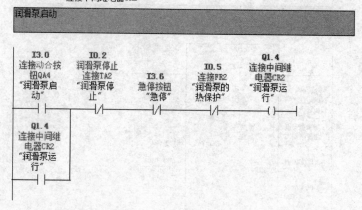

图 21-10　主机启动信号连锁

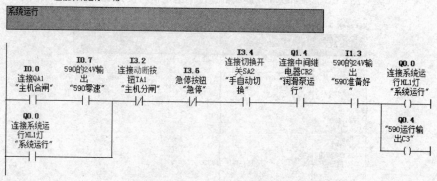

图 21-11　调用 FC106 功能将给定值转换为模拟量输出

C5 的功能在陆欧 590 直流调速器中设成的点动速度 1 和点动速度 2 的切换，在 590 调速器中，将输入点 C5 的功能连接到 JOG/SLACK，它的变量号是 228)，程序如图 21-12 所示。

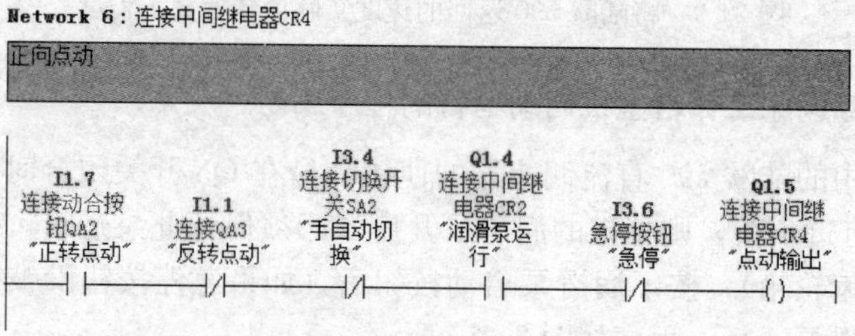

Network 6：连接中间继电器CR4

正向点动

图 21-12　正转点动的程序

同样的，反转点动除输出 Q1.5 点动输出外，还输出 Q0.7 正反转输出点，此输出点将接通陆欧 590 的 C6 端子，此端子在陆欧 590 调速器中被设置为速度反向，程序如图 21-13 所示。

急停的输出，程序中使用的是动合触点，当"急停"输入点得电后输出"急停输出"，停止陆欧 590 的 B8 进行快速停车，如图 21-14 所示。

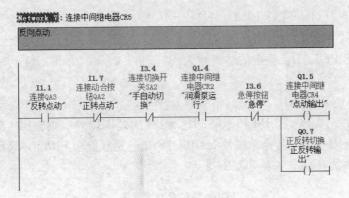

图 21-13　反转点动程序

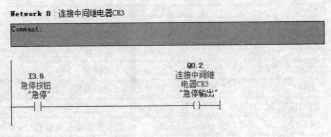

图 21-14　急停的逻辑

● **第十步**　**调用 FC106 的程序编制**

在程序段 9 中将 HMI 给出的主机速度转换为模拟量输出，此模拟量输出连接到模拟量输出模块的第一通道，程序如图 21-15 所示。

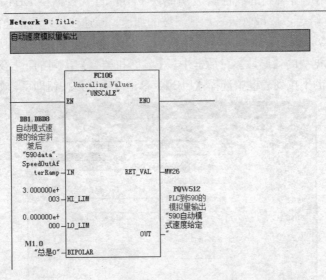

图 21-15　调用 FC106 功能将给定值转换为模拟量输出

FC106 块的功能是将一个实数 REAL（IN）转换成上限 HI_LIM、下限 LO_LIM 之间的实际的工程值，数据类型为整型。结果写到 OUT 的模拟量输出。公式如下

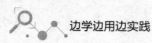
$$OUT=\{[(IN-LO\_LIM)/(HI\_LIM-LO\_LIM)]\times(K2-K1)\}+K1$$

常数 K1 和 K2 的值取决于输入值（IN）是双极性 BIPOLAR 还是单极性 UNIPOLAR。

（1）双极性 BIPOLAR：输出的整型数为−27648～27648，此时 K1=−27648.0，K2=27648.0。

（2）单极性 UNIPOLAR：输出的整型数为 0～27648，此时 K1=0.0，K2=27648.0。

如果输入值在下限 LO_LIM 和上限 HI_LIM 的范围以外，则输出（OUT）限位到与其相近的上限或下限值（视其是单极性 UNIPOLAR 还是双极性 BIPOLAR 而定），并返回错误代码，FC106 块的参数定义表见表 21-2。

表 21-2   FC106 块的参数定义表

参数	类型	数据类型	存储区	描述
EN	输入	BOOL	I, Q, M, D, L	使能输入，高电平有效
ENO	输出	BOOL	I, Q, M, D, L	使能输出，如正确执行完毕，则为 1
IN	输入	REAL	I, Q, M, D, L, P, Constant	要转换成整型数的输入值
HI_LIM	输入	REAL	I, Q, M, D, L, P, Constant	工程量上限
OUT	输出	INT	I, Q, M, D, L, P	量程转换结果
LO_LIM	输入	REAL	I, Q, M, D, L, P, Constant	工程量下限
BIPOLAR	输入	BOOL	I, Q, M, D, L	1 表示输入为双极性，0 表示输入为单极性
RET_VAL	输出	WORD	I, Q, M, D, L, P	返回值 W♯16♯0000 代表指令执行正确。如返回值不是 W♯16♯0000，则需在错误信息中查该值的含义

第十一步   调用 FB1 的程序编制

在程序 10 中调用笔者编制的线性斜坡功能块 FB1，背景数据块 DB8，来实现龙门刨床中工作台的自动速度给定，按每 200ms 加减斜坡的加速、减速步长以防止速度给定剧烈变化。

在【SIMATIC Manager】中生成背景数据块，即为刚刚创建的 FB1 块创建一个背景数据块，在这个背景数据块的【属性】对话框中，【名称和类型】中间的下拉列表框中选择【背景 DB】，然后在右侧的下拉列表框中选择【FB1】，单击【确认】按钮即可，如图 21-16 所示。

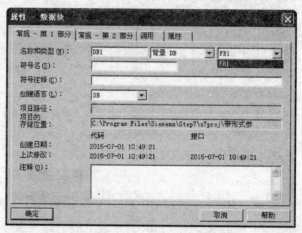

图 21-16   背景数据块的属性

调用斜坡功能块，以防止自动速度控制的大幅波动在 FB1 中实现，程序如图 21-17 所示。

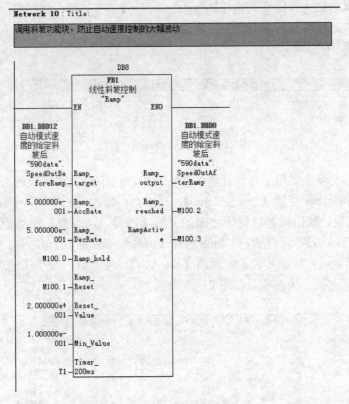

图 21-17　调用斜坡功能块

斜坡功能块在工程中应用得很广泛，在张力控制方面，直流调速器、变频器和伺服器都得到广泛的应用。在本项目中，笔者使用功能块 FB 实现了浮点数格式的斜坡功能块，当设置斜坡的目标值时，斜坡功能功不会马上输出目标值，而是先比较当前输出点与斜坡目标点的大小，然后按照在功能块中输入的加速步长或减速步长，以及功能块设置的时间间隔（加或减）直到斜坡接近斜坡的目标值（两者的差别小于加速步长和减速步长）为止。

斜坡功能块的输入引脚包括斜坡目标值【Ramp_target】，浮点数；加速步长【Ramp_AccRate】，浮点数；斜坡冻结【Ramp_hold】，布尔量，当斜坡冻结输入为 1 时，斜坡输出不变化。斜坡复位【Ramp_Reset】，布尔量，当斜坡复位输入为 1 时，如果斜坡复位的绝对值大于最小值，则将斜坡复位值送到斜坡输出值中；斜坡复位值【Ramp_Value】，浮点数；最小值【Min_Value】，浮点数，是斜坡输出值的最小值。定时器【Timer_200ms】，定时器，用于每 200ms 加、减斜坡。斜坡功能块的输入引脚如图 21-18 所示。

	名称	数据类型	地址	初始值	排除地址	终端地址	注释
	Ramp_target	Real	0.0	1.000000...	☐	☐	斜坡目标值
	Ramp_AccRate	Real	4.0	1.000000...	☐	☐	加速斜率，每200ms步长
	Ramp_DecRate	Real	8.0	1.000000...	☐	☐	减速斜率，每200ms步长
	Ramp_hold	Bool	12.0	FALSE	☐	☐	斜坡冻结
	Ramp_Reset	Bool	12.1	FALSE	☐	☐	斜坡复位
	Reset_Value	Real	14.0	1.000000...	☐	☐	斜坡复位值
	Min_Value	Real	18.0	0.000000...	☐	☐	斜坡输出最小值
	Timer_200ms	Timer	22.0		☐	☐	

图 21-18　斜坡功能块的输入引脚

斜坡功能的输出变量包括斜坡的计算输出值【Ramp_output】，此输出值是斜坡功能块的输出结果，浮点数格式；斜坡到达【Ramp_reached】，布尔量，当斜坡给定值和斜坡输出值的差值小于加、减速步长时输出为1；斜坡激活【RampActive】，激活条件与斜坡到达相反，布尔量，如图21-19所示。

名称	数据类型	地址	初始值	排除地址	终端地址	注释
Ramp_output	Real	24.0	0.000000...	☐	☐	斜坡输出
Ramp_reached	Bool	28.0	FALSE	☐	☐	斜坡到达
RampActive	Bool	28.1	FALSE	☐	☐	斜坡激活

图 21-19　功能块的输出变量

功能块的状态变量主要用于存储计算的中间结果和用于监视功能块的运行，包括输出到斜坡输出值前的中间计算变量【Out_Value】，浮点数；输出前的中间变量的绝对值【Out_ValueAbs】，浮点数；输出值和目标值之间的差值【Err】，浮点数；输出值和目标值之间的差值的绝对值【ErrAbs】，浮点数；200ms脉冲【pulse_200ms】，布尔量；加速步长的绝对值【AccAbs】，浮点数；减速步长的绝对值【DecAbs】，浮点数；最小值绝对值的取反【Minus_Minabs】，浮点数。状态变量如图21-20所示。

名称	数据类型	地址	初始值	排除地址	终端地址	注释
Out_Value	Real	30.0	0.000000...	☐	☐	输出前的中间变量
Out_ValueAbs	Real	34.0	0.000000...	☐	☐	输出前的中间变量绝对值
Min_Valueabs	Real	38.0	0.000000...	☐	☐	最小值的绝对值
ErrAbs	Real	42.0	0.000000...	☐	☐	差值的绝对值
pulse_200ms	Bool	46.0	FALSE	☐	☐	200ms脉冲
Err	Real	48.0	0.000000...	☐	☐	偏差
AccAbs	Real	52.0	0.000000...	☐	☐	加速步长绝对值
DecAbs	Real	56.0	0.000000...	☐	☐	减速步长绝对值
Minus_Minabs	Real	60.0	0.000000...	☐	☐	最小值的负值

图 21-20　功能块的状态变量

第十二步　FB 功能块的详细编程

在程序段1中，先将最小值、输出值、斜坡目标值和斜坡当前值的偏差、加速步长和减速步长取绝对值，为后面的判断、运算做准备，程序如图21-21所示。

第十三步　斜坡输出限幅功能的编程

在程序段2中实现输出斜坡值的限幅，如果中间计算变量的绝对值小于最小值的绝对值且中间计算变量大于0，则将最小值的绝对值传送到斜坡输出中；如果当中间计算变量的绝对值小于最小值的绝对值且中间计算变量小于等于0，则将最小值的绝对值取反传送到斜坡输出中。斜坡输出值的限幅功能的实现程序如图21-22所示。

为便于读者理解，以下的程序使用梯形图编程，在程序段3中使用S_ODT定时器实现了一个200ms（实际的运行周期是200ms加上一个扫描周期）的脉冲，程序如图21-23所示。

当误差的绝对值大于加速步长或减速步长时激活斜坡，否则激活斜坡到达标志，程序如图21-24所示。

在程序段5中，当斜坡目标值大于中间计算变量（此变量用于输出斜坡输出值）且斜坡

FB1 : Title:

此功能块实现正负两个斜坡的运算，当前值小于斜坡目标值时加速使用加速斜坡，反之减速使用减速斜坡，并设有最小值，如果输出小于最小值将限制到最小值

Network 1 : Title:

将变量取绝对值，为后面的判断做准备

```
    L    #Min_Value          //装载最小值          #Min_Value      -- 斜坡输出最小值
    ABS                      //取绝对值
    T    #Min_Valueabs       //最小值的绝对值       #Min_Valueabs
    L    #Out_Value                                #Out_Value
    ABS
    T    #Out_ValueAbs       //输出中间计算值的绝对值 #Out_ValueAbs

    L    #Min_Valueabs                             #Min_Valueabs
    L    -1.000000e+000
    *R
    T    #Minus_Minabs       //得到最小值的负数值    #Minus_Minabs


    L    #Ramp_target        //斜坡目标值           #Ramp_target    -- 斜坡目标值
    L    #Out_Value                                #Out_Value
    -R                       //斜坡目标减去中间计算值
    ABS                      //取绝对值
    T    #ErrAbs             //目标偏差绝对值        #ErrAbs

    L    #Ramp_AccRate       //加速步长             #Ramp_AccRate   -- 加速斜率，每200ms步长
    ABS                      //取绝对值
    T    #AccAbs             //取绝对值防止用户输入负值 #AccAbs

    L    #Ramp_DecRate       //减速步长             #Ramp_DecRate   -- 减速斜率每200ms步长
    ABS                      //取绝对值
    T    #DecAbs             //取绝对值防止用户输入负值 #DecAbs
```

图 21-21　将各变量取绝对值为后面的运算做准备

Network 2 : Title:

最低速度限制，中间计算变量大于等于最小值的绝对值且中间计算变量大于0？如果不是则将斜坡输出值限制到最小值，中间计算变量小于等于0，将最小值的负值传送到斜坡输出中，实现限幅功能

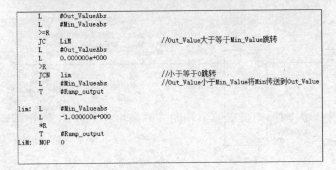

```
      L    #Out_ValueAbs
      L    #Min_Valueabs
      >=R
      JC   LiM              //Out_Value大于等于Min_Value跳转
      L    #Out_ValueAbs
      L    0.000000e+000
      >R
      JCN  lim              //小于等于0跳转
      L    #Min_Valueabs    //Out_Value小于Min_Value将Min传送到Out_Value
      T    #Ramp_output

lim:  L    #Min_Valueabs
      L    -1.000000e+000
      *R
      T    #Ramp_output
LiM:  NOP  0
```

图 21-22　斜坡输出限幅功能的实现

Network 3 : Title:

创建200ms脉冲,每200ms加一个扫描周期为一个工作周期

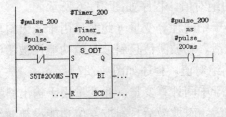

图 21-23　产生 200ms 脉冲

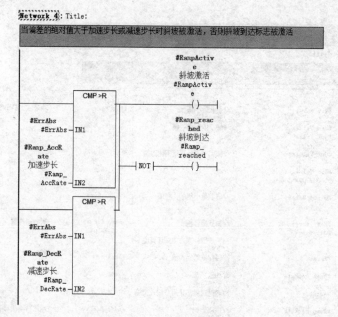

图 21-24 斜坡程序的编制

目标值大于 0 时，在斜坡冻结没被激活，斜坡激活且斜坡复位功能没被激活的条件下，将中间计算变量每 200ms 加上加速步长的绝对值，程序如图 21-25 所示。

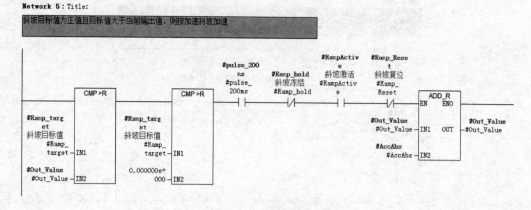

图 21-25 斜坡输出值加上加速步长的绝对值

在程序段 6 中，当斜坡目标值小于中间计算变量（此变量用于输出斜坡输出值）且斜坡目标值大于 0 时，在斜坡冻结没被激活，斜坡激活且斜坡复位功能没被激活的条件下，将中间计算变量每 200ms 减去减速步长的绝对值，程序如图 21-26 所示。

在程序段 7 中，当斜坡目标值小于中间计算变量（此变量用于输出斜坡输出值）且斜坡目标值小于 0 时，在斜坡冻结没被激活，斜坡激活且斜坡复位功能没被激活的条件下，将中间计算变量每 200ms 减去加速步长的绝对值，程序如图 21-27 所示。

在程序段 8 中，当斜坡目标值大于中间计算变量（此变量用于输出斜坡输出值）且斜坡目标值小于 0 时，在斜坡冻结没有激活，斜坡激活且斜坡复位功能没被激活的条件下，将中间计算变量每 200ms 加上减速步长的绝对值，程序如图 21-28 所示。

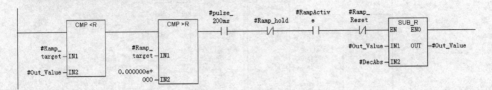

图 21-26 斜坡输出值减去减速步长的绝对值

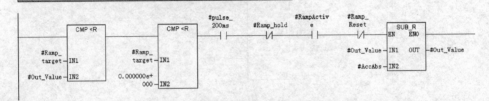

图 21-27 斜坡输出值减去加速步长的绝对值

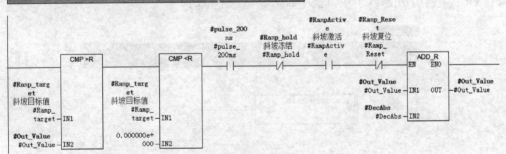

图 21-28 斜坡输出值加上减速步长的绝对值

在程序段 9 中将中间计算结果传送到斜坡输出中，程序如图 21-29 所示。

图 21-29 将计算结果传送到斜坡输出中

● **第十四步** 斜坡复位的编程

当斜坡复位值大于等于最小值的绝对值或小于等于最小值的绝对值取反时，斜坡复位有效，将斜坡复位值传送到中间计算结果中，程序如图 21-30 所示。

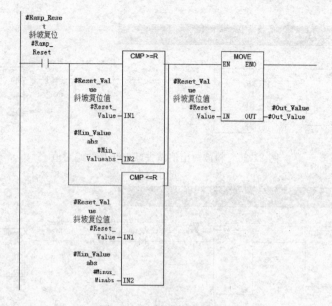

图 21-30 斜坡复位的编程

第十五步 **在 OB1 中调用功能 FC1 块**

在 OB1 中调用功能 FC1 块，程序如图 21-31 所示。

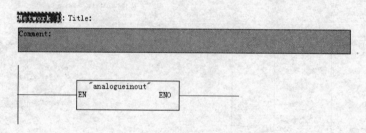

图 21-31 在 OB1 中调用 FC1 块

使用 DB 块的编程技巧，可以使在大项目中的变量管理简单化，在本例中也使用了共享数据块 DB1，DB1 中的数据如图 21-32 所示。

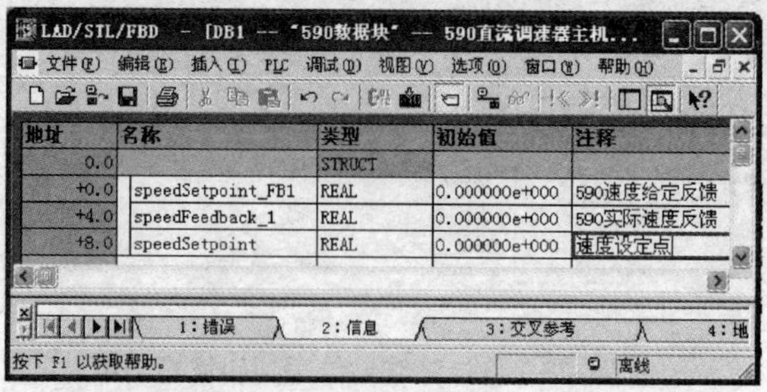

图 21-32 DB1 中创建的全局变量

本例通过龙门刨床工作台系统中的陆欧 590 直流调速器的控制程序，详细说明了速度环的程序编制，读者可以在新的项目中仿照本示例进行程序的编制，以节省编程时间。

西门子 MM430 系列变频器的同速控制与检修方法

一、 案例说明

在本例中，笔者将使用多种方法为读者展示开环同速控制的方法，因为在工程的实际应用当中，经常会有一些设备需要组合成生产线连续运行，并且这些设备的运行速度需要保持同步。变频器的同速控制方法就是在交流调速系统中，通过调整各台设备的运行速度，来使各台设备保持同步运行。

在交流调速系统的实际工程当中，需要用到同速运行的设备包括造纸生产线、直进式金属拉丝机、皮带运输机、印染设备、冷轧机等。这些设备都能一次性完成所需的加工工艺，生产效率高，产品质量也相对稳定。

笔者在相关知识点当中，对同步控制进行了详细的介绍，读者可以根据同步控制的这些方法对实际的工程项目采取最优的控制方法。

二、 相关知识点

1. 变频器的速度控制方法

对变频器的速度进行有效控制的方法很多，可以采用变频器的操作面板，或操作面板上的电位器，也可以采用外接模拟控制端子，或外接升降速数字端子这几种控制方法。其中，操作面板不适合多台变频器的联动控制。

2. 同速控制设备的必要性

同速控制设备的产品连续地经过各台设备，如果各台设备不能保持速度同步，就会造成产品被拉断，使设备被迫停止运行，严重的会造成很大的损失。另外，有些单机设备，有多个动力拖动，这多个动力之间也需要保持同步。

3. 交—直—交变频器的组成

交—直—交变频器是现在通常所使用的变频器。交—直—交变频器先将工频交流整流变换成直流，再通过逆变器将其转换成可控的频率和交流电压，由于有中间直流环节，所以又称间接式变压变频器，如图 22-1 所示。

三、 创作步骤

1. MM430 变频器的同速控制

开环同速是"准同步"运行，在多台变频器同速运行时不需要反馈环节，在要求不高的

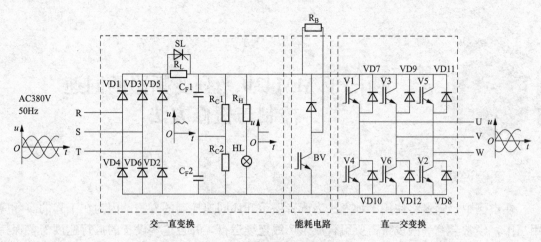

图 22-1 变频器的组成图示

系统中多被采用。实现开环同步方法可以采用共电位控制、升降速端子控制和电流信号控制等。

闭环同速控制在多台变频器同速运行时设计有反馈环节，用于控制精度要求比较高的场合。

第一步 开环的共电位的同步控制方案

共电位的同步控制，是指所控制的变频器的电压模拟调速端子上所加的是同一调速电压，但要将变频器的功能参数里的"频率增益"和"频率偏置"进行统一设置。通过同一台电位器控制 3 台 MM430 变频器同速运行的共电位的同步控制框图如图 22-2 所示。

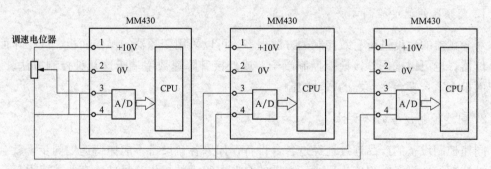

图 22-2 共电位的 3 台 MM430 变频器的同步控制框图

第二步 开环的使用电流信号同步控制的方案

使用电流信号对多台变频器进行同步控制，是指将变频器的电流模拟调速端子串联，输入 4～20mA 的电流信号来同步控制，从而得到多台变频器的同速运行，如图 22-3 所示。

使用电流信号对多台变频器进行同步控制的优点是构成简单，可以有较长的连接距离，抗干扰能力比较强。缺点是需要一个电流源，并且每台设备都需要有微调控制，操作比较麻烦。

第三步 开环的使用变频器频率输出的同步控制方案

利用上一台的变频器的频率输出端子作为下一步的同步控制信号，就可以使两台变频器

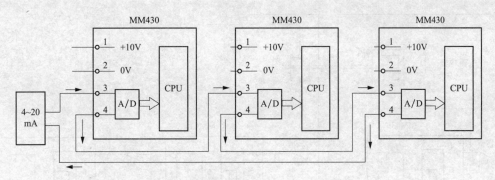

图 22-3　开环的使用电流信号同步控制的框图

同步运行了。这种变频器的同速控制是不能准确同步的，因为变频器的输出信号是二次信号，输出的精度与输出频率的比率存在一定的误差，也容易引进干扰，所以建议不将其作为多台的同步控制方案，两台变频器的利用变频器的输出的同步控制框图如图 22-4 所示。

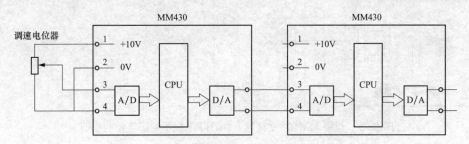

图 22-4　开环的使用变频器频率输出的同步控制

第四步　开环的利用升降速端子的同步控制方案

利用变频器上的升降速端子进行同步控制时，使所有变频器的升速端子由同一继电器的触点控制，降速端子则由另一个继电器的触点控制，由这两个继电器分别控制变频器的升速和降速。速度微调的解决方案是在每个变频器的升降速端子上分别并联上一个点动开关来完成的。利用变频器上的升降速端子进行的同步控制的优点是工作稳定没有干扰，这是因为升降速端子连接的是数字控制信号。利用 MM430 变频器上的升降速端子的同步控制的框图如图 22-5 所示。

MM430 变频器上的升降速端子可以通过 MM430 变频器的功能参数进行组态，来使能哪个端子是升速，哪个端子是降速，如图 22-5 中，5 号端子使能的是升速，7 号端子使能的是降速，另外，功能参数 P1035［3］BI 是使能 MOP（升速命令），P1036［3］BI 是使能 MOP（减速命令），升降速的步长等参数都可以进行设置，MM430 变频器的升降速的功能框图如图 22-6 所示。

第五步　闭环的同速控制方案

在有 PLC 或上位机控制的闭环交流调速系统中，同速控制可以有不同的构成形式。

在闭环的同速控制系统中，可以将各变频器的反馈信号输入到 PLC 或上位机，由 PLC 或上位机进行总闭环控制计算，分别给出控制变频器运行的给定信号。这种闭环控制方式计算速度快，控制电路简单，但由于采用电压及电流反馈的形式，传输距离有所限制，其分布

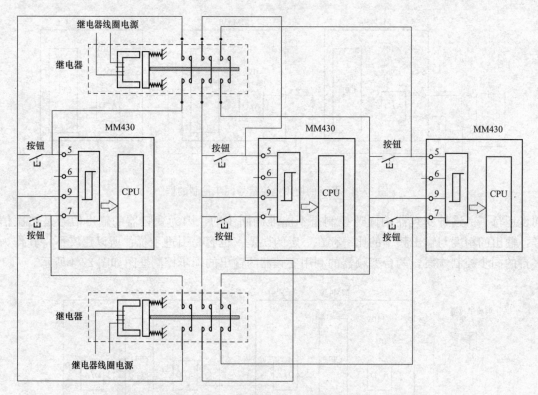

图 22-5 利用 MM430 变频器上的升降速端子的同步控制框图

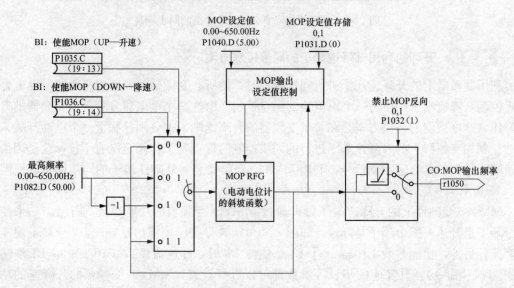

图 22-6 MM430 变频器的升降速的功能框图

范围不能很大。闭环的变频器同速控制框图如图 22-7 所示。

在闭环的同速控制方案中还可以采用单机就地自闭环的方法，上位机输出相同的给定信号，这种闭环控制方式的优点是动态响应快，分布距离可以较远。复杂的控制由上位机来完成，一些系统监测信号直接反馈到上位机当中，采用单机就地自闭环的同速控制框图如图 22-8 所示。

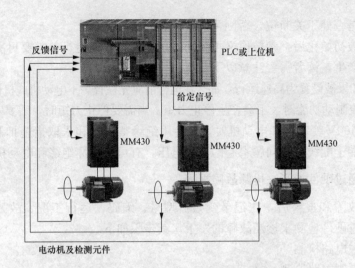

图 22-7 闭环的变频器同速控制框图

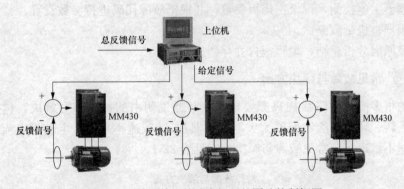

图 22-8 采用单机就地自闭环的同速控制框图

2. 变频器故障报警的检修

第一步 故障报警的分类

一般来说，变频器故障报警可以分为变频器本机故障报警、变频器接口故障报警和电动机故障报警3种，也可以分为有显示故障报警代码和没有显示故障报警代码两种。

第二步 通过参数设置来排除故障报警

变频器检测到故障信号，即进入故障报警显示状态，闪烁显示故障代码。

由于变频器的很多故障报警是源于参数设置不当或者参数需要优化，因此通过参数设置来消除故障报警这是一种最简单的办法。

在处理故障报警时，读者应注意以下几点。

（1）当选择自动重启动功能时，由于电动机会在故障停止后立即再启动，所以用户应远离设备。

（2）操作面板上的【STOP】键仅在相应功能设置已经完成时才有效，特殊情况应准备紧急停止开关。

（3）如果故障复位是使用外部端子进行设定，那么将会发生突然启动。用户需要预先检查外部端子信号是否处于关断位，否则可能发生意外事故。

（4）当参数被初始化后，参数值又重新回到出厂设置，在运行前需要再次设置参数。

为防止故障产生，读者需要注意以下几点。

（1）变频器如果被设置为高速运行，那么在运行前应先检查一下电动机或机械设备的容量。

（2）使用直流制动功能时，不会产生停止力矩。当需要停止力矩时，需要安装单独设备。

（3）当驱动400V变频器和电动机时，需要用绝缘整流器和采取措施抑制浪涌电压。因为由电动机接线端子配线常数问题引起的浪涌电压，有可能损坏绝缘和电动机。

第三步 通过硬件检测来排除故障报警

变频器产生故障和报警后，在记录变频器型号、编码、运行工况、故障代码等信息之后，用户可以通过硬件检测来诊断故障的发生，其步骤如下。

（1）变频器主电路检测。

（2）变频器控制电路检测。

（3）变频器上电检测，记录主控板参数，并根据故障代码进行参数设置。

（4）变频器整机带载测试。

（5）故障原因分析总结，填写报告并存档。

第四步 常见故障与解决方案

变频器的很多简易故障往往只需要根据变频器说明书的提示即可解决，包括电动机不转、电动机反转、转速与给定偏差太大、变频器加速/减速不平滑、电动机电流过高、转速不增加、转速不稳定等。常见故障与解决方案见表22-1。

表 22-1　　　　　　　　　　常见故障与解决方案

故障点	变频器及相关线路检查内容
电动机不转	1）主电路检查：输入（线）电压是否正常？变频器的LED是否亮？电动机的连接是否正确？ 2）输入信号检查：有无运行信号输入变频器？是否正向和反向信号同时进入变频器？指令频率信号是否进入了变频器？ 3）参数设定检查：运行方式的设定是否正确？指令频率的设定是否正确？ 4）负荷检查：是否过负荷或者电动机容量有限？ 5）其他：报警或者故障未处理？
电动机反转	1）输出端子的U，V，W相的顺序是否正确？ 2）正转/反转指令信号是否正确？
转速与给定偏差太大	1）频率给定信号是否正确？ 2）下面的参数设定是否正确？低限频率、高限频率、模拟频率增益。 3）输入信号线是否受外部噪声的影响（使用屏蔽电缆）？
变频器加速/减速不平滑	1）减速/加速时间是否设定得太短？ 2）负荷是否过大？ 3）是否转矩补偿值过高而导致电流限制功能和停转防止功能不工作？
电动机电流过高	1）负荷是否过大？ 2）是否转矩补偿值过高？
转速不增加	1）限制频率值的上限是否正确？ 2）负荷是否过大？ 3）是否转矩补偿值过高而导致停转防止功能不工作？
当变频器运行时转速不稳定	1）负荷检查：负荷不稳定？ 2）输入信号检查：是否频率参数信号不稳定？ 3）当变频器使用V/F控制时是否配线过长（大于500m）？

3. 变频器的日常和定期检查

变频器是以半导体元件为中心构成的静止装置，会由于温度、湿度、尘埃、振动等使用环境的影响，以及其零部件长年累月的变化、寿命等原因而发生故障，为了防患于未然必须进行日常检查和定期检查。变频器的日常和定期检查见表 22-2。

表 22-2 变频器的日常和定期检查

检查地点	检查项目	检查内容	周期			检查方法	标准	测量仪表
			每天	1 年	2 年			
全部	周围环境	有无灰尘？环境温度和湿度是否足够？	○			参数注意事项	温度：−10～＋40℃ 湿度：50％以下没有露珠	温度计 湿度计
	设备	有无异常振动或者噪声？	○			看，听	无异常	
	输入电压	主电路输入电压是否正常？	○			测量在端子 R，S，T 之间的电压		数字万用表/测试仪
主电路	全部	高阻表检查（主电路和地之间）有无固定部件活动？ 每个部件有无过热的迹象？		○	○	变频器断电，将端子 R，S，T，U，V，W 短路，在这些端子和地之间测量；紧固螺钉；肉眼检查	超过 5MΩ；没有故障	直流 500 V 类型高阻表
	导体配线	导体生锈？配线外皮损坏？		○		肉眼检查	没有故障	
	端子	有无损坏？		○		肉眼检查	没有故障	
	IGBT 模块/二极管	检查端子间阻抗			○	松开变频器的连接和用测试仪测量 R，S，T↔P，N 和 U，V，W↔P，N 之间的电阻	符合阻抗特性	数字万用表/模拟测量仪
	电容	有无液体渗出？安全针是否凸出？有无膨胀？	○	○		肉眼检查/用电容测量设备测量	没有故障，超过额定容量的 85％	电容测量设备
	继电器	在运行时有无抖动噪声？触点有无损坏？		○		听/肉眼检查	没有故障	
	电阻	电阻的绝缘有无损坏？ 在电阻器中的配线有无损坏（开路）？		○		肉眼检查；断开连接中的一个，用测试仪测量	没有故障，误差必须在显示电阻值的±10％以内	数字万用表/模拟测试仪

续表

检查地点	检查项目	检查内容	周期			检查方法	标准	测量仪表
			每天	1年	2年			
控制电路保护电路	运行检查	输出三相电压是否不平衡?在执行预设错误动作后有无故障显示?		○		测量输出端子U、V、W之间的电压,短路和打开变频器保护电路输出	对于200V(400V)类型来说,每相电压差不能超过4V(6V);根据次序,故障电路起作用	数字万用表/校正伏特计
冷却系统	冷却风扇	有无异常振动或者噪声?连接区域是否松动?	○	○		关断电源后用手旋转风扇,并紧固连接	必须平滑旋转,且没有故障	
显示	表	显示的值是否正确?	○	○		检查在面板外部的测量仪的读数	检查指定和管理值	伏特计/电表等
电动机	全部	有无异常振动或者噪声?有无异常气味?	○			听/感官/肉眼检查过热或者损坏	没有故障	
	绝缘电阻	高阻表检查(在输出端子和接地端子之间)			○	松开U、V、W连接和紧固电动机配线	超过5MΩ	500V类型高阻表

4. 测量变频器的主电路

第一步 **测绝缘**

首先应将接到电源盒电动机的连接线断开,然后将所有的输入端和输出端都连接起来,再用兆欧表测量绝缘电阻,测量绝缘电阻的电路如图 22-9 所示。

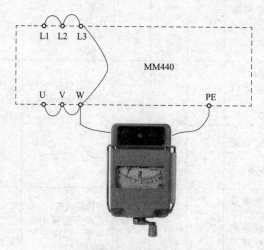

图 22-9 测量绝缘电阻的电路图

第二步 测电流

变频器的输入和输出电流都含有各种高次谐波成分,所以选用电磁式仪表,因为电磁式仪表所指示的是电流的有效值。

第三步 测电压

变频器输入侧的电压是电网的正弦波电压,可以使用任意类型的仪表进行测量,输出侧的电压是方波脉冲序列,也含有许多高次谐波成分,由于电动机的转矩主要和电压的基波有关,所以测量时最好采用整流式仪表。

第四步 测波形

测波形需采用示波器,当测量主电路电压和电流波形时,必须使用高压探头,如果使用低压探头,则必须使用互感器或其他隔离器进行隔离。

5. 测量变频器的控制电路

第一步 仪表的选型

由于控制电路的信号比较微弱,各部分电路的输入阻抗较高,所以必须选用高频(100kΩ 以上)仪表进行测量,如使用数字式仪表等。如果使用普通仪表进行测量,则读出的数据将会偏低。

第二步 示波器的选型

测量波形时,可以使用 10MHz 的示波器,如果测量电路的过渡过程,则应该选用 200MHz 以上的示波器。

第三步 公共端的位置

控制电路有许多公共端,理论上说,这些公共端都是等电位的,但为了使测量结果更为准确,应该选用与被测点最为接近的公共端。

6. 模块测量

第一步 整流模块的检测

变频器产品主要有单相 220V 与三相 380V 两种,当然,输入缺相检测只存在于三相的产品中。图 22-1 所示的为变频器主电路,R、S、T 为三相交流输入,当其中的一相因为熔断器或断路器的故障而断开时,便认为是发生了缺相故障。

当变频器在不发生缺相故障的正常情况下工作时,直流电压 U_{dc} 如图 22-10 所示,纵坐标是变频器的直流母线电压,横坐标是时间。

一个工频周期内将有 6 个波头,此时直流电压 U_{dc} 将不会低于 470V,实际上对于一个 7.5kW 的变频器而言,其 C 的大小一般为 900μf,当满载运

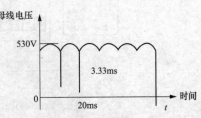

图 22-10　直流电压 U_{dc}

行时，可以计算出周期性的电压降落大约为 40V，纹波系数不会超过 7.5%。而当缺相故障发生时，一个工频周期中只有两个电压波头，且整流电压最低值为 0。此时在上述条件下，可以估算出电压降落大约为 150V，纹波系数要达到 30% 左右。

使用万用表检测变频器的整流模块 VD4，将红表笔与变频器的 R 端连接，黑表笔与 N 端连接，检测结果应该是接通状态，然后再将红表笔与 N 端连接，黑表笔与 R 端连接，测量结果为不接通状态，VD4 正常没有损坏时的检测过程和检测状态如图 22-11 所示。

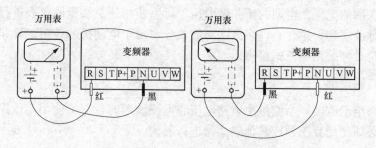

图 22-11　VD4 正常没有损坏时的检测过程和检测状态

变频器的整流模块的检测连接和正常时测量结果见表 22-3。

表 22-3　　　　　　　　　变频器的整流模块的检测连接和正常时的测量结果

二极管符号	万用表表笔		测量结果	二极管符号	万用表表笔		测量结果
	红表笔	黑表笔			红表笔	黑表笔	
VD1	R	P+	×	VD4	R	N	○
	P+	R	○		N	R	×
VD3	S	P+	×	VD6	S	N	○
	P+	S	○		N	S	×
VD5	T	P+	×	VD2	T	N	○
	P+	T	○		N	T	×

注　○表示接通，×表示不接通。

第二步　逆变模块电路中的反并联二极管的测量

测量变频器的逆变模块电路中的反并联二极管 VD12 时，使用万用表的红表笔连接变频器的 +10V 端，黑表笔连接变频器的 N 端，VD12 正常没有损坏时的检测过程和检测状态以及逆电路如图 22-12 所示。

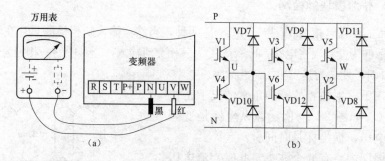

图 22-12　VD12 正常没有损坏时的检测示意图和逆变电路
(a) 检测过程和检测状态；(b) 逆变电路

第三步 **变频器模拟给定电源的测量**

测量 MM440 变频器的模拟给定电源时，将万用表选择为直流电压测量挡，然后将万用表的红表笔连接＋10V 端，即 1 号端子，将黑表笔连接 0V 端，即 2 号端子，表针指向 10V 即可，如图 22-13 所示。

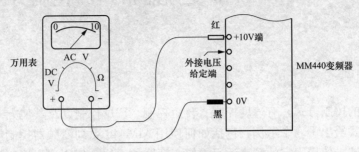

图 22-13 测量变频器的模拟给定电源

案例 23　　MM440 变频器常用的控制方式

一、案例说明

变频器采取的控制方式，有速度控制、转矩控制、PID 控制以及其他方式。这里对变频器常用的控制方式给出了 6 个示例，包括如何使用 MM440 系列变频器控制电动机 M1 进行三段速的频率运转，使用固定的频率远程操作变频器的运行，使用远程按钮控制变频器的运行，变频器连接电位计进行调速，使用模拟通道 1 控制变频器速度，变频器的 PID 闭环控制。

其中，采用多段速控制是由于现场工艺上的要求，很多生产机械需要在不同的转速下运行。对于这种负荷，用户可以使用 MM440 变频器的多挡频率控制功能。这样通过几个开关的通、断组合就可以选择不同的运行频率，实现变频器在不同转速下运行的目的。

二、相关知识点

1. MM440 变频器的参数 P1000 的定义

参数 P1000 是选择频率设定值的参数，其可设定的值如下。
（1）1：电动电位计设定值。
（2）2：模拟设定值 1。
（3）3：固定频率设定值。
（4）7：模拟设定值 2。
当 P1000＝1 或 3 时，频率设定值的选择取决于 P0700 至 P0708 的设置。

2. MM440 变频器的 PID 控制

PID 控制是闭环控制中的一种常见形式。反馈信号取自拖动系统的输出端，当输出量偏离所要求的给定值时，反馈信号成比例变化。在输入端，给定信号与反馈信号相比较，存在一个偏差值。对于该偏差值，经过 P、I、D 调节，变频器通过改变输出频率，迅速、准确地消除拖动系统的偏差，使其回复到给定值，振荡和误差都比较小，适用于压力、温度、流量控制等。

MM440 变频器内部有 PID 调节器。利用 MM440 变频器可很方便地构成 PID 闭环控制系统，MM440 变频器的 PID 控制原理简图如图 23-1 所示。

PID 给定源和反馈源分别见表 23-1、表 23-2。

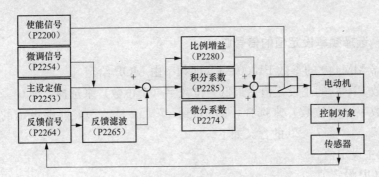

图 23-1 MM440 变频器的 PID 控制原理简图

表 23-1   MM440 变频器的 PID 给定源

PID 给定源	设定值	功能解释	说明
P2253	2250	BOP 面板	通过改变 P2240 来改变目标值
	755.0	模拟通道 1	通过模拟量大小改变目标值
	755.1	模拟通道 2	

表 23-2   MM440 变频器的 PID 反馈源

PID 反馈源	设定值	功能解释	说明
P2264	755.0	模拟通道 1	当模拟量波动较大时，可适当增大滤波时间，以确保系统稳定
	755.1	模拟通道 2	

三、创作步骤

1. 使用选择开关控制变频器的启停

第一步 **设计硬件控制电路**

本示例使用开关量 DIN1 控制 MM440 变频器的启动和停止，即数字量端子 5 和端子 9 连接一个选择开关 ST1，MM440 变频器的控制回路接线如图 23-2 所示。

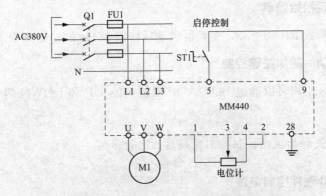

图 23-2 MM440 变频器的控制回路接线

第二步　选择频率设定值的信号源

设定变频器 MM440 的参数 P1000＝1，即频率由 MOP 给定。

其中，参数 P1000 的主设定值由最低一位数字（个位数）来选择，即 0～7，而附加设定值由最高一位数字（十位数）来选择，即 $x0$ 到 $x7$（$x＝1～7$），能够设定的范围为 0～77（整数值），0～7，10～17，20 的含义如下。

(1) 0：无主设定值。

(2) 1：MOP 设定值。

(3) 2：模拟设定值。

(4) 3：固定频率。

(5) 4：通过 BOP 链路的 USS 设定。

(6) 5：通过 COM 链路的 USS 设定。

(7) 6：通过 COM 链路的 CB 设定。

(8) 7：模拟设定值 2。

(9) 10：无主设定值＋MOP 设定值。

(10) 11：MOP 设定值＋MOP 设定值。

(11) 12：模拟设定值＋MOP 设定值。

(12) 13：固定频率＋MOP 设定值。

(13) 14：通过 BOP 链路的 USS 设定＋MOP 设定值。

(14) 15：通过 COM 链路的 USS 设定＋MOP 设定值。

(15) 16：通过 COM 链路的 CB 设定＋MOP 设定值。

(16) 17：模拟设定值 2＋MOP 设定值。

(17) 20：无主设定值＋模拟设定值。

第三步　设置数字输入控制的参数

设定 MM440 变频器的参数 P0700＝1，即由 BOP/AOP 面板进行控制。并且，设定 P0701＝1，即 DIN1 为"ON"时启动，为"OFF"时停止，即将 ST1 拨到闭合位置时变频器启动，拨到断开位置时变频器停止。

第四步　设定初始频率

设定变频器的参数 P1040＝35，变频器启动后将以 35Hz 的初始频率运行。

第五步　启动后的加减速控制

变频器启动后，用户可以通过 BOP/AOP 面板上的 UP 和 DOWN 两个键实现对加、减速的控制。

2. 使用选择开关和加减速按钮控制变频器的运行示例

第一步　设计硬件控制电路

本示例使用开关量 DIN1 控制 MM440 变频器的启动和停止，即数字量端子 5 和端子 9

连接一个选择开关 ST1，加速时按下 QA1 按钮，减速时按下 QA2 按钮，MM440 变频器的
远程控制变频器速度的电路如图 23-3 所示。

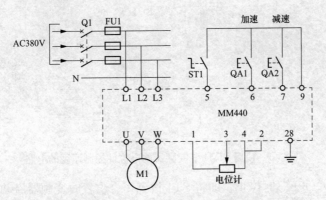

图 23-3 MM440 变频器的远程控制变频器速度的电路

● **第二步** 设置数字输入控制的参数

设定 MM440 变频器的参数 P0700＝2，即由端子排输入。并且，设定 P0701＝1，即
DIN1 为 "ON" 时起动，为 "OFF" 时停止，即将 ST1 拨到闭合位置时变频器启动，拨到断
开位置时变频器停止。

● **第三步** 加减速的远程控制的设置

控制 MM440 变频器频率的两个按钮为加速按钮 QA1，减速按钮 QA2，所以 QA1 连接
到端子 6 上，QA2 连接到端子 7 上，端子 6 即为变频器数字输入端 DIN2，端子 7 即为变频
器的数字输入端 DIN3，所以，需要设置 DIN2（P0702）和 DIN3（P0703）的参数，即
P0702＝13（DIN2 增加频率），P0703＝14（DIN3 减少频率）。

● **第四步** 设定初始频率

设定变频器的参数 P1040＝28，变频器启动后将以 28Hz 的初始频率运行。

● **第五步** 存储设定频率的设定值

设定参数 P1031＝1，在停止之前存储当前设定频率。

3. 使用变频器电位计控制变频器速度的示例

● **第一步** 设计硬件控制电路

本示例使用开关量 DIN1 控制 MM440 变频器的启动和停止，即数字量端子 5 和端子 9
连接一个选择开关 ST1，MM440 变频器的电位计控制速度的电路如图 23-4 所示。

● **第二步** 选择频率设定值的信号源

设定 MM440 变频器的参数 P1000＝2，即激活模拟输入。

● **第三步** 设定数字输入控制的参数

设定变频器 MM440 的 P0700＝2，即由端子排输入。并且，设定 P0701＝1，即 DIN1 为

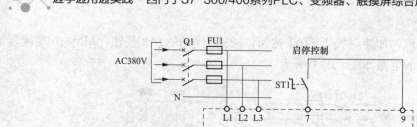

图 23-4　使用 MM440 变频器的电位计控制速度的电路

"ON"时起动，为"OFF"时停止，即将 ST1 拨到闭合位置时变频器启动，拨到断开位置时变频器停止。

第四步　设定初始频率

设定变频器的参数 P1040＝15，变频器启动后将以 15 Hz 的初始频率运行。

第五步　存储设定频率的设定值

设定参数 P1031＝0，MOP 设定值不进行存储。

4．使用模拟通道 1 控制变频器速度的示例

第一步　设计硬件控制电路

本示例使用开关量 DIN1 控制 MM440 变频器的启动和停止，即数字量端子 5 和端子 9 连接一个选择开关 ST1，MM440 变频器的模拟通道 1 控制速度的电路如图 23-5 所示。

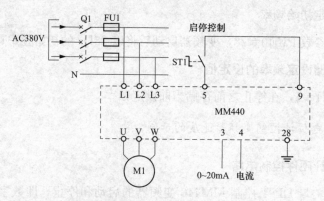

图 23-5　使用 MM440 变频器的模拟通道 1 控制速度的电路

第二步　选择频率设定值的信号源

设定 MM440 变频器的参数 P1000＝2，即激活模拟输入。

第三步　设定数字输入控制的参数

设定 MM440 变频器的参数 P0700＝2，即由端子排输入。并且，设定 P0701＝1，即

DIN1 为"ON"时起动,为"OFF"时停止,即将 ST1 拨到闭合位置时变频器启动,拨到断开位置时变频器停止。

● ——第四步　设定初始频率

设定变频器的参数 P1040＝35,变频器启动后将以 35Hz 的初始频率运行。

● ——第五步　存储设定频率的设定值

设定参数 P1031＝0,MOP 设定值不进行存储。

5. MM440 变频器多段速运行的设置

● ——第一步　变频器的电气设计

多段速功能,也称作固定频率,即在设定参数 P1000 为"3"的条件下,用开关量端子选择固定频率的组合,实现电动机多段速度运行。

本示例实现的是 MM440 系列变频器控制电动机进行三段速的频率运转。其中,将 DIN3 端口设为电动机启停控制,将 DIN1 和 DIN2 端口设为三段速频率输入选择,三段速度设置如下。

(1) 第一段:输出频率为 105Hz,电动机转速为 560r/min。

(2) 第二段:输出频率为 305Hz,电动机转速为 1680r/min。

(3) 第三段:输出频率为 50Hz,电动机转速为 2800r/min。

MM440 变频器的三段速控制电路原理图如图 23-6 所示。

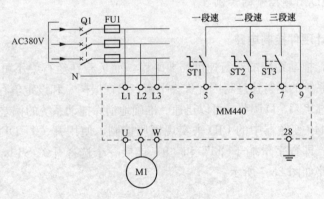

图 23-6　MM440 变频器的三段速控制电路原理图

● ——第二步　恢复变频器的默认值

首先,恢复变频器的工厂默认值。方法是设定参数 P0010＝30,P0970＝1,按下 P 键,开始复位,复位过程大约需要 3min,即可将变频器的参数恢复到工厂默认值了。

● ——第三步　访问等级的修改

为了使电动机与变频器相匹配,需要按照电动机铭牌的额定数据设置电动机参数。将参数 P0003 改为"2",把用户访问等级设置成标准级。

● ——第四步　快速调试设置

将 MM440 变频器的参数 P0010 设为"1",进入快速调试,然后把电动机参数 P0304、

P0305、P0307、P0308、P0310和P0311修改为电动机的额定参数。将P0010修改为"0"，使变频器当前处于准备状态，可正常运行。

● —— **第五步** 变频器准备状态的设置

电动机参数设置完成后，设P0010＝0，变频器当前处于准备状态，可正常运行。

● —— **第六步** 三段速频率的参数设置

将MM440变频器的参数P0003修改为"2"，将P0700设置为"2"，即命令源选择由端子排输入，在参数P0701中将固定频率设为"17"，在参数P0702中将固定频率设为"17"，在参数P0703中将固定频率设为1，"ON"为接通正转、"OFF"为停止，在参数P1000中将固定频率设为"3"，在参数P1001中将固定频率设为"10"，在参数P1002中将固定频率设为"30"，在参数P1003中将固定频率设为"50"。

参数设置完成后，将P3900改为"3"，否则变频器参数将恢复到出厂默认设置。

● —— **第七步** 运行动作

按照上面的方法设置好电动机M1的参数后，当只有选择开关ST1接通时，电动机M1将按照参数P1001中设置的10Hz运行；当只有选择开关ST2接通时，电动机M1将按照参数P1002中设置的30Hz运行；当选择开关ST1和ST2都接通时，电动机将按照参数P1003中设置的50Hz运行。

6. 变频器的PID闭环控制的示例

● —— **第一步** 设计硬件控制电路

在生产实际中，拖动系统的运行速度需要平稳，而负载在运行中不可避免地会受到一些不可预见的干扰，系统的运行速度将因此失去平衡，出现振荡，和设定值存在偏差。对于该偏差值，经过变频器的P、I、D调节，可以迅速、准确地消除拖动系统的偏差，回复到给定值。

本例使用MM440变频器中的PID来实现恒压控制，使用开关量DIN1控制MM440变频器的启动和停止，即数字量端子"5"和"9"连接一个选择开关ST1，MM440变频器的远程控制速度的电路如图23-7所示。

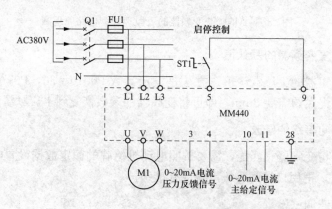

图23-7 MM440变频器的远程控制速度的电路

● **第二步**　选择频率设定值的信号源

设定 MM440 变频器的参数 P1000＝7，即激活模拟输入 2。

● **第三步**　设定数字输入控制的参数

设定变频器 MM440 的参数 P0700＝2，即由端子排输入。并且，设定 P0701＝1，即 DIN1 为"ON"时起动，为"OFF"时停止，即将 ST1 拨到闭合位置时变频器启动，拨到断开位置时变频器停止。

● **第四步**　使能 PID 控制器

设定变频器的参数 P2200＝1。

● **第五步**　设定 PID 设定值输入的信号源

设定参数 P2253＝755.1，即将变频器的 PID 设定值输入的信号源设定为模拟输入 2，输入信号源的功能图如图 23-8 所示。

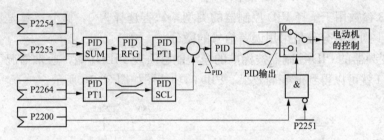

图 23-8　输入信号源的功能图

● **第六步**　设定 PID 设定值的斜坡和滤波时间

MM440 变频器的 PID 设定值的斜坡时间只对 PID 设定值起作用，并且只有在 PID 设定值变化或给出运行命令"RUN"时（PID 设定值沿着斜坡曲线从 0％上升到它的设定值）才起作用。

（1）设定参数 P2257＝1.00，即设定 MM440 变频器的 PID 设定值的斜坡上升时间为 1s。

（2）设定参数 P2258＝1.00，即设定 MM440 变频器的 PID 设定值的斜坡下降时间为 1s。

（3）设定参数 P2261＝0.2，即设定 MM440 变频器的 PID 设定值的滤波时间常数为 0.2s。

PID 的斜坡上升时间如图 23-9（a）所示，斜坡下降时间如图 23-9（b）所示。

● **第七步**　和反馈有关的参数设置

（1）设定参数 P2264＝755.0，即设定变频器 PID 的反馈信号源为模拟输入 1。

（2）设定参数 P2265＝0.3，即设定 PID 的反馈滤波时间常数为 0.3s。

（3）设定参数 P2270＝0，即不在 PID 反馈回路中使用数学函数。

（4）设定参数 P2271＝0，即允许用户选择 PID 传感器反馈信号的型式，当反馈信号低于 PID 设定值时，PID 控制器将增加电动机的速度以校正它们的偏差。

● **第八步**　积分、微分和比例增益的参数设置

（1）设定参数 P2274＝0，代表 PID 的微分时间为 0。

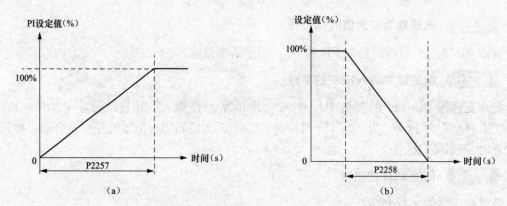

图 23-9 PID 的斜坡上升和下降时间

(a) 斜坡上升时间；(b) 斜坡下降时间

(2) 设定 P2280＝3，即 PID 的比例增益系数为 3。

(3) 设定 P2285＝0.4，即 PID 的积分时间为 0.4s。

(4) P2263 参数用于选择 PID 控制器的类型，缺省选择为 0，微分运算是反馈信号的微分，如果选择 1 则是微分分量采用误差信号的微分。

MM440 变频器的 PID 控制器按标准的模型能够实现 PID 功能，通常情况下只使用比例项 P 和积分项 I 就可以得到最好的效果。PID 的功能图如图 23-10 所示。

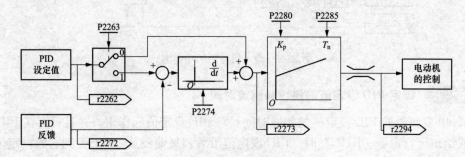

图 23-10 PID 的功能图

案例 24 MM430 变频器的恒压供水的 PID 应用

一、案例说明

离心风机或水泵采用变频器控制后，均能大幅度地降低能耗，这在十几年的工程经验中已经得到体现。由于最终的能耗与电动机的转速成立方比，所以采用变频后投资回报就更快。

在本示例中，酒店为客房内的洗浴及为厨房提供的生活热水是由两台热水泵提供的，一台工作一台备用，由于客人洗澡的时间不确定，所以热水必须在 24h 内充分供应。

由于酒店入住率等原因，热水的需求在大多数时间都没有达到满负荷，但酒店还必须满足潜在的热水使用需求，因此，供水泵不得不一直处于全速运转的状态，多余的热水在达到末端后流回蓄热水箱，这样就浪费了大量的能量；并且水泵和电动机如果一直是全速运转，那么机械磨损相对也会比较严重，出故障的概率也会有所增加。

因为酒店用水是由冷热水管共同向喷头提供，当两侧冷热水的压力相差比较大时，水温很难调节到一个平衡点，当热水压力太大时，就会出现热水串入冷水管的现象，甚至可能烫伤客人，造成严重后果。笔者在本示例中采用了流量调节和恒压控制，稳定了系统压力，这样就可避免客人在洗浴时受到这种伤害。

在恒压供水设备中采用变频调速技术，在根据用水量的多少调节热水流量的同时也可以保证冷热水的压力差在合理的范围内。这样恒压供水系统在提供了稳定的供水性能的同时还起到了节约能源的作用，还能够使供水质量达到较高品质。

二、相关知识点

1. MM430 变频器的 PID 功能

西门子 MM430 变频器是一款专门为风机和水泵设计的变频器，可以设置的软件参数较多，通过扩展还可以实现多种功能，从而适应各种复杂工况下的需要。

读者可以通过对 MM430 变频器的 PID 的参数进行设定，在不增加任何外在设备的条件下，实现恒定的供水压力，同时减少能量损耗。

大家都知道以往的恒压供水设备，往往采用带有模入/模出的可编程控制器或 PID 调节器，PID 算法编程难度大，设备成本高，调试困难。MM430 系列变频器内置的 PID 功能，可以进行精确的 PID 控制，不仅节省了安装调试时间，还有效地降低了设备成本，是进行此类控制的首选。西门子 MM430 变频器的 PID 应用框图如图 24-1 所示。

2. 电接点压力表的工作原理

电接点压力表由测量系统、指示装置、磁助电接点装置、外壳、调节装置及接线盒等组

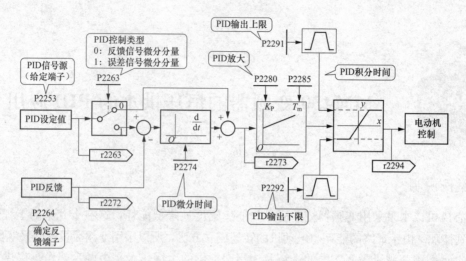

图 24-1 西门子 MM430 变频器的 PID 应用框图

图 24-2 电接点压力表的实物图

成。电接点压力表的实物图如图 24-2 所示。

当被测压力作用于弹簧管时，其末端产生相应的弹性变形，即位移，经传动机构放大后，由指示装置在度盘上指示出来。同时，指针带动电接点装置的活动触点与设定指针上的触点（上限或下限）相接触的瞬时，致使控制系统接通或断开电路，以达到自动控制和发信报警的目的。

在电接点装置的电接触信号针上，有的装有可调节的永久磁钢，可以增加接点吸力，加快接触动作，从而使触点接触可靠，消除电弧，能有效地避免仪表由于工作环境振动或介质压力脉动造成触点的频繁关断。

电接点压力表的电气原理是所测量的罐或管道中的压力到达下限时自动开启，到达上限时自动停机。其控制过程是在压力到达下限时，电接点压力表的活动触点（电源公共端）与下限触点接通，接触器线圈动作并自锁，其动合触点闭合，电动机得电运转。当压力到达上限时，活动触点与上限触点接通，中间继电器得电动作，其动断触点断开，切断接触器的供电，接触器的动合触点断开，接触器的得电线圈释放，电动机停转。如此往复就达到了自动控制的目的了，控制原理图如图 24-3 所示。

三、创作步骤

● 第一步 仪表的选配

酒店客房内洗浴冷水的压力是由电节点压力表控制冷水泵 M3 的启停并配合压力罐来实现的，出水压力控制在 0.5～0.6MPa 之间。

工频状态热水管末端回水的压力在正常时约为 0.7MPa 左右，晚上无人使用时最高达 0.8MPa。因为热水管在电动机处于工频状态时末端的最高压力可达 0.8MPa，所以选择压力

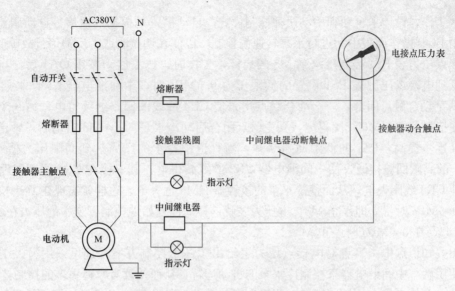

图 24-3　电接点压力表的控制原理图

变送器的量程范围为 0~1MPa，对应线性输出 4~20mA 电流信号；选择一块带输出且可设置的数字显示仪表，以便在设备上指示当前压力，供操作人员参考，并可以更灵活地对压力信号进行设置，也就是说只要将热水管的末端压力控制在 0.5MPa 左右，就可以满足正常使用，冷热水供水管线布置图如图 24-4 所示。

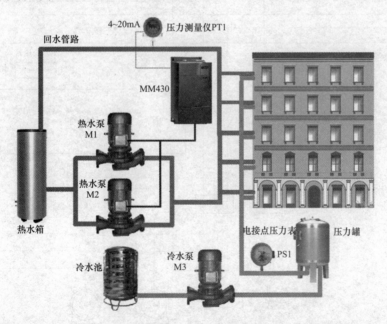

图 24-4　冷热水供水管线布置图

● 第二步　设计硬件

　　用一台变频器 MM430 对两电动机 M1 和电动机 M2 进行切换变频，来保证一台电动机故障后另一台仍可以进行变频工作，在控制回路中为了防止反馈信号出现意外情况导致设备不能正常工作，设计了自动和手动两种控制模式。自动模式是根据反馈信号自动调节，手动模式是用BOP操作面板手动进行水泵转速的控制，以便在调试时或者反馈信号故障时使用。

电接点压力表PS1控制冷水泵M3的启停，工作时，按下启动按钮QA1后，当管道中的压力低到电接点压力表PS1设置的低限压力0.5MPa时，中间继电器CR4的线圈接通，CR4的两个动合触点闭合，一个动合触点用来使CR4的线圈回路继续得电，另一个动合触点用来使接触器的KM6线圈得电，其主触点闭合启动冷水泵M3，M3启动后，管道中的冷水压力会逐步提高，PS1的低限回路断开，当管道中冷水的压力达到高限压力值0.6MPa时，PS1的高限回路接通，使中间继电器CR3的线圈得电，其串接在CR4线圈回路中的动断触点使CR4线圈失电，从而使冷水泵的接触器KM6也失电，这样就实现在PS1检测到压力达到0.6MPa时将立即停止M3。电压力表就这样周而复始地控制管道中的压力在0.5MPa时启动M3，在0.6MPa时停止M3。

在相关知识点中，笔者对电接点压力表给出了一个控制方案，这里采用另一个控制方案，即使用两个中间继电器来控制冷水泵的自动运行，从而使读者掌握更多的控制技巧。

另外，在热水供水的控制回路中要设有电气互锁保护装置，以确保任何时候只能由工频或变频一种方式来启动同一台电动机M1或M2，以避免意外操作时对变频器造成损坏；还要有故障报警功能，当电网、电动机、水泵或设备出现意外情况时，能及时发出报警，避免更大故障的发生。本示例主要讲述MM430变频器的应用，主电路的电路图如图24-5所示。

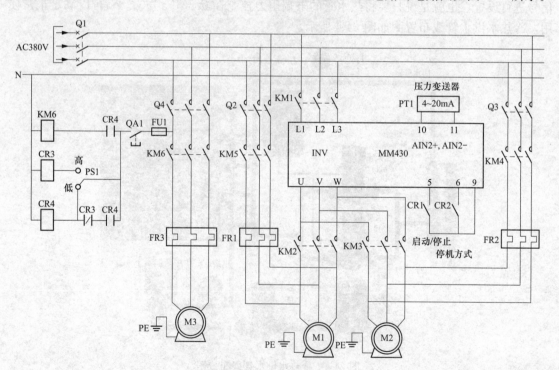

图24-5 主电路的电路图

将内部10V电源地端子"2"、模拟输入1（－）端子"4"、带电位隔离的0V端子"28"用导线三点短接。

远传压力表的供电电源接变频器的9号端子（24V＋）和28号端子（0V），压力表的模拟输出压力仪表接到模拟输入 AIN2 上，模拟信号采用 4～20mA 电流输入，模拟量输入信号接到变频器的 10 号端子（AIN2＋），11 号端子（AIN2－）。CR1～CR2 对应逻辑输入端子 DIN1～DIN2，CR1 接变频器启动信号，DI2 接电动机正反转信号。

第三步　MM430 变频器的参数设置

由于变频器实际输出的是 PWM 脉宽调制信号，默认的载波频率为 4kHz，此时电动机有尖锐的噪声。增加载波频率会降低最大输出电流，并且增加变频器损耗。因为实际所选的变频器功率比电动机功率大一档，且设备一般在低于额定频率的状态下工作，所以增加载波频率对设备没有太大影响，把 P1800 改为 6kHz 后，电动机噪声明显降低。

（1）P003＝3：进入全部参数组。

（2）P0010＝1：进入电动机参数修正组。

（3）P0304＝380：变频器最大的输出电压。

（4）P0010＝0：退出电动机参数修正组。变频器运行前必须将其设为"0"。

（5）P0701＝1：变频器启动/停止。

（6）P0702＝3：停机为按惯性自由停车，这是为了防止大惯量负载再生发电反向冲坏变频器。

（7）P2200＝1：始终使能 PID。

（8）P0756 [1]＝1：压力表输出信号为电流时取"1"，并将 DIP 开关 2 拨为"ON"。

（9）P1080＝10～15：恒压状态下，电动机的最低转速（Hz），以不出水的转速为最佳。

（10）P1300＝2：风机/水泵类负载控制特性曲线，如果启动困难则可以选取"1"。

第四步　变频器 MM430 的 PID 参数设置

PID 控制有主设定与反馈两路输入，其中，主设定是要达到的目标压力，是根据最终控制目标的需要，在变频器的参数 P2240 中进行设定的，P2240 参数可以在用户实际需要发生变化后再次调整；反馈值是由远程的热水管末端安装的一个压力变送器提供的，压力变送器将压力信号转变为 4～20mA 的电流信号，然后输出给压力显示仪表，经设定后再输出给变频器。

为访问 PI 调节器参数，要先设置过滤参数：P0003＝2（访问标准和扩展级），P0004＝22（选择 PI 调节器控制参数群）。

PID 参数的调试需要依据电动机和负载的情况逐渐修改，直到压力指示稳定下来。为了保障供水压力的充足，本示例将末端压力固定在 0.55MPa，压力变送器对应的电流输出信号为 12.8mA，12.8mA 占满量程的比例为 64％，将参数 P2240 设为 64，即 PID 的目标值。

P2253＝2250：定义压力设定口为 P2240，即用 P2240 参数值为恒压点设定。当多圈 10K 电位器设定压力时，P2253＝755.0，用"1""2""3"端子设定。

在变频器运行过程中，将反馈回来的信号与主设定值进行比较，当反馈值小于主设定值时，变频器的频率会自动提升，以提高目标压力；当反馈值大于主设定值时，变频器的频率会自动降低，以降低目标压力。

对于水泵系统，水量随着泵的转速变化响应很快，没有明显的滞后，这时候增加微分量，过分地提前预测反而会造成系统调节的不稳定。

P2200＝1：使变频器采用 PI 闭环工作方式（也可以用一个多功能输入端子来控制 PID

切换，如设 P0702＝99，P2200＝722.1，用 DIN2 端子控制切换，在变频器停止时，可进行 PID 控制和 U/f 控制切换）。

　　P2264＝755.1：选择"模拟输入端子 2"为反馈控制信号源，连接压力测量信号 1。

　　P2280：P 参数，通常取 0.02～0.15，以实际系统为准。

　　P2285：I 参数，通常取 0.01～0.15，以实际系统为准。

　　P2293＝10：PI 闭环工作时从 0 上升到 50Hz 的时间，以变频器的功率为准。

　　对西门子变频器的参数进行设置时，如果要设定的参数是默认值，则不需要进行设定了，如西门子 MM430 变频器的 PID 应用框图中的 PID 输出的上下限参数 P2291 和 P2292，上限参数的默认值为"100"，下限参数的默认值为"0"。

　　同样，设定 D 值的参数 P2274，也先保持默认值。

第五步　调试方法

　　对变频器进行调试时，首先要将线路连接好，然后对变频器参数进行调整，再将 r2266 调出压力表反馈显示，从小到大拨动压力表指针时，变频显示也应该从小到大对应变化。将指针指到要求的压力点时，变频器对应一个显示值 X。

　　X 一般为 0～50，对应表的满量程。再将 P2240 修改为 X。运行压力偏差用 BOP 面板微调。

　　在使用一个满量程为 6kg 的压力表进行测量时，如果恒压达到 3kg，那么读者可以将参数 P2240 设置为"25"。要求恒压达到 2kg 时，将 P2240 设置为"17"即可，运行后再用面板进行微调。

案例 25　WinCC flexible 人机界面组态软件中库的操作

一、　案例说明

　　WinCC flexible 人机界面组态软件中的库是画面对象模板的集合，库可以增强可用画面对象的采集并提高设计效率，因为库对象始终可以重复使用而无须重新组态。

　　WinCC flexible 画面组态软件包能够提供广泛的图形库，包含灯、电动机、阀等对象。本示例通过对库进行的管理操作展示了如何将 WinCC flexible 软件包中的灯的图形库导入到【工具】下的【库】当中。

二、　相关知识点

　　WinCC flexible 有两种库，即全局库和项目库。全局库并不存放在项目数据库中。它在系统中以文件形式保存，该文件默认存放于 WinCC flexible 的安装目录下，全局库可用于所有项目。

1. WinCC flexible 中的项目库

　　每个项目都有一个库。项目库的对象与项目数据一起存储，只可用于在其中创建库的项目。将项目移动到不同的计算机时，自动包含了在其中创建的项目库。项目库只要不包含任何对象就始终处于隐藏状态。可以通过在库视图的快捷菜单中，选择【显示项目库】命令，或将画面对象拖动到库视图中，来显示项目库。

2. HMI 的实时数据库

　　实时数据库是比较重要的一个组件，随着 PC 处理能力的增强，实时数据库更加充分地体现了组态软件的长处。

　　HMI 应用与工厂的项目管理时，实时数据库可以存储每个工艺点的多年数据，用户既可以浏览工厂当前的生产情况，又可以了解过去的生产情况。

　　组态软件通过 I/O 驱动程序从现场 I/O 设备获得实时数据，对数据进行必要的加工后，一方面以图形方式直观地显示在计算机屏幕上，另一方面按照组态要求和操作人员的指令将控制数据传送给 I/O 设备，对执行机构实施控制或调整控制参数。

三、　创作步骤

第一步　打开 WinCC flexible 中【工具】下的对象库

　　WinCC flexible 中的【库】位于【工具】视图中，是用于存储类似于画面对象和变量等常用对象的中央数据库。

在工程项目中读者只需要对库中存储的对象进行一次组态,然后便可以任意多次进行重复使用。因此,可通过多次使用或重复使用对象模板来添加画面对象,从而提高编程效率。

在 WinCC flexible 中,选择【工具】→【库】命令就打开了 WinCC flexible 的库,如图 25-1 所示。

图 25-1　打开 WinCC flexible 中【工具】下的【库】

● ——第二步　打开全局库的操作

打开库之后,大家可以看到库中是空白的,此时,右击库的空白处,在弹出来快捷菜单中,选择【工具】→【库】→【打开】命令,如图 25-2 所示。

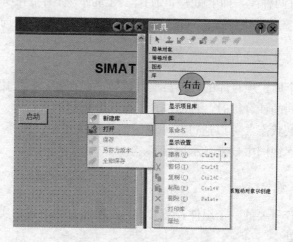

图 25-2　打开全局库的操作

● ——第三步　全局库的管理

在【打开全局库】的窗口中,单击【系统库】,在系统库中有 3 个选项,包括【Button_and_switches. wlf】、【Facepates. wlf】和【Graphics. wlf】,这里选择添加【Button_and_switches. wlf】后,单击【打开】按钮,操作如图 25-3 所示。

● ——第四步　再次打开 Wincc flexible 中的库

选择【工具】→【库】命令,此时,就可以看到 WinCC flexible 中的库中已经添加好Button_and_switches. wlf 了,单击【Button_and_switches. wlf】左侧的田就可以看到这个按钮和开关库下的内容了,如图 25-4 所示。

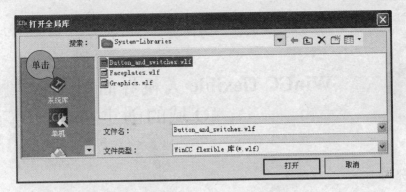

图 25-3 Button＿and＿switches. wlf 库的添加

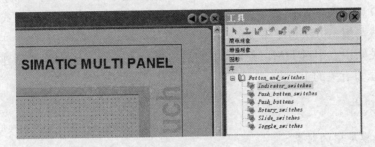

图 25-4 Button＿and＿switches. wlf 库的内容

可以采用同样的方法从全局库中添加其他的库，以方便 WinCC flexible 中的项目应用。

WinCC flexible 人机界面组态软件上
IO 域的创建

一、 案例说明

WinCC flexible 人机界面组态软件中创建的域包括文本域、IO 域、日期/时间域、图形 IO 域和符号 IO 域。这些不同类型的域均可以自定义位置、几何形状、样式、颜色和字体等，它们的生成与组态方法也基本类似

本例在相关知识点中对 HMI 触摸屏中的对象进行了介绍，还为读者创建了一个变量为 MW12 的，和压力有关的 IO 域。

二、 相关知识点

1. HMI 触摸屏中的对象

对象是 HMI 触摸屏用于设计项目过程图形的图形元素。在【工具】窗口中包含过程画面中需要经常使用的各种类型的对象。【工具】窗口包含不同的对象组，包括简单对象组、增强的对象组、用户特定控件对象组、图形对象组和库。

(1) 简单对象。

1) 线：可以选择笔直、圆形或箭头状线端。

2) 折线：由相互连接的线段组成，可以具有任意数目的转角。转角点按照其创建顺序被编号，可以分别修改或删除转角点，可以选择笔直、圆形或箭头状的折线线端。折线是开放对象，虽然起点和终点可以具有相同的坐标，但是不能填充它们所包含的区域。

3) 多边形：的转角点按照其创建顺序被编号，可以分别修改或删除转角点，可以使用一种颜色或样式填充多边形区域。

4) 椭圆：可以使用一种颜色或样式填充椭圆。

5) 圆：可以使用一种颜色或样式填充圆。

6) 矩形：可以设定矩形的转角。可以使用一种颜色或样式填充矩形。

7) 文本域A：可在【文本框】中输入一行或多行文本，并定义字体和字体颜色。可将背景色或图案添加到文本框中。

8) IO 域：其运行系统功能包括输出变量中的值，操作员输入数值，将这些输入值保存到变量，组合的输入和输出，操作员可在此处编辑变量的输出值，以设置新值，可以为显示在 IO 域中的变量值定义限制。如果想要在运行时隐藏操作员输入，则设置【隐藏输入】。

9) 日期/事件域：其运行系统功能包括输出日期和时间，组合的输入和输出，操作员可以在此处编辑输出值，以重新设置日期和时间。可以使用系统时间或相关变量作为定义日期和时间的数据源。

10）图形 IO 域◙：其运行系统功能包括图形列表条目的输出，组合的输入和输出，操作员可在此处从图形列表中选择一个图形，以更改"图形 IO 域"的内容。

11）符号 IO 域▽：其运行系统功能包括文本列表条目的输出，组合的输入和输出，操作员可在此处从文本列表中选择文本，以更改符号 IO 域的内容。

12）图形视图▣：在一个画面中显示通过外部图形编程工具创建的所有图形对象。可以显示下列格式的图形对象："＊.emf"、"＊.wmf"、"＊.dib"、"＊.bmp"、"＊.jpg"、"＊.jpeg"、"＊.gif"和"＊.tif"。在【图形视图】中，还可以将其他图形编辑工具的图形对象作为 OLE（对象链接和嵌入）对象来集成。OLE 对象可直接从其图形视图的属性视图中在创建它的图形程序中打开和编辑。

13）按钮▣：按钮可以用来控制过程，可以为按钮组态函数或脚本。

14）开关▣：在运行时，用于输入和显示两种状态，例如开和关或者按下和未按下。可以用文本或图形对开关进行标注，以指示开关的运行时状态。

15）棒图▣：以带刻度的棒图形式显示过程值。棒图可用于直观地显示填充量的动态值等。

（2）增强的对象。

1）滚动条▣：用于数字值的操作员输入和监控。在用来显示设备时，滚动条位置指示了控件输出的过程值、操作员通过改变滚动条位置来输入值、可以自定义滚动条，以便其仅在垂直方向操作。

2）时钟◔：在触摸屏设备上，可以以数字或模拟格式查看运行时的时钟。

3）状态/控制▣：该功能提供对所连接的西门子 S7 或西门子 S5 CPU 特定地址区域的直接读/写访问。

4）Sm@rtClient 视图▣：操作员可以通过【Sm@rtClient 视图】监控和操作远程操作员站。HTML 浏览器操作员可以通过 HTML 浏览器查看 HTML 格式的页面。

5）用户视图▣：在 WinCC flexible 中，可以使用密码来控制对画面对象的访问。在【用户视图】中，管理员可以在运行系统中管理触摸屏设备上的用户，没有管理员权限的用户可以改变他们在运行系统中的密码。

6）量表◔：可以显示运行时的数字值。【量表】的布局可以组态。

7）趋势视图〽：可以显示一组趋势，以表示从 PLC 记录读取的过程值。趋势坐标可以进行组态，也就是刻度、单位等。

8）配方视图▣：操作员可以在运行时使用【配方视图】来查看、编辑和管理数据记录。

9）报警视图▣：操作员可以在运行时查看报警缓冲区或报警记录中的选定报警或报警事件，并且始终通过编辑模板来组态报警窗口。

2. IO 域的 3 种模式

WinCC flexible IO 域的 3 种模式包括输入域、输出域和输入/输出域。

（1）输出域：只显示变量的数值，不可修改。

（2）输入域：用于操作员输入要传送到 PLC 的数字、字母或符号，将输入的数值保存到指定的变量中。

（3）输入/输出域：同时具有输入和输出的功能，操作员可以用它来修改变量的数值，并将修改后的数值显示出来。

3. 域的生成

WinCC flexible 有两种方法可以生成一个"域"：一种方法是单击项目窗口右侧【工具】窗口的【简单对象】组中的某一个"域"，鼠标移动到画面编辑窗口时变为"＋"符号，在画面上需要生成域的区域再次单击，即可在该位置生成一个域；另一种方法是单击右侧【工具】窗口的【简单对象】组中的某个"域"并按住鼠标左键不放，将其拖放到中间画面编辑窗口中画面上的合适位置，即可生成一个所需要生成的域。

4. 域的组态

"域"生成之后，双击"域"，在工作区域下方将出现该"域"的属性视图。

在属性对话框的【常规】【属性】【动画】【事件】选项卡中，即可根据需要详细组态该域的属性，包括"域"的变量、外观、文本样式、功能等。

三、创作步骤

第一步 创建 IO 域连接的变量

在 WinCC flexible 中选择【项目】→【通讯】→【变量】命令，在工作区中弹出来的【变量编辑器】中，输入一个名称为【高压值】的数据类型为【Int】的变量，地址为【MW12】，采集周期为【100ms】，如图 26-1 所示。

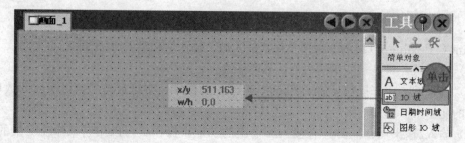

图 26-1　创建 IO 域连接的变量

第二步 创建 IO 域

单击【工具】→【简单对象】→【IO 域】，然后在【画面 _1】中的合适位置单击来放置这个 IO 域，如图 26-2 所示。

图 26-2　创建 IO 域

第三步 **组态 IO 域**

双击新创建的 IO 域，在弹出来的 IO 域的属性对话框中，在【常规】选项卡中的【类型】选项区域中的【模式】下拉列表框中选择【输入】，在【过程变量】的下拉选择框中选择【高压值】，在【格式样式】下拉列表框中选择【9999】，然后单击☑按钮确认选择，操作如图 26-3 所示。

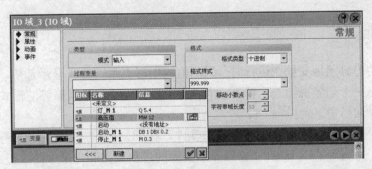

图 26-3　IO 域的常规组态

第四步 **定义 IO 域的显示名称**

单击【工具】→【简单对象】→【文本域】，然后将其放置在【画面_1】中所创建的 IO 域的左侧，再双击这个文本域，在弹出的属性窗口中的【文本】输入框中输入"高压值:"，如图 26-4 所示。

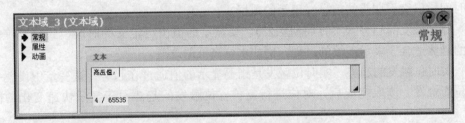

图 26-4　IO 域的说明

第五步 **定义 IO 域的单位**

单击【工具】→【简单对象】→【文本域】，然后将其放置在【画面_1】中所创建的 IO 域的右侧，再双击这个文本域，在弹出来的属性窗口中的【文本】输入框中输入"MPa"，高压值的 IO 域创建完成后如图 26-5 所示。

图 26-5　高压值的 IO 域

高压值的 IO 域的单位是 MPa，所以在高压值的单位的静态文本中输入的文本为"MPa"。

触摸屏趋势图的制作

一、案例说明

触摸屏上的趋势图是变量在运行时所采用值的图形表示，为了显示趋势，用户可以在项目的画面中组态一个趋势视图。这样在运行 HMI 的项目时，可以趋势的形式将变量值输出到操作设备的界面当中。

本例使用 WinCC flexible 人机界面组态软件，在 HMI 上创建了一个趋势视图，能够动态地显示对象，并实现了在 HMI 上持续显示实际的过程数据和记录中的过程数据。

二、相关知识点

1. 趋势图的分类

趋势图按照所显示的值以及触发方式的不同，可以分为以下 4 种。

（1）显示记录值。趋势视图显示了在可定义的时间段内的记录值。在运行时，操作员可以改变时间段以查看期望的信息（记录的数据）。

（2）脉冲触发的趋势（实时周期触发）。要显示的值由可定义的时间模式分别确定。脉冲触发的趋势适合于表示连续的过程，例如水位高低的改变。

（3）实时位触发的趋势。实时位触发是指要显示的值通过在趋势传送变量中设置一个已定义的位而触发。读取完成后，对位进行复位，位触发的趋势对于显示快速变化的值十分有用。

（4）带有缓冲数据采集的位触发的趋势。设置缓冲数据采集时，要显示的值在 PLC 中缓冲，并在位触发时作为一个数据块被读取，这些趋势适用于对整个趋势过程的改变要求快速显示的系统。

在 PLC 中组态交替缓冲区，以便其可以在读取趋势缓冲区时连续写入新值。交替缓冲区确保在操作设备读取趋势值时，PLC 不会将值覆盖。

趋势缓冲区和交替缓冲区之间的切换过程如图 27-1 所示。

2. WinCC flexible 中鼠标可实现的功能

WinCC flexible 中鼠标可实现的功能，见表 27-1。

3. WinCC flexible 中常用的热键

WinCC flexible 画面组态软件中常用的热键功能，见表 27-2。

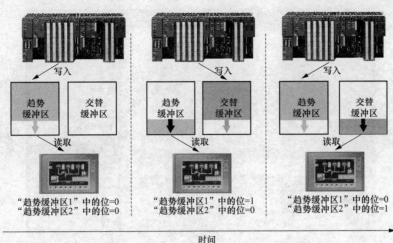

"趋势缓冲区1"中的位=0　　"趋势缓冲区1"中的位=1　　"趋势缓冲区1"中的位=0
"趋势缓冲区2"中的位=0　　"趋势缓冲区2"中的位=0　　"趋势缓冲区2"中的位=1

时间

图 27-1　趋势缓冲区和交替缓冲区之间的切换过程

表 27-1　　　　　　　　　　　　　　WinCC flexible 中鼠标可实现的功能

操作	作用
单击	激活任意对象，执行菜单命令或拖放等操作
右击	打开快捷菜单
双击（鼠标左键）	在项目视图或对象视图中启动编辑器，或者打开文件夹
鼠标左键＋拖放	在项目视图中生成对象的副本
Ctrl＋鼠标左键	在对象视图中逐个选择若干单个对象
Shift＋鼠标左键	在对象视图中选择使用鼠标绘制的矩形框内的所有对象

表 27-2　　　　　　　　　　　　　　常用的热键功能

热键	功能
<Ctrl＋Tab>/<Ctrl＋Shift＋Tab>	激活工作区域中的下一个/上一个标签页
<Ctrl＋F4>	关闭工作区域中激活的视图
<Ctrl＋C>	将选定的对象复制到剪贴板
<Ctrl＋X>	剪切对象并将其复制到剪贴板
<Ctrl＋V>	插入存储在剪贴板中的对象
<Ctrl＋F>	打开【查找和替换】对话框
<Ctrl＋A>	选择激活区域中的所有对象
<ESC>	取消操作

三、　创作步骤

第一步　**趋势图的创建**

在使用 WinCC flexible 生成趋势视图之前，用户应该创建一个显示趋势视图的画面，当画面创建好后，在工具窗口的【增强对象】中选择【趋势视图】，如图 27-2 所示。

按住鼠标左键将【趋势视图】拖放到画面编辑区域中，并通过鼠标调整趋势视图的位置和大小，新创建的趋势视图，如图 27-3 所示。

在【趋势视图_1】的属性窗口中的【常规】选项卡中，设置趋势图的样式，如图 27-4 所示。

图 27-2　工具窗口

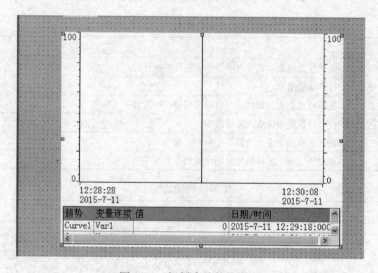

图 27-3　新创建的趋势视图

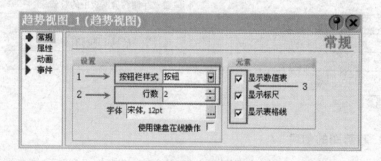

图 27-4　趋势图的样式的设置

在【按钮栏样式】下拉列表框中选择是否显示按钮工具,可以设置为【按钮】。设置数值表显示的【行数】设置为"2"行。选择是否显示数值表、标尺以及表格线,将 3 个选项的复选框都勾上。设置完成后即可生成趋势图,如图 27-5 所示。

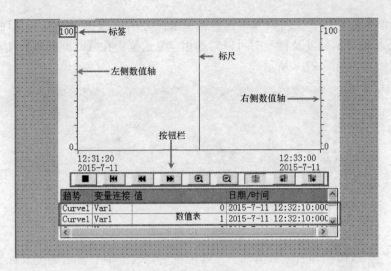

图 27-5　趋势图

趋势图中的按钮定义见表 27-3。

表 27-3　　　　　　　　　　　　趋势图中的按钮定义

操作元素	功能
■	停止或继续趋势记录
◄◄	向后翻页到趋势记录开始处。趋势记录的起始值将显示在此处
◄◄	向后滚动一个显示宽度（向左）
►►	向前滚动一个显示宽度（向右）
⊕	缩放所显示的时间区域
⊖	缩小所显示的时间区域
▓	显示或隐藏标尺。标尺显示相应位置的 X，Y 坐标值
◄▓	向后移动标尺（向左）
▓►	向前移动标尺（向右）

● **第二步**　设置趋势视图的属性

在 WinCC flexible 中生成趋势视图之后，需要在其属性窗口中组态其各种属性，以便使其在运行中正确显示变量的值。具体设置步骤如下。

（1）设置 X 轴。

在【X 轴】选项卡的模式下拉列表框中设置 X 轴的显示模式，此处设置为【时间】模式，可在【新值来源于】下拉列表框中选择新值来源方向，选择"居右"，即曲线运动方向向左，选择在 X 轴显示刻度及标签时可以勾选相应复选框，在【时间间隔】文本框中设置 X 轴显示的时间长度，如图 27-6 所示。

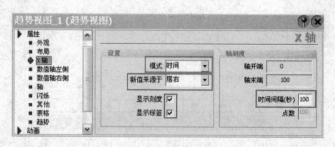

图 27-6　设置 X 轴

（2）设置左侧数值轴和右侧数值轴。读者想在左侧数值轴上显示刻度及标签时，勾选相应复选框即可，还可以设置轴的标签长度和刻度，如图 27-7 所示。

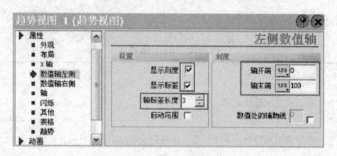

图 27-7　设置左侧数值轴

同样，读者如果想在右侧数值轴上显示刻度及标签时，勾选相应复选框即可，还可以设置轴的标签长度和刻度。

（3）设置坐标轴的共有属性。选择在 X 轴、左侧 Y 轴、右侧 Y 轴坐标轴上显示刻度值，设置坐标轴的增量，即相邻两个刻度之间的差值。然后分别设置 X 轴、左侧 Y 轴、右侧 Y 轴的增量。坐标轴每隔几个刻度做一个标记，分别进行设置即可，如图 27-8 所示。

图 27-8　设置坐标轴的共有属性

图 27-8 中勾选 X 轴、左侧 Y 轴和右侧 Y 轴的【刻度值】后，就选择了在左侧坐标轴上显示刻度值。

本例在设置坐标轴的增量时，设置 X 轴为【2】、左侧 Y 轴为【10】、右侧 Y 轴的增量【5】，而它们对应的标记，则分别设置为【4】、【2】和【2】。

第三步　创建两个趋势

在这里创建了两个新的趋势，并将它们分别命名为【正弦趋势】【递增趋势】，如图 27-9 所示。

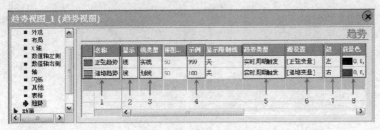

图 27-9　趋势表显示

1）设置趋势曲线的显示形式，本例均设置为【线】型。

2）设置曲线的类型，分别为【实线】【划线】。

3）设置【案例】的数值，所谓示例指的是在趋势视图中所显示的采样点的个数，分别设置为【999】【1000】。

4）设置趋势类型，都设为【实时周期触发】。

5）设置趋势所显示的变量，分别为【正弦变量】【递增变量】，本示例的两个变量是在变量表中创建的两个【Float】型的内部变量。

6）设置【正弦趋势】的值由左侧坐标轴标定，【递增趋势】的值由右侧坐标轴标定。

7）设置两条趋势曲线的颜色分别为【黑色】和【蓝色】。

压缩和隐藏标尺后的趋势曲线如图 27-10 所示。

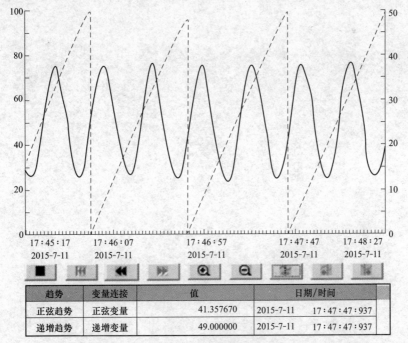

图 27-10　趋势曲线图

第四篇

应用高级

案例 28 西门子 300 系列 PLC 的张力控制

一、案例说明

张力控制就是在一般的造纸、印刷、纺织、橡胶、冶金等卷材控制及生产设备中，处理一些如纸张、薄片、丝、布等长尺寸材料或产品时，对材料的张紧度的控制。本 s 例使用张力计，通过西门子 300 系列 PLC 控制两台 MM440 变频器的运行进而对中心卷曲进行控制。

中心卷取在机械上很简单，卷取时只受到自重的影响，所以卷取效果比较好。卷取控制多采用力矩性能比较出色的直流调速系统，但由于直流电动机存在维护难、抗环境影响能力差等缺点，因此，目前采用的是具有矢量控制功能的变频器来替代直流调速器，因为其力矩性能已经可以与直流调速系统的性能相媲美了，所以现在有很多厂家的变频器可应用于这种场合。

二、相关知识点

1. 张力传感器的相关知识

张力传感器一般使用称重传感器来测量，按其工作原理可以分为电阻应变式、电容式、电感式、压磁式、压电式、振弦式等多种类型，其中最常用的是电阻应变式称重传感器。

在张力控制中的张力传感器的机械结构一般是左右对称的，它的结构图如图 28-1 所示。

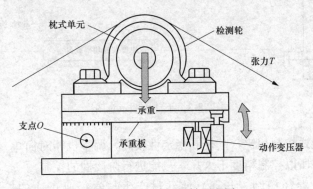

图 28-1 张力计的机械原理图

将张力传感器的受力分解得到如图 28-2 所示的受力分解图。

因为张力计左右对称所以张力在水平方向大小相等，方向相反，两者在水平方向上抵消。在垂直方向张力计的测量值

$$G = 2T \times \sin\theta$$

在实际的张力测量仪中，θ 角在制作张力仪时已知，因此

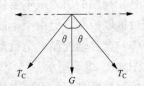

图 28-2 张力计的受力分解图

$$T=G/2\sin\theta=G/K$$

其中

$$K=2\sin\theta$$

（1）电阻应变式称重传感器的分类。电阻应变式称重传感器按其结构又可分为柱形、箱形、悬臂梁形、剪切梁形、圆环形和轮辐形等多种类型。

（2）柱形称重传感器的工作原理。柱形称重传感器的工作原理是将电阻应变计粘贴在弹性敏感元件上，然后以适当的方式组成电桥，从而将物体的质量转换成电信号。柱形称重传感器主要由两部分组成，第一部分是弹性敏感元件，它将被测物体的质量转换为弹性体的应变值，第二部分是作为传感元件的电阻应变计，它将弹性体的应变同步地转换为电阻值的变化。

当弹性体上放有物体时，其被纵向压缩，横向拉伸，使粘贴在其表面上的应变片随其同步地变形而改变电阻值。由于由应变片组成的应变计连接成平衡电桥形式，应变片应变电阻的变化会引起电桥的不平衡，从而输出与所载物体的质量成正比的信号，即弹性体在弹性范围内的相对变化与引起变形的物体的质量成正比。

2. 张力控制方式的分类

常用的张力控制的方式有手动控制、卷径控制、全自动控制 3 种。

（1）手动控制。手动控制是根据人的手感来调整张力和材料的拉伸，示意图如图 28-3 所示。

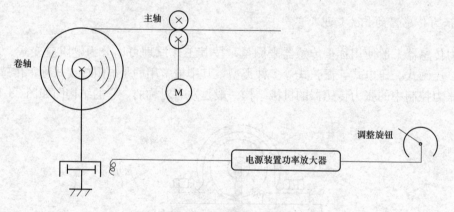

图 28-3　手动控制示意图

手动控制与机械式控制相比，其控制稳定性较高，调整也相对简单，成本低，但由于依赖于人的感觉控制，所以控制精度不太高，只能进行阶段性的控制。

（2）卷径控制。卷径控制（开环）使卷材产生与卷径成正比的控制扭矩，示意图如图 28-4 所示。

卷径控制的引入成本要比全自动控制低，可以进行稳定的控制，不需要张力检测器，容易进行锥度控制。但由于不能消除机械损耗及执行机特性的影响，因此不能精确控制张力。

（3）全自动控制。全自动控制（闭环）用传感器检测张力，控制使之与目标张力一致，示意图如图 28-5 所示。

控制精度良好，可以直接读取控制张力，还可以修正执行机的扭矩特性，但对短期的外部干扰的抵抗力较弱，成本较高，需要对机械运转动作和控制。

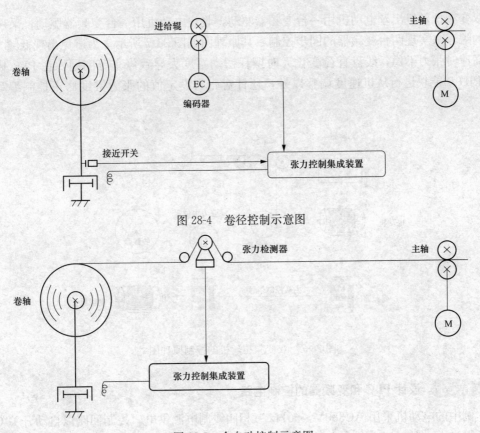

图 28-4　卷径控制示意图

图 28-5　全自动控制示意图

三、创作步骤

● 第一步　拉丝机的基本原理分析

从机械上，拉丝机可以分解为拉丝部分与收线部分，从电气控制上，拉丝机可以分解为拉丝无级调速控制与卷取的恒张力同步控制，通过张力摆杆的位置变化，回馈控制系统，经过自动运算，改变卷取电动机的运行速度，从而达到卷筒卷取与拉丝机出丝这两个环节的同步，并可以通过排线导轮电动机，随着卷取速度的不同，均匀地将成品金属丝缠绕在卷取工字轮上，以实现对金属材料的拉伸加工，拉丝机的基本原理图如图 28-6 所示。

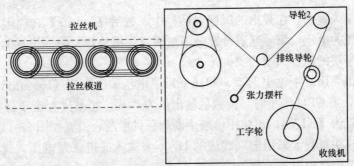

图 28-6　拉丝机的基本原理图

双变频拉丝机出丝电动机用一台变频器驱动，收线电动机用一台变频器驱动，采用 PLC 内部的编程来实现两台变频器的同步控制，其原理图如图 28-7 所示。为避免出现低频力矩不够，高速时张力不稳，线盘直径变化大时摆杆摆动幅度大导致停车等问题，在 PLC 内部除使用 PID 功能块进行从机速度调整以外，还针对张力设定值的张力锥度修正控制编写了功能块。

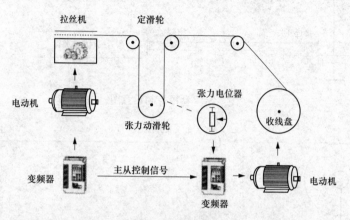

图 28-7　双变频拉丝机的控制原理图

第二步 设计 PLC 和变频器的控制电路

本例中的电动机采用 AC380V，50Hz 三相四线制电源供电，控制回路以自动开关 Q1 作为电源隔离短路保护开关，并且项目中的 INV1 变频器选用有力矩控制功能的西门子 MM440 变频器。

西门子 400 PLC 控制系统中的电源模块选用 10A 的 6ES7 407-0KA01-0AA0，CPU 选配 421-2，通过 ET200 模块 IM153-2（6ES7 153-2AA00-OXB0）进行扩展，模拟量模块选用混合模块 6ES7334-0KE80-0AB0 和数字量输入模块 6ES7 321-1BH02-0AA0，数字量输出模块 6ES7 322-1BH10-0AB0，如图 28-8 所示。

第三步 项目创建和硬件组态

在【HW Config】组态窗口中的硬件配置完成图如图 28-9 所示。

第四步 模拟量模块的通道设置

双击模拟量输入模块，在弹出的属性对话框中，激活【Inputs】选项卡，将前 3 个通道的检测类型均设置为电压，第 4 通道设置为不激活，将模块转换时间设置为 2ms，不使用中断，模拟量输入模块的设置如图 28-10 所示。

模拟量输出也采用 3 个输出通道，同样采用了电压输出，将【Reaction to CPU-STOP】设为【OCV】后，当 CPU 停止时，模拟量输出值为"0"，如果读者需要保持最后的模拟量输出值，则需设置为【KLV】，不使用诊断中断和硬件中断，设置如图 28-11 所示。

模拟量混合模块量程卡采用出厂默认的 D，4 个输入通道都是电压，设置如图 28-12 所示。读者如果需要则可以设置成其他的，如 A 或 C。

模拟量混合模块量程卡的设置表见表 28-1。

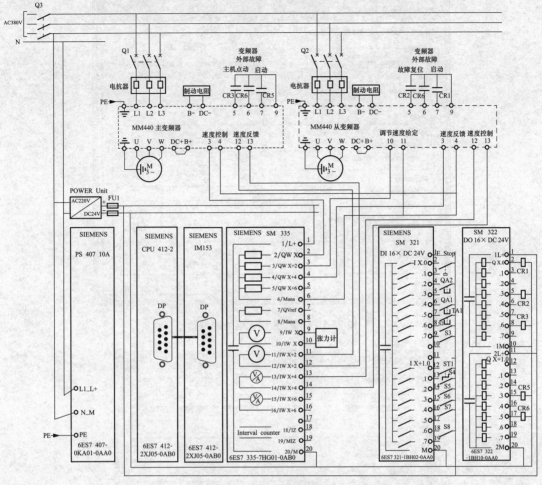

图 28-8 电气原理图

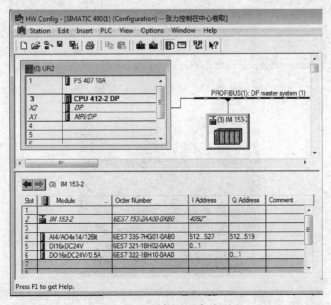

图 28-9 硬件配置完成图

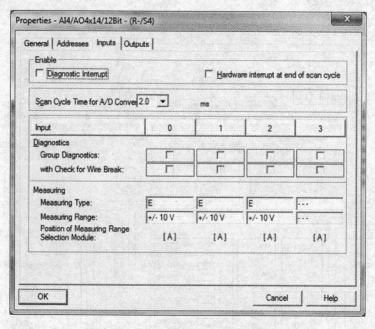

图 28-10　模拟量输入通道的设置

图 28-11　模拟量输出的配置

图 28-12　混合模块的量程卡默认为 D

表 28-1 模拟量混合模块量程卡的设置表

量程卡位置	模拟量输入类型	测量范围（默认）
A	通道 0：电压	±10V
	通道 1：电压	±10V
	通道 2：电压	±10V
	通道 3：电流	4～20mA
B	未使用	
C	通道 0：电压	±10V
	通道 1：电压	±10V
	通道 2：电流	4～20mA
	通道 3：电流	4～20mA
D	通道 0：电压	±10V
	通道 1：电压	±10V
	通道 2：电压	±10V
	通道 3：电压	±10V

SM335 模块占用 16 个字节的输入地址区，每个字节的详细定义见表 28-2，可以通过直接访问这 16 个字节来得到模块相应的输入值。

表 28-2 SM335 混合模块逻辑输入通道地址表

输入字节	内容
模块首地址＋0	通道 0 测量值的高字节
模块首地址＋1	通道 0 测量值的低字节
模块首地址＋2	通道 1 测量值的高字节
模块首地址＋3	通道 1 测量值的低字节
模块首地址＋4	通道 2 测量值的高字节
模块首地址＋5	通道 2 测量值的低字节
模块首地址＋6	通道 3 测量值的高字节
模块首地址＋7	通道 3 测量值的低字节
模块首地址＋8	在比较模式或仅测量模式中： ① 周期结束中断的次数； ② 周期中断失败次数＋1，默认为"1"
模块首地址＋9	比较模式 C 启动或比较模式或仅测量模式的返回码
模块首地址＋10	传感器电源电压值的高字节
模块首地址＋11	传感器电源电压值的低字节
模块首地址＋12	间隔脉冲的计数值
模块首地址＋13	间隔脉冲周期时间值的 16～24Bit
模块首地址＋14	间隔脉冲周期时间值的 8～15Bit
模块首地址＋15	间隔脉冲周期时间值的 0～7Bit

模拟量输出通道的地址对应关系见表 28-3。如果将模块的输出首地址设置为"512"，则对应的 4 条通道的输出值分别为 PQW512，PQW514，PQW516，PQW518。当在程序中给指定的通道地址赋值后，就可以在相应的输出通道得到实际的输出。

表 28-3　　**SM335 混合模块的输出通道地址表**

输出字节	内容
模块首地址+0	通道 0 输出值的高字节
模块首地址+1	通道 0 输出值的低字节
模块首地址+2	通道 1 输出值的高字节
模块首地址+3	通道 1 输出值的低字节

第五步　创建符号表和共享数据块 DB1

在进行程序编制之前，首先编制符号表，如图 28-13 所示。

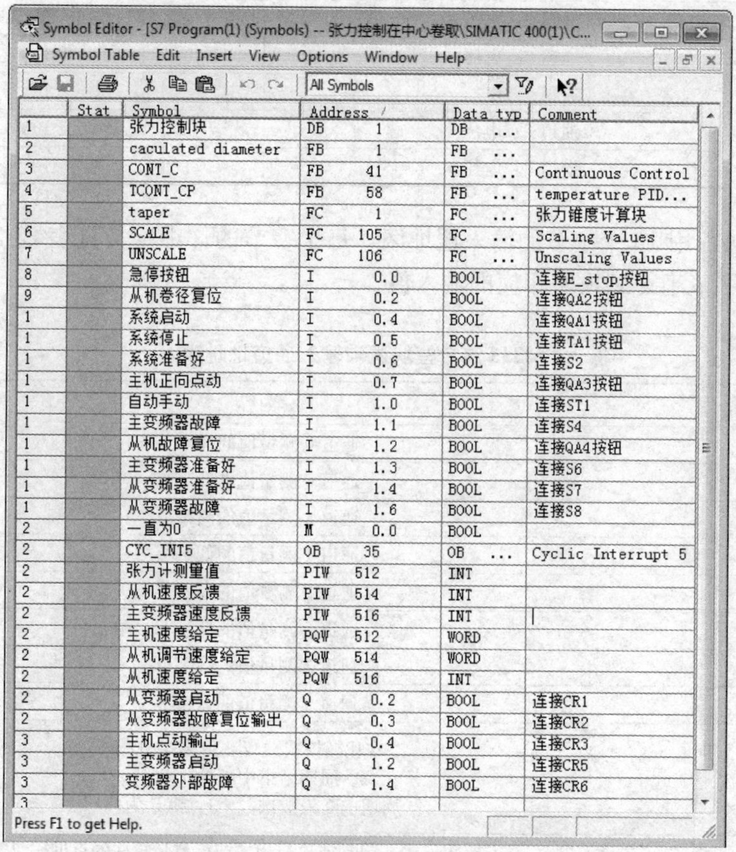

	Stat	Symbol	Address	Data typ	Comment
1		张力控制块	DB 1	DB ...	
2		caculated diameter	FB 1	FB ...	
3		CONT_C	FB 41	FB ...	Continuous Control
4		TCONT_CP	FB 58	FB ...	temperature PID...
5		taper	FC 1	FC ...	张力锥度计算块
6		SCALE	FC 105	FC ...	Scaling Values
7		UNSCALE	FC 106	FC ...	Unscaling Values
8		急停按钮	I 0.0	BOOL	连接E_stop按钮
9		从机卷径复位	I 0.2	BOOL	连接QA2按钮
1		系统启动	I 0.4	BOOL	连接QA1按钮
1		系统停止	I 0.5	BOOL	连接TA1按钮
1		系统准备好	I 0.6	BOOL	连接S2
1		主机正向点动	I 0.7	BOOL	连接QA3按钮
1		自动手动	I 1.0	BOOL	连接ST1
1		主变频器故障	I 1.1	BOOL	连接S4
1		从机故障复位	I 1.2	BOOL	连接QA4按钮
1		主变频器准备好	I 1.3	BOOL	连接S6
1		从变频器准备好	I 1.4	BOOL	连接S7
1		从变频器故障	I 1.6	BOOL	连接S8
2		一直为0	M 0.0	BOOL	
2		CYC_INT5	OB 35	OB ...	Cyclic Interrupt 5
2		张力计测量值	PIW 512	INT	
2		从机速度反馈	PIW 514	INT	
2		主变频器速度反馈	PIW 516	INT	
2		主机速度给定	PQW 512	WORD	
2		从机调节速度给定	PQW 514	WORD	
2		从机速度给定	PQW 516	INT	
2		从变频器启动	Q 0.2	BOOL	连接CR1
2		从变频器故障复位输出	Q 0.3	BOOL	连接CR2
3		主机点动输出	Q 0.4	BOOL	连接CR3
3		主变频器启动	Q 1.2	BOOL	连接CR5
3		变频器外部故障	Q 1.4	BOOL	连接CR6
3					

图 28-13　符号表

创建共享数据块 DB1，此数据块包括了张力控制，如图 28-14 所示。

在此例中用的张力仪采用模拟量输出到 PLC 的模拟量输入模块上，为保证控制质量，在西门子 400 系列 PLC 中张力闭环通过 PID 控制功能块来控制。

第六步　组织块 OB1 的程序编制

程序在 OB1 中调用 FC105 将模拟量模块的第一个模拟量输入转换为张力测量值，如图 28-15 所示。

类似地，在程序段 2 中将变频器反馈的速度转换为转每分钟的浮点数，主变频器的最高

Address	Name	Type	Initial value	Comment
0.0		STRUCT		
+0.0	tension	REAL	0.000000e+000	以百分数计算的张力值
+4.0	Manual_Setpoint	REAL	0.000000e+000	手动模式张力给定值
+8.0	Auto_Setpoint	REAL	0.000000e+000	自动模式张力给定值
+12.0	auto_manualSwitch	BOOL	FALSE	手自动切换
+14.0	proportion_factor	REAL	0.000000e+000	比例增益
+18.0	interal_factor	TIME	T#2S	积分增益
+22.0	dead_band	REAL	0.000000e+000	死区信号
+26.0	always_on	BOOL	TRUE	常ON信号
+28.0	winder_speedFeedback	REAL	0.000000e+000	收卷速度反馈
+32.0	Master_actualSpeed	REAL	0.000000e+000	主机速度反馈
+36.0	winder_speed_Setpoint	REAL	0.000000e+000	从机速度给定
+40.0	wind_diameterSetpoint	REAL	2.000000e+001	卷径预设值
+44.0	Winder_dimeter_caculated	REAL	2.000000e+001	卷径计算值
=48.0		END_STRUCT		

图 28-14 数据块 DB1 的图示

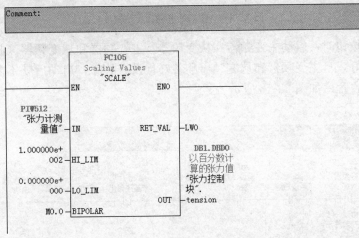

图 28-15 调用 FC105 将模拟量切换为张力测量值

频率为 70Hz，对应 3500mm/s，程序如图 28-16 所示。

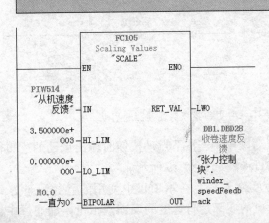

图 28-16 调用 FC105 将模拟量转换为电动机转速

在程序段 3 中编程常 ON 和常 OFF 位变量，实际上就是创建了 True 和 False 两个常量。为在 PID 功能块和 FC105 功能中调用做准备，程序如图 28-17 所示。

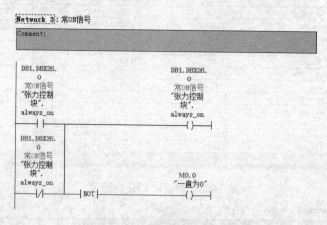

图 28-17　常 ON 和常 OFF 程序

当按下启动按钮时，启动主变频器和从变频器，主变频器和从变频器（收卷）的启动条件是，系统准备好，且主变频器和从变频器准备好且没有故障，启动后就不需要变频器再输出准备好信号了，程序如图 28-18 所示。

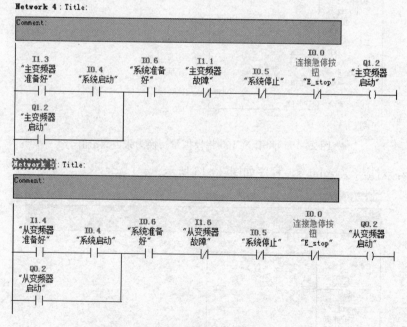

图 28-18　主变频器和从变频器的启动

在手动模式下，完成主机的点动操作，当按下点动按钮时输出点动的逻辑输出，点动频率在变频器中设置，设置值为"10Hz"，如图 28-19 所示。

程序调用卷径计算功能块计算实际卷径，在本项目中使用的卷径测量方式是间接测量法，通过主机和从机（收卷）拉丝机的实际运行速度的反馈模拟量，即通过主机的实际速度反馈直接通过 FC105 对应实际的线速度，再除以收卷机的角速度的从卷径，即

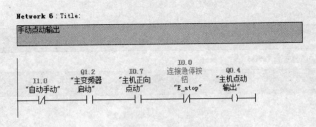

图 28-19　主机点动程序

$$D = 60VI/\pi \times n$$

式中　V——拉丝的线速度；

　　　I——收卷的减速比；

　　　n——收卷电动机的实际转速。

为防止在很低速度下速度计算误差过大，所以设置了低速门槛，必须大于此门槛才进行计算。另外，为防止卷径计算结果的快速跳动，在功能块中加入了平均值滤波的参数，计算的卷径必须经过滤波后才能被传送到输出的卷径计算结果中。

在 SIMATIC 管理器中右击鼠标，在弹出的快捷菜单中选择【Insert New Object】→【Function Block】命令创建一个【FB1】，双击后进入编辑，加入一个 FB 块的操作如图 28-20所示。

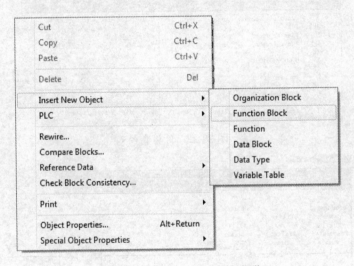

图 28-20　加入一个 FB 块的操作

● 　第七步　**FB1 功能块的程序编制**

在 FB1 功能块的程序段 1 中判断计算门槛是否到达，当收卷速度大于低速门槛时输出允许计算标志，程序如图 28-21 所示。

收卷速度超过低速门槛后，按 $D = 60VI/\pi \times n$ 计算卷径，程序如图 28-22 所示。

程序使用 S_PULSE 定时器建立了一个以 filter_time 为采样周期，在每个周期内，此定时器的输出仅接通一个扫描周期，在此扫描周期内累计卷径和采样次数，程序如图 28-23 所示。

采样次数到 10 次后，计算滤波后的卷径，并将卷径滤波值的累计值和滤波次数清零，为下一次滤波做准备，程序如图 28-24 所示。

FB1 : Title:

Comment:

Network 1: Title:

判断低速门槛是否到达

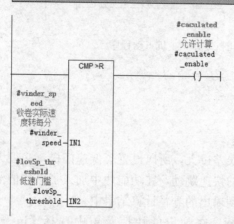

图 28-21 输出允许计算的标志

Network 2: Title:

允许计算标志到达后,按$D=V×I×60/π×n$计算卷径,其中V——拉丝的线速度;I——收卷的减速比;
n——收卷电机的实际转速。

```
        A       #caculated_enable                       #caculated_enable  -- 允许计算
        JCN     NC1
        L       #Master_speed           //V             #Master_speed      -- 主机速度,mm/s
        L       #gear_factor            //i             #gear_factor       -- 减速比
        *R
        L       6.000000e+001           //60
        *R
        L       #winder_speed           //n             #winder_speed      -- 收卷实际速度,r/min
        /R
        L       3.141500e+000           //PI
        /R
        T       #caculated_before_filter //D            #caculated_before_filter
NC1:    NOP     0
```

图 28-22 计算卷径

Network 3: Title:

程序使用S_PULSE建立一个以filter.time为采样周期,每隔filter.time,此定时器的
输出接通一个扫描周期,在此扫描周期内累计卷径和采样次数。

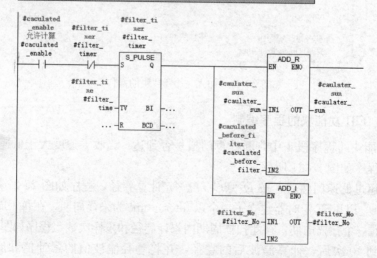

图 28-23 在采样周期内累计卷径和采样次数

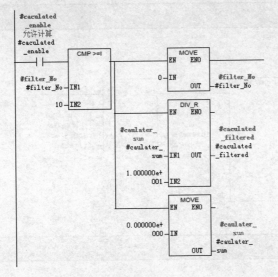

图 28-24 卷径滤波次数大于 10 次重新初始化

对滤波后的值进行限幅,如果超出最大值则输出卷径的最大值,如果小于卷径的最小值则输出卷径的最小值,程序如图 28-25 所示。

完成卷径预设的功能,在收卷机运行速度低于计算速度门槛时,按下卷径复位按钮后,将用户预设的卷径传送到计算后的滤波卷径中,程序如图 28-26 所示。

在功能块的最后,在计算卷径允许标志为"1"的情况下,将滤波后的卷径传送到功能块的"卷径输出"中,程序如图 28-27 所示。

FB1 功能块的块输入管脚的定义如图 28-28 所示。

FB1 功能块的状态变量的定义如图 28-29 所示。

FB1 功能块的输出管脚定义,如图 28-30 所示。

● 第八步 主程序中的程序编制

功能块编写完毕后,在 OB1 中调用 FB1 功能块,此功能块的背景数据块是 DB3,计算收卷的实际卷径放到 MD22 中,因为收卷没有使用减速机,所以减速机的减速比使用功能块默认的"1.0",程序如图 28-31 所示。

使用线速度除卷径得到收卷的速度给定,使用线速度除卷径得到

$$n=60VI/\pi \times D$$

程序如图 28-32 所示。

使用 FC106 输出 PQW516 到收卷变频器的频率给定,程序如图 28-33 所示。

在 OB35"循环定时中断"组织块中,调用 FB41 PID 调节收卷机的附加运行速度,将计算的结果输出到模拟量输出模块的第二通道,输出信号为 0~10V 的模拟量信号,然后将此模拟量输出接到变频器的模拟量输入作为电动机扭矩的给定值。

在程序的编写中,PID 功能块只启用了比例和积分环节,即 PI 控制器,为避免 PI 控制器过于频繁的调整,在本程序中还设置了死区,当 PI 控制器的误差落在死区范围内,PID

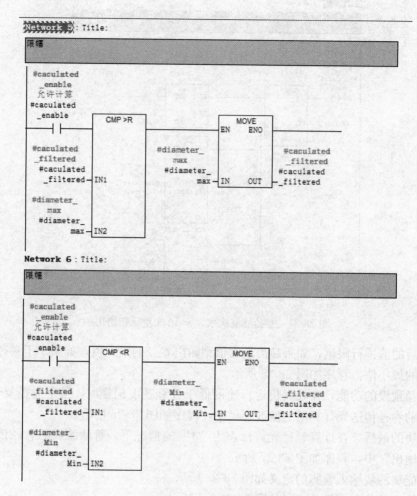

图 28-25　限幅的程序

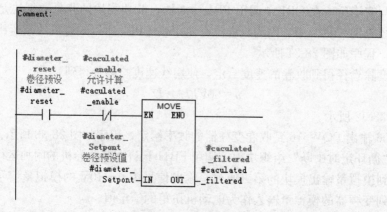

图 28-26　卷径预设功能

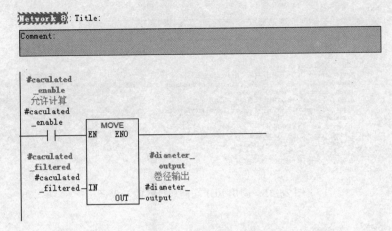

图 28-27 卷径输出的程序

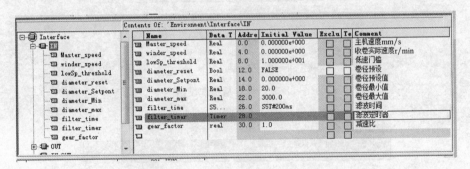

图 28-28 FB1 功能块的输入管脚

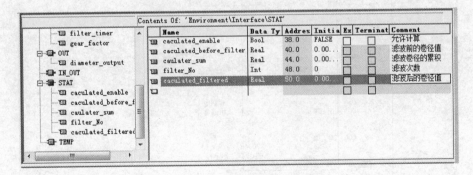

图 28-29 FB1 功能块的状态变量

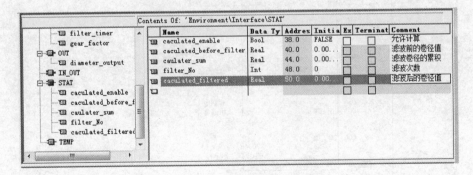

图 28-30 FB1 功能块的输出管脚

```
Network 8 : Title:
调用卷径计算功能块

        A      "自动手动"                                      I1.0
        JCN    nM2
        CALL   "caculated diameter" , DB3                     FB1
        Master_speed    :="张力控制块".Master_actualSpeed      DB1.DBD32    -- 主机速度反馈
        winder_speed    :="张力控制块".winder_speedFeedback    DB1.DBD28    -- 收卷速度反馈
        lowSp_threshold :=2.000000e+001
        diameter_reset  :="从机卷径复位"                       I0.3
        diameter_Setpont:="张力控制块".wind_diameterSetpoint   DB1.DBD40    -- 卷径预设值
        diameter_Min    :=MD10
        diameter_max    :=MD14
        filter_time     :=S5T#300MS
        filter_timer    :=T2
        gear_factor     :=
        diameter_output :=MD22
nM2:    NOP    0
```

图 28-31 调用 FB1 功能块计算收卷卷径

```
Network 9 : Title:
使用线速度除卷径得到n=V×1×60/π×D

        L      "张力控制块".Master_actualSpeed    DB1.DBD32    -- 主机速度反馈
        L      6.000000e+001
        *R
        L      3.141500e+000
        /R
        L      MD     22
        /R
        T      "张力控制块".winder_speed_Setpoint DB1.DBD36    -- 从机速度给定
```

图 28-32 计算从机速度给定

```
Network 10 : Title:
将使用卷径修正过的"从机速度给定"算出"从机速度给定"
```

图 28-33 FC106 块的程序

功能块输出不变化。

为了方便调试，本案例在编程时还使用了 DB 块存储 PI 控制器的比例系数和积分时间，以方便读者在 HMI 中进行手动设置，程序如图 28-34 所示。

在程序段 11 中，系统未准备好时输出"变频器外部故障"，如图 28-35 所示。

在程序段 12 中，按下"从机故障复位"按钮，输出"从变频器故障复位输出"，程序如图 28-36 所示。

```
CALL  "CONT_C", DB2                        FB41             -- Continuous Control
COM_RST :=
MAN_ON  :="自动手动"                        I1.0
PVPER_ON:=
P_SEL   :="张力控制块".always_on            DB1.DBX26.0      -- 常ON信号
I_SEL   :="张力控制块".always_on            DB1.DBX26.0      -- 常ON信号
INT_HOLD:=
I_ITL_ON:=
D_SEL   :="一直为0"                         M0.0
CYCLE   :=T#100MS
SP_INT  :="张力控制块".Auto_Setpoint        DB1.DBD8         -- 自动模式张力给定值
PV_IN   :="张力控制块".tension              DB1.DBD0         -- 以百分数计算的张力值
PV_PER  :=
MAN     :="张力控制块".Manual_Setpoint      DB1.DBD4         -- 手动模式张力给定值
GAIN    :="张力控制块".proportion_factor    DB1.DBD14        -- 比例增益
TI      :="张力控制块".interal_factor       DB1.DBD18        -- 积分增益
TD      :=
TM_LAG  :=
DEADB_W :="张力控制块".dead_band            DB1.DBD22        -- 死区信号
LMN_HLM :=
LMN_LLM :=
PV_FAC  :=
PV_OFF  :=
LMN_FAC :=
LMN_OFF :=
I_ITLVAL:=
DISV    :=
LMN     :=                                  IN: REAL / initialization value of the integral action
LMN_PER :="从机调节速度给定"
QLMN_HLM:=
QLMN_LLM:=
LMN_P   :=
LMN_I   :=
LMN_D   :=
PV      :=
ER      :=
```

图 28-34　PID 功能块的编程

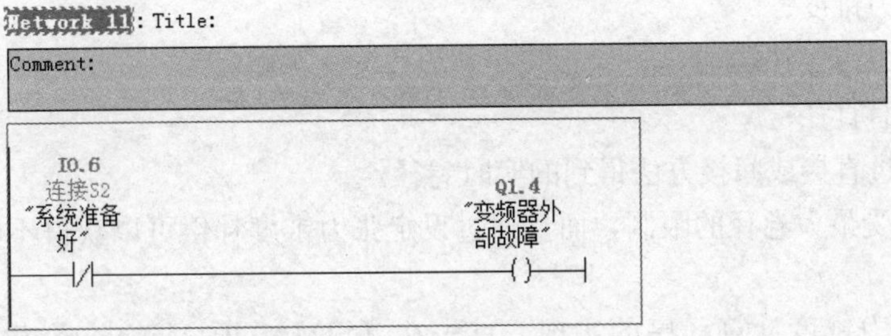

Network 1: Title:

Comment:

```
       I0.6                              Q1.4
      连接S2                            "变频器外
    "系统准备                           部故障"
      好"
     ──┤/├──                           ──( )──
```

图 28-35　外部故障输出

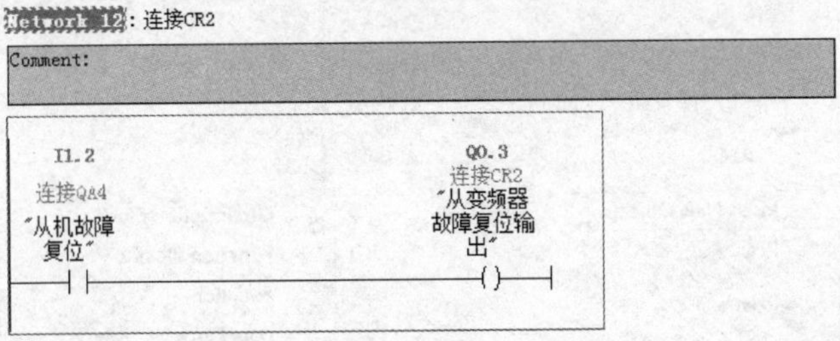

Network 2: 连接CR2

Comment:

```
       I1.2                             Q0.3
      连接Qa4                          连接CR2
    "从机故障                         "从变频器
      复位"                           故障复位输
                                        出"
     ──┤├──                           ──( )──
```

图 28-36　从机的故障复位输出

收卷变频器将两个速度给定叠加起来作为最终的速度给定，以保证收卷张力的恒定，在本项目中使用了卷径自动计算功能，在拉丝过程中收线盘的当前直径随着收线的增加而不断变化，如果收线盘的直径是一个不变的理论值，那么根据角速度等于线速度除以半径就可以知道，角速度会随着收线的过程而逐渐减小，如果不做卷径的计算而是直接使用一开始提供的卷径，就会使运行的角速度和预设的角速度越差越大，从而导致系统稳定性慢慢地变差，因此在程序中专门设计了带平均值滤波卷径自动计算的功能，根据角速度 ω＝线速度 F 除以半径 R 计算出当前的一个同步角速度 ω_1，然后叠加一个 PID 作用的频率信号得到从机运行的频率信号 ω_2（ω_2 则是非常精确的同步频率信号），然后再根据 $R=F/\omega_2$ 计算出当前收线盘的直径。这样引入卷径自动计算就让拉丝机在工作过程中的任一时刻计算的从机同步频率的误差基本一致，从而保证了拉丝机在整个收线过程的卷径数据与实际卷径非常接近，因而PID 作用效果一直稳定，拉丝机在整个运行过程中的张力和摆杆一直很平稳，即使在启动和停车时也无明显变化。

第九步 张力锥度的计算

　　在印刷包装、造纸和钢铁等行业均需要对张力卷取的给定值进行张力锥度控制修正，对于不同的设备制造厂家，其张力锥度的算法几乎均不相同，但是实现的最终结果均是，随着卷径的增加，收卷的表面张力递减，这样可以避免在中心卷取的过程中，卷材的卷芯变形或者表面起皱，张力锥度修正的张力曲线如图 28-37 所示。

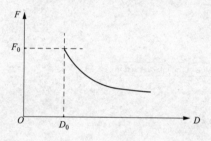

图 28-37　张力锥度修正的张力曲线

　　笔者在功能中使用的张力锥度计算公式为

$$张力实时设定 = 张力预设值 \times [1 - K(D_{min} + D_1)/D_{real} + D_1]$$

式中　K——张力锥度；

　　　D_1——张力锥度补偿；

　　　D_{min}——卷筒直径；

　　　D_{real}——通过直接或间接方法得到的实时卷径。

　　这种算法不受最大卷径的限制，而且通过设定张力锥度补偿可以获得不同的锥度曲线来达到最佳效果。

　　下面介绍张力锥度计算程序的实现，首先在【SIMATIC Manager】中创建一个功能，如图 28-38 所示。

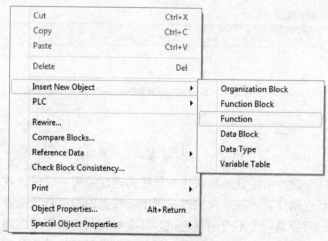

图 28-38　创建一个新的功能

然后在弹出的【属性】对话框中的【Name】（名称）文本框中输入"FC1"，在【Symbolic Name】（符号名）文本框中输入"taper"，在【Symbol comment】（符号注释）文本框中输入"张力锥度计算块"，设置完成后，单击【OK】（确认）按钮，操作如图 28-39 所示。

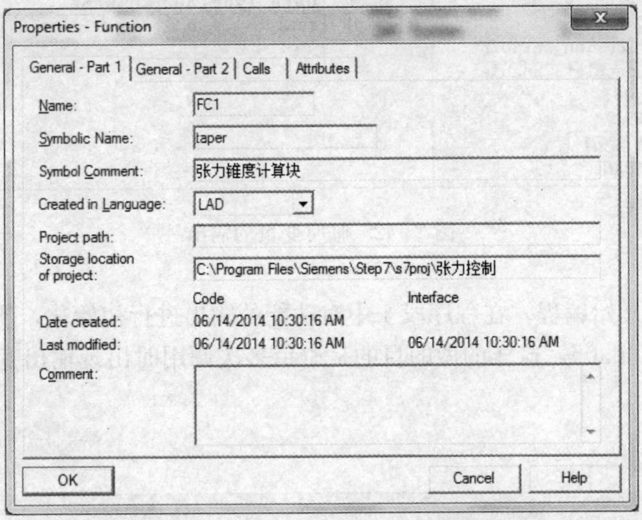

图 28-39　创建张力锥度计算块功能

FC1 功能的输入管脚包括"Tension _ Preset"（张力预设值）、"Taper _ K"（张力锥度系数）、"Taper _ comp"（张力锥度补偿）、"Diameter-actual"（实际卷径）和"Diameter _ Min"（最小卷径），此功能的输入管脚的变量类型和声明的变量如图 28-40 所示。

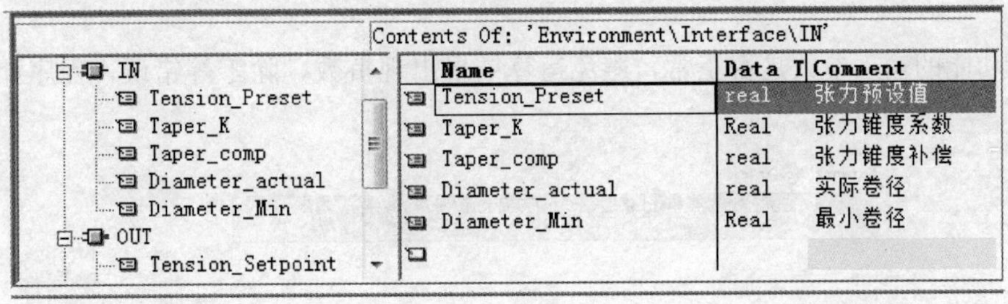

图 28-40　FC1 功能的输入管脚

FC1 功能的输出管脚包括两个变量，"Tension _ Setpoint"（张力实时设定点）和"Caculate _ Enable"（参数正确），如图 28-41 所示。

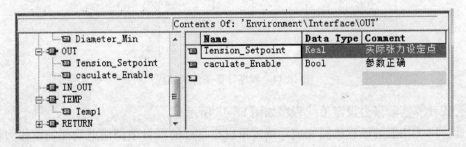

图 28-41　输出管脚的定义图

仅使用了一个临时变量"Tmp1"（用于临时存放计算结果），如图 28-42 所示。

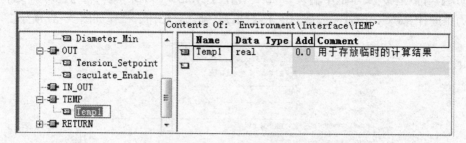

图 28-42　临时变量的输出

双击打开 FC1 开始编程，在程序段 1 中对功能的输出进行初始化，使用 Move 指令将功能的输出值设置为"0.0"，这样的做的目的是避免多次调用时出现输出变量值错误，程序如图 28-43 所示。

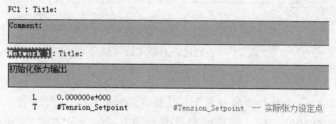

图 28-43　初始化功能的输出

判断功能的输入参数是否正常，避免运算结果出现负数，除零等错误，程序如图 28-44 所示。

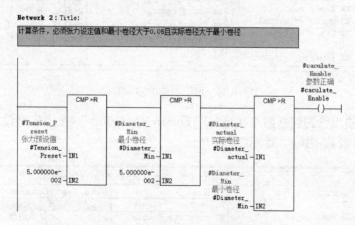

图 28-44　程序计算条件的编程

按公式计算实际张力设定值，程序如图 28-45 所示。

至此，FC1 功能的编程已经完成，读者可以在自己的项目中调用此功能完成张力锥度的计算，以达到良好的张力控制效果。

`Network 3`: Title:

张力实时设定=张力预设值× [1-$K(D_{min}+D1)/D_{real}+D_1$]

```
        A       #caculate_Enable                                          -- 参数正确
        JCN     end
        L       #Diameter_actual                                          -- 实际卷径
        L       #Taper_comp                                               -- 张力锥度补偿
        +R                              //Dreal+D1
        T       #Temp1                                                    -- 用于存放临时的计算结果
        L       #Diameter_Min                                             -- 最小卷径
        L       #Taper_comp             //Dmin+D1                         -- 张力锥度补偿
        +R                              //Dreal+D1
        L       #Temp1                  //(Dmin+D1)/Dreal+D1
        /R
        L       #Taper_K                //K(Dmin+D1)/Dreal+D1             -- 张力锥度系数
        *R
        L       -1.000000e+000          //-K(Dmin+D1)/Dreal+D1
        *R
        L       1.000000e+000           //1-K[Dmin+D1]/Dreal+D1
        +R
        L       #Tension_Preset         // 张力预设值× [1-K(Dmin+D1)/Dreal+D1]    -- 张力预设值
        *R
        T       #Tension_Setpoint                                         -- 实际张力设定点
end:    SET
        SAVE
```

图 28-45   计算实际张力设定值

案例 29

西门子系列 PLC 在酱油生产中的 PID 温度控制

一、案例说明

酱油生产是培养与利用微生物的综合过程，发酵在整个过程中占有重要地位，在一定条件下利用微生物及其产生的酶将曲料进行充分水解，并完成一系列的生化反应，而温度控制是否合理则起着主导作用。

本案例中的酱油生产设备就是利用蒸汽通过换热板和软化水进行换热，加热后的软化水再通过换热板和酱油换热，用温度传感器检测酱油出料温度，用检测出的温度来控制蒸汽调节阀，以达到通过控制软化水的温度来控制酱油出口温度的目的。

二、相关知识点

1. 磁浮子液位计

磁性浮子、浮球式液位计主要由本体部分，就地指示器，远传变送器以及上、下限液位报警器等几部分组成。磁性浮子式液位计通过与工艺容器相连的筒体内浮子随液面（或界面）的上下移动，由浮子内的磁钢利用磁耦合原理驱动磁性翻板指示器，用红蓝两色（液红气蓝）明显直观地指示出工艺容器内的液位或界位。磁浮子液位计如图 29-1 所示。

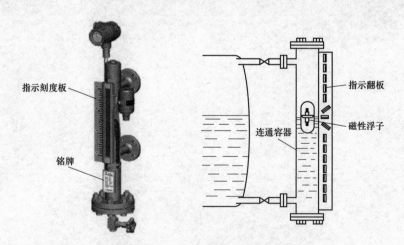

图 29-1　磁浮子液位计的图示

2. 电磁阀的结构与原理

电磁阀是由圆筒形线圈（螺线管）与液压回路控制阀组成的，因此又被称作电磁阀。电磁阀示意图如图 29-2 所示。

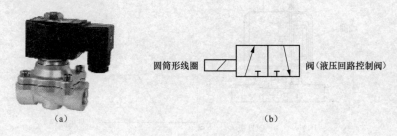

圆筒形线圈　　　　　　　　阀（液压回路控制阀）

（a）　　　　　　　　　　　　　（b）

图 29-2　电磁阀示意图

（a）实物图；（b）图形符号

电磁阀通过电气信号来控制油、水或气体的流动，有多种类型，按基本机能大致可分为比例电磁阀和 ON/OFF 电磁阀。

（1）比例电磁阀。比例电磁阀的作用是能够通过改变电磁阀电流，得到与电流成正比的吸引力。在吸引力与弹力取得平衡时，线轴停止移动。比例电磁阀广泛应用于控制工作装置的液压油缸的速度和力的系统当中。

装载机的电子调制阀（ECMV）就属于比例电磁阀，其控制器输出的信号电流流经线圈，使机体和柱塞励磁，然后柱塞被机体吸引，向左移动，移动量与信号电流成正比。这样，线轴移动量就与电磁阀的电流成正比地变化。线轴移动量变化后液压油油路的大小也相应地发生变化，这样就能控制液压回路的流量与压力了。装载机的电子调制阀的结构示意图如图 29-3 所示。

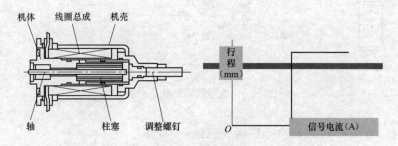

机体　线圈总成　机壳

行程（mm）

轴　　柱塞　调整螺钉

O　　　　信号电流（A）

图 29-3　装载机的电子调制阀的结构示意图

（2）ON/OFF 电磁阀。与比例电磁阀不同，ON/OFF 电磁阀会使一定的电流通过螺线管并产生电磁力，该电磁力超过弹簧弹力后，决定了线轴的位置。装载机的停车制动阀、挖掘机的回转停车制动阀、行走速度阀等都属于 ON/OFF 电磁阀。

ON/OFF 电磁阀的原理是电磁阀由于流经线圈电流的流通或切断，使液压回路的液压油流通或停止。电气回路中的开关变成 ON 或 OFF。

ON/OFF 电磁阀与比例电磁阀一样无法控制流量，因此无法微动地控制工作装置的液压油缸。所以，这种 ON/OFF 电磁阀可以应用于挖掘机回转停车制动的动作或解除、轻触最大功率的动作或解除两者择一的控制，如果应用在越野起重机上则可以用于外伸支架伸出、保持或收藏三者择一的控制。ON/OFF 电磁阀的结构示意图如图 29-4 所示。

例如，在装载机的停车制动开关的应用当中，当打开停车制动开关后，线圈的电流切断，电磁阀成 OFF 状态，开启排放回路，泵先导回路的油流向排放回路使停车制动工作。

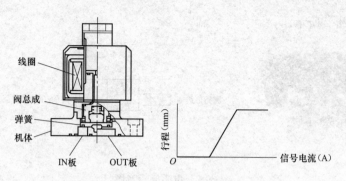

图 29-4 ON/OFF 电磁阀的结构示意图

3. 电磁继电器

电磁继电器是利用通电产生的电磁力，使动合触点闭合、动断触点断开的继电器。

"3" 和 "6" 间是线圈电流没有接通时的接点，称为 NC 接点（动断），"6" 和 "5" 间是线圈电流没有接通时的接点，称为 NO 接点（动合），"5" 是公共端子，称为 COM 接点，电磁继电器的结构示意图如图 29-5 所示。

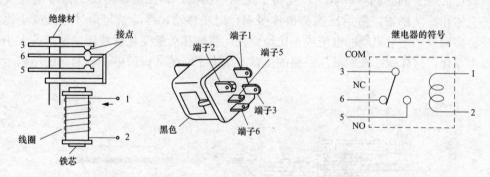

图 29-5 电磁阀的结构示意图

4. 西门子 300 系列 PLC 的信号模块（SM）

西门子 300 系列 PLC 的信号模块能够把不同的过程信号与 S7-300 进行匹配的信号模块；信号模块分开关量模块和模拟量模块两种。

其中，开关量模块用于数字量的输入和输出，而 S7-300 模拟量输入模块的输入测量范围很宽，它可以直接输入电压、电流、电阻、热电阻等信号，而 S7-300 模拟量输出模块可以输出 0～10V、1～5V、−10～＋10V、0～20mA、−20～＋20mA 等模拟信号。

模拟量模块是把流量、速度、压力、风力、张力等变换成数字量，以及把数字量变换成模拟量，进行输入和输出的模块。

（1）功能模块（FM）。功能模块用于在开环和闭环系统中控制高速计数、定位操作，用于对实时性和存储容量要求高的控制任务。

（2）高速计数器模块。当 PLC 内部的高速计数器的最高计数频率不能满足工艺要求时，可选择 FM350 的计数器功能模块达到设计要求。

（3）定位模块。在机械设备中选择定位功能模块进行定位时，可以保证加工的精度。模块包括定位功能模块 FM351、电子凸轮控制器 FM352、步进电动机定位模块 FM353 和伺服电动机定位模块 FM354。

5. 模拟量输入/输出模块的参数设置技巧

模拟量输入模块可以诊断的故障包括：组态/参数分配错误、共模错误、断线（要求激活断线检查）、测量值超下界值、测量值超上界值、无负荷电压 L+。

模拟量输出模块可以诊断的故障包括：组态/参数分配错误、接地短路（仅对于电压输出）、断线（仅对于电流输出）和无负载电压 L+。

模拟量输入信号与转换值之间的关系见表 29-1。

表 29-1　　　　　　　　　　模拟量输入信号与转换值之间的关系

范围	电压		电流		电阻		温度（例如 Pt100）	
	测量范围 −10~+10V	转换值	测量范围 4~20mA	转换值	测量范围 0~300Ω	转换值	测量范围 −200~+850℃	转换值 1位数字=0.1℃
超上限	≥11.759	32767	≥22.815	32767	≥352.778	32767	≥1000.1	32767
超上界	11.7589 ⋮ 10.0004	32511 ⋮ 27649	22.810 ⋮ 20.0005	32511 ⋮ 27649	352.767 ⋮ 300.011	32511 ⋮ 27649	1000.0 ⋮ 850.1	10000 ⋮ 8501
额定范围	10.00 ⋮ 0 ⋮ −10.00	27648 ⋮ 0 ⋮ −27648	20.000 ⋮ 4.000 ⋮	27648 ⋮ 0 ⋮	300.000 ⋮ 0.000 ⋮	27648 ⋮ 0 ⋮	850.0 ⋮ 0.0 ⋮ −200.0	8500 ⋮ 0 ⋮ −2000
超下界	10.0004 ⋮ 11.759	−27649 ⋮ −32512	3.9995 ⋮ 1.1852	−1 ⋮ −4864	不允许负值		−200.1 ⋮ −243.0	−2001 ⋮ −2430
超下限	−11.76	−32768						

组态模拟量模块时，在【HW Config】中双击模拟量模块，会弹出这个模块的【属性】对话框，如图 29-6 所示。

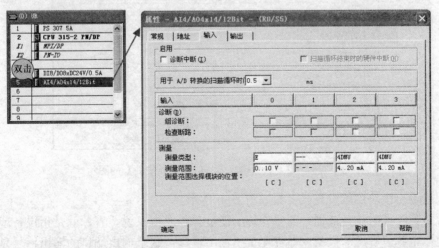

图 29-6　模拟量模块的【属性】对话框图示

此时，激活【输入】选项卡，读者就可以设置这个模拟量输入模块的参数了，可以设置的内容如图29-7所示。

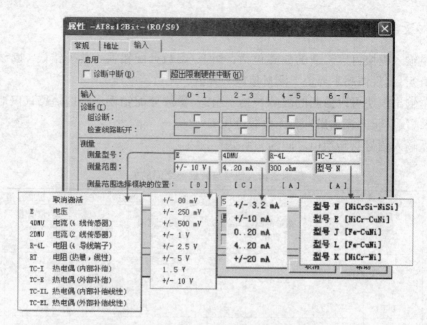

图 29-7 模拟量输入模块的参数设置图示

设置模拟输入模块的【诊断中断】的图示，如图29-8所示。

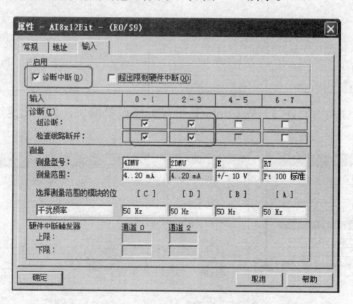

图 29-8 设置模拟输入模块的【诊断中断】的图示

模拟量输出模块可以设置的参数如图29-9所示。

有源是指工作时设备或器件需要外部的能量源，通俗点说，有源就是指设备或器件需要连接合适的电源。有源的设备或器件配备了输出端口，这个输出端口的输出信号是输入信号的一个函数。四线制有源热电偶连接到PLC的模拟量输入模块的接线图，如图29-10所示。

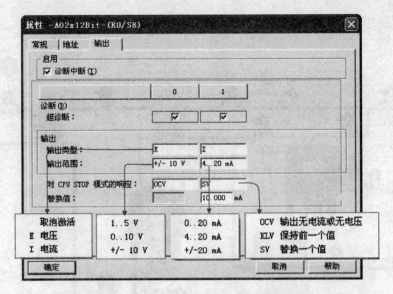

图 29-9　模拟量输出模块可以设置的参数图示

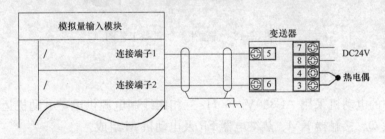

图 29-10　四线制有源热电偶连接到 PLC 的模拟量输入模块的接线图

反之，无源就是指在不需要外加电源的条件下，就可以显示其特性的电子器件或设备，二线制无源热电偶连接到 PLC 的模拟量输入模块的接线图如图 29-11 所示，图中连接的热电偶是不需要外接电源的。

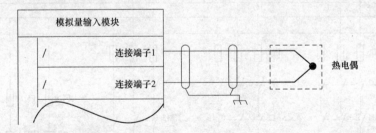

图 29-11　二线制无源热电偶连接到 PLC 的模拟量输入模块的连接图

三、创作步骤

第一步　设备工艺

生产酱油时，将选择开关 ST16 拨到闭合位置，然后，用户就可以通过选择开关 ST17 来选择手动控制还是自动控制（见图 29-17），并进行酱油自动循环控制和软化水自循环控制。设备工艺如图 29-12 所示。

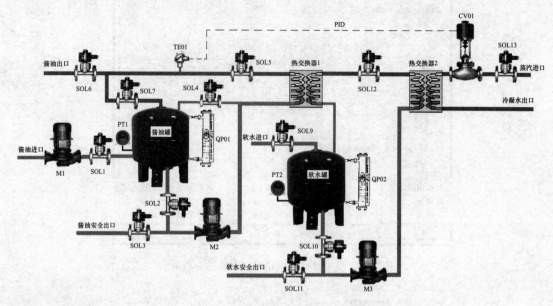

图 29-12　酱油生产的设备工艺图

● 第二步　电气设计

本案例中的电动机采用 AC380V，50Hz 三相四线制电源供电，电动机运行的控制回路是由自动开关 Q、接触器 KM、热继电器 FR 及电动机 M 组成。

自动开关 Q1 作为电源隔离短路保护开关，热继电器 FR 作为过载保护元件，中间继电器 CR1 的动合触点控制接触器 KM1 的线圈得电、失电，接触器 KM1 的主触点控制电动机 M1 的正转运行。三相异步电动机运行的控制线路如图 29-13 所示。

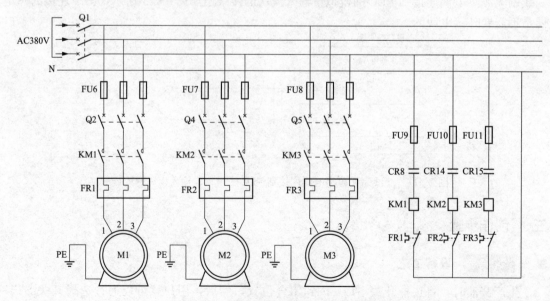

图 29-13　三相异步电动机运行的控制线路

本例采用 AC220V 电源供电，并且通过直流电源 POWER Unit 将 AC220V 电源转换为 DC24V 的直流电源给电磁阀供电，电磁阀继电器的线圈电压为 DC24V，电磁阀控制原理如图 29-14 所示。

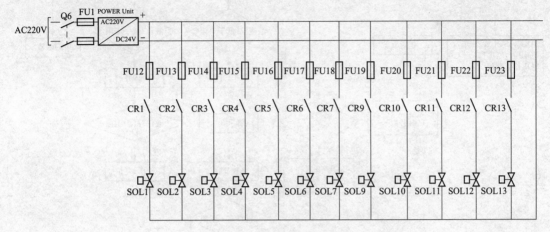

图 29-14　电磁阀控制原理

第三步　工艺流程

将选择开关 ST17 拨到闭合位置，即选择自动后，再将选择开关 ST16 拨到启动位置。电磁阀 SOL2、SOL5、SOL7、SOL10、SOL12、SOL13 开启，延迟 5s 后，M2、M3、CV1 开启，若温度达到设定值时 SOL6 开启、SOL7 复位。当酱油罐液位达到下限位后开启阀 SOL1，延迟 5s，M1 开启，到达上限位后，M1 复位，延迟 5s 后阀 SOL1 复位。当软化水罐液位达到下限位时，放水阀 SOL9 开启，当达到上限位时，SOL9 复位。工艺流程图如图 29-15 所示。

第四步　项目流程设计

西门子大中型系统，在扩展系统时采用 IM365、IM360、IM362 扩展模块，本案例中采用的是 IM365 扩展模块。

本案例在硬件配置时，采用了两条导轨，即 RACK1 和 RACK2。每条导轨上都配有电源，在实际的工程应用中，扩展系统上的电源要根据实际需要来确定是否配备，如果主系统的电源选择得比较合适，其容量是能够为扩展系统进行配电的。扩展机架中的 IM365 发送和接收的接口模块前都配置了电源模块，主要是为了起到演示的作用。本案例的 PLC 系统和扩展系统的硬件配置示意图如图 29-16 所示。

值得注意的是，在 STEP 7 编程软件中，做硬件组态时导轨 RACK1 为组态页面的机架 0，导轨 RACK2 为机架 1。

另外，PLC 主系统和扩展系统中都可以带 8 个西门子 300 系列的 SM 模块，也就是说 IM365 扩展机架接口模块后可以添加 8 个西门子 300 系列的 SM 模块。本书因篇幅有限，在控制上雷同的地方予以省略，即在主系统上连接 3 个 SM 模块，在扩展机架系统的 IM365 接口模块后挂接 3 个 SM 模块的情况。

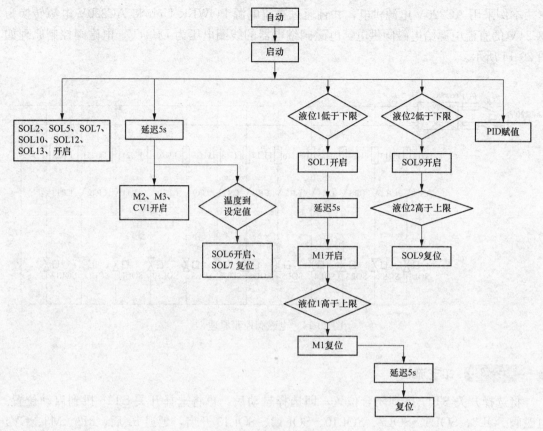

图 29-15　工艺流程图

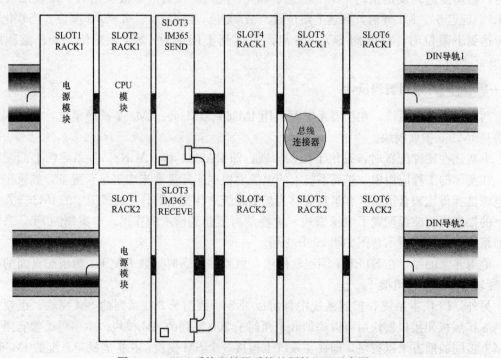

图 29-16　PLC 系统和扩展系统的硬件配置示意图

第五步 西门子 300 系列 PLC 的控制原理

CPU 模块 6ES7 317-2FJ10-0AB0 安装在机架 0 上，PLC 的带扩展机架的控制原理图如图 29-17 所示。

主机架上配置了模拟量输入/输出模块 6ES7 335-7HG01-0AB0，模拟输入 4 个，分辨率 14 位，模拟量输出 4 个，分辨率 12 位，数字量输入/输出模块 6ES7 323-1BH01-0AA0，DI8/DO8×DC24V/0.5A。

扩展机架系统上配置了模拟量输入模块 6ES7 331-7KB01-0AB0 有两个 AI2 点。

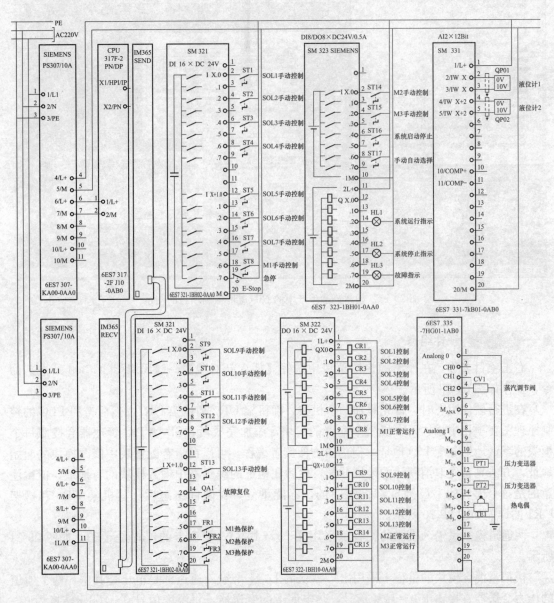

图 29-17 PLC 的带扩展机架的控制原理图

● 第六步 新建项目

打开【SIMATIC Manager】编程软件，选择【文件】→【新建】命令，在弹出的【新建项目】对话框中选择项目存储的路径并输入项目名称"酱油生产线"后，单击【确定】按钮，在弹出来的【新建用户项目】提示框中单击【是】按钮，就完成了新项目的创建，如图 29-18 所示。

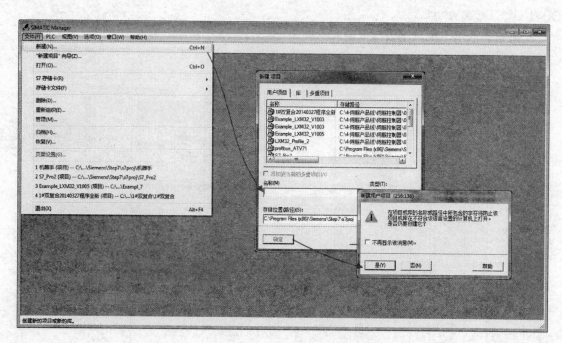

图 29-18　创建酱油生产中的 PID 温度控制项目的图示

● 第七步 硬件组态

右击项目名称，在弹出的快捷菜单中选择【插入新对象】→【SIMATIC 300 站点】命令，操作如图 29-19 所示。

在进行硬件组态时，首先添加两个机架，即机架 UR0 和机架 UR1，然后按照 PLC 的控制原理图在项目中添加两个机架中配置的模块，添加完成后，SIMATIC 管理器会按照每个模块的默认地址分配 I/O 地址，但为了方便读者编程，可以在组态配置表中修改模块的起始地址，方法是首先取消默认的地址分配，然后在地址的编辑框中输入模块的首地址，值得注意的是每个模块的 I/O 地址都是唯一的，不能重复，在硬件组态后，其机架 UR0 和机架 UR1 的详表如图 29-20 所示。

两通道模拟量输入模块的配置都采用【＋/－10V】，量程卡的位置是【B】，如图 29-21所示。

模拟量混合模块的量程卡采用出厂默认的 D，4 个输入通道都是电压，其中，两个通道的压力变送器直接输出 0～10V 信号，热电偶上的变送器，将温度信号 0～200℃转换为 0～10V 信号。

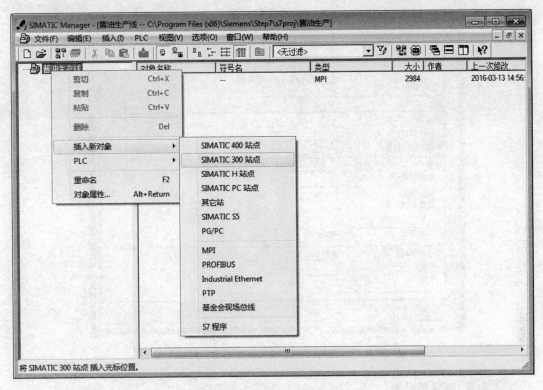

图 29-19 插入 S7-300 的站点

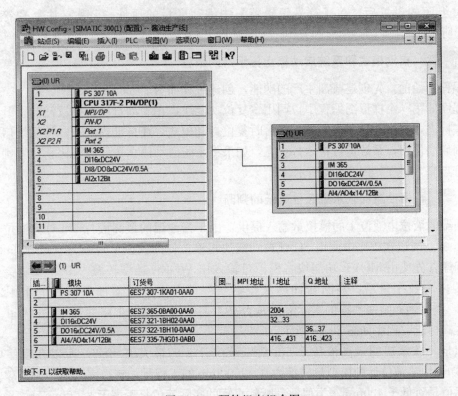

图 29-20 硬件组态组合图

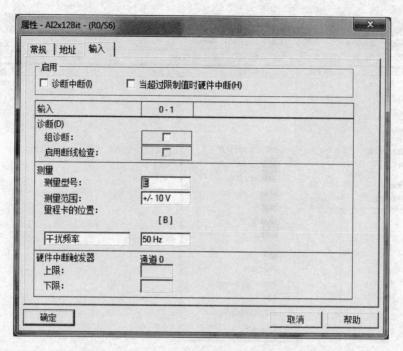

图 29-21　两通道模拟量输入模块的输入信号配置

第八步　创建符号表

通过上面的设置后，在【符号编辑器】中编写变量的地址、名称、注释和符号，如图 29-22 所示。

第九步　自动模式和系统启动停止指示灯的编程

在编程开始前，先创建酱油生产的功能，创建过程如图 29-23 所示。

在程序的第一个梯形图编程中，调用置复位功能块，在手动自动选择拨钮的上升沿置位自动模式标志，在手动自动拨钮的下降沿时复位自动模式，在自动模式下，将系统启动停止拨钮拨到启动位置，系统运行指示灯点亮，如果将系统启动停止拨钮拨到停止位置则系统停止指示灯点亮，程序如图 29-24 所示。

第十步　酱油罐和软水罐液位高低的判断

酱油罐的液位由液位 1 的模拟量输入提供，由于酱油罐的最高液位 3m 对应液位计 1 的最大值 4000，所以在程序中使用 SCALE 功能块将液位计的模拟量转换为 0～3000mm 的工程量，程序首先使用 MOVE 功能块将模拟量输入由 WORD 类型转换为 INT 变量类型，将模拟量转换为数字量后，判断酱油罐液位的实际值是否低于酱油罐液位的下限（低于 400mm），类似地判断酱油罐的实际液位是否高于酱油罐液位的上限（高于 2500mm）输出酱油液位高标志，程序如图 29-25 所示。

类似地，软水罐的最高液位 2.5m 对应液位计 2 的最大值 4000，所以在程序中使用 SCALE 功能块将液位计的模拟量转换为 0～2500mm 的工程量，转换完成后，判断软水罐液位的实际值是否低于 400mm，类似地判断软水罐的实际液位是否高于 2100mm，如果是，则输出"酱油液位高"标志，程序如图 29-26 所示。

符号编辑器 - [S7 程序(1) (符号) -- 酱油生产线\SIMATIC 300(1)\CPU 317F-2 PN/DP(1)]

符号表(S) 编辑(E) 插入(I) 视图(V) 选项(O) 窗口(W) 帮助(H)

全部符号

	状态	符号	地址	/	数据类型	注释
1		SOL1手动控制	I	0.0	BOOL	电磁阀1的手动控制拨钮连接ST1
2		SOL2手动控制	I	0.2	BOOL	电磁阀2的手动控制拨钮连接ST2
3		SOL3手动控制	I	0.4	BOOL	电磁阀3的手动控制拨钮连接ST3
4		SOL4手动控制	I	0.6	BOOL	电磁阀4的手动控制拨钮连接ST4
5		SOL5手动控制	I	1.0	BOOL	电磁阀5的手动控制拨钮连接ST5
6		SOL6手动控制	I	1.2	BOOL	电磁阀6的手动控制拨钮连接ST6
7		SOL7手动控制	I	1.4	BOOL	电磁阀7的手动控制拨钮连接ST7
8		M1手动控制	I	1.6	BOOL	电动机的手动控制拨钮连接ST8
9		急停	I	1.7	BOOL	连接急停按钮E_stop
1		M2手动控制	I	4.0	BOOL	电动机2的手动控制拨钮连接ST14
1		M3手动控制	I	4.2	BOOL	电动机3的手动控制拨钮连接ST15
1		系统启动停止	I	4.4	BOOL	系统启动停止拨钮连接ST16
1		手动自动选择	I	4.6	BOOL	手动自动选择拨钮连接ST17
1		SOL9手动控制	I	32.0	BOOL	电磁阀9 的手动控制拨钮连接ST9
1		SOL10手动控制	I	32.2	BOOL	电磁阀10的手动控制拨钮连接ST10
1		SOL11手动控制	I	32.4	BOOL	电磁阀11的手动控制拨钮连接ST11
1		SOL12手动控制	I	32.6	BOOL	电磁阀12的手动控制拨钮连接ST12
1		SOL13手动控制	I	33.0	BOOL	电磁阀13的手动控制拨钮连接ST13
1		故障复位	I	33.2	BOOL	故障复位按钮连接QA1
2		M1热保护	I	33.5	BOOL	连接热继电器触点FR1
2		M2热保护	I	33.6	BOOL	连接热继电器触点FR2
2		M3热保护	I	33.7	BOOL	连接热继电器触点FR3
2		液位计1	PIW	288	WORD	连接液位计1,0~10V
2		液位计2	PIW	290	WORD	连接液位计2,0~10V
2		压力变送器1	PIW	418	WORD	连接压力变送器1,0~10V
2		压力变送器2	PIW	420	WORD	连接压力变送器2,0~10V
2		热电偶	PIW	422	WORD	0~10V输入
2		蒸汽调节阀	PQW	420	WORD	连接蒸汽阀CV1
2		系统运行指示	Q	4.2	BOOL	系统运行灯连接HL1
3		系统停止指示	Q	4.5	BOOL	系统停止灯连接HL2
3		故障指示	Q	4.7	BOOL	连接HL3
3		SOL1控制输出	Q	36.0	BOOL	连接继电器CR1
3		SOL2控制输出	Q	36.1	BOOL	连接继电器CR2
3		SOL3控制输出	Q	36.2	BOOL	连接继电器CR3
3		SOL4控制输出	Q	36.3	BOOL	连接继电器CR4
3		SOL5控制输出	Q	36.4	BOOL	连接继电器CR5
3		SOL6控制输出	Q	36.5	BOOL	连接继电器CR6
3		SOL7控制输出	Q	36.6	BOOL	连接继电器CR7
3		M1正转运行	Q	36.7	BOOL	连接继电器CR8
4		SOL9控制输出	Q	37.1	BOOL	连接继电器CR9
4		SOL10控制输出	Q	37.2	BOOL	连接继电器CR10
4		SOL11控制输出	Q	37.3	BOOL	连接继电器CR11
4		SOL12控制输出	Q	37.4	BOOL	连接继电器CR12
4		SOL13控制输出	Q	37.5	BOOL	连接继电器CR13
4		M2正转运行	Q	37.6	BOOL	连接继电器CR14
4		M3正转运行	Q	37.7	BOOL	连接继电器CR15
4						

按下 F1 获取帮助。

图 29-22 符号表

第十一步 酱油罐和软水罐的压力高判断程序

为防止酱油罐和软水罐因罐内压力太高而导致罐体或水管破裂，必须加入压力保护功能，使用 0~9bar（0~900kPa）的压力传感器检测酱油罐和软水罐的内部压力，当酱油罐的压力大于 6.5bar（650kPa），软水罐的压力大于 5bar（500kPa）时，输出酱油罐和软水罐的压力高信号，用于打开酱油罐安全出口阀 SOL3 和软水罐的安全处口阀 SOL11，程序模拟量的处理方式也是采用 SCALE 功能块将模拟量映射到 0~9.0 的压力值，程序如图 29-27 所示。

第十二步 电动机 1 和电磁阀 1 的工作逻辑

在编写程序的同时考虑自动模式和手动模式，这样做的好处是对于逻辑输入输出的编程

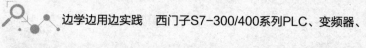

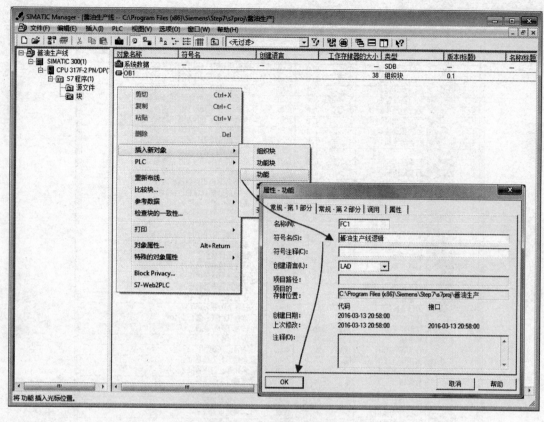

图 29-23　创建 FC1 功能

FC1：标题：

注释：

□ 程序段 1：标题：

□ 程序段 2：标题：

图 29-24　自动模式和系统启动停止的编程图

程序段 3：标题：

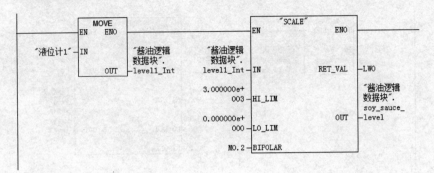

消成段 4：标题：

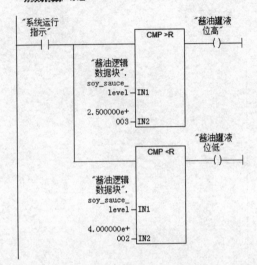

图 29-25 酱油罐液位高低的判断程序

考虑得比较全面，不会出现在多个地方写同一个线圈的问题，这样会导致资源输出，以及线圈的状态（吸合断开状态）不确定。

在手动模式下，按下 M1 手动控制按钮，在 M1 没有过热的情况下，M1 手动运行标志被置位。

在自动模式下，酱油罐液位低信号将置位电磁阀 1 的自动运行标志，酱油罐液位高信号将复位电磁阀 1 的自动运行标志（使用置复位 SR 功能块），此标志为"1"后将开启电磁阀 1，电磁阀 1 接通 5s 后将输出 M1 的自动运行标志。

M1 手动运行标志信号和 M1 自动运行标志都可以启动 M1 电动机。

在手动模式下，按下电磁阀 1 的手动控制按钮时电磁阀 1 将开启，程序如图 29-28 所示。

第十三步　电动机 2 和电动机 3 自动模式和手动模式下的程序

在手动模式下，按下 M2 或 M3 手动控制按钮，在 M2 或 M3 没有过热的情况下，M2 和 M3 手动运行标志被置位。

在自动模式下，在自动模式的上升沿置位 M2 和 M3 自动运行标志，在自动模式的下降沿复位此标志，当 M2 和 M3 自动运行标志为"1"后，开始一个 5s 的延时，延时时间到了以后，与手动运行信号一起，分别启动 M2 和 M3。程序如图 29-29 所示。

程序段 5：标题：

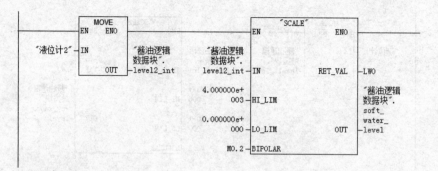

程序段 6：标题：

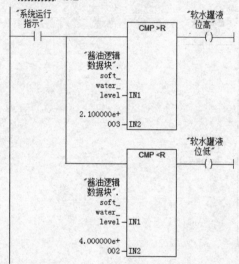

图 29-26 软水罐液位高低的判断程序

第十四步　电磁阀的编程

为了方便以后编程，在程序段 19 中，笔者使用编程的方式建立一个常为"1"的 M3.0 信号，方法就是使用 M3.0 的动合和动断触点给 M3.0 赋值，这样，不论 M3.0 为真或为假，均会让 M3.0 变为真。

在手动模式下，按下电磁阀 SOL2、SOL4 和 SOL5 的手动制动按钮，开启 SOL2、SOL4 和 SOL5。

在自动模式下，直接开启电磁阀 SOL2、SOL4 和 SOL5，程序如图 29-30 所示。

在手动模式下，按下 SOL9 手动控制按钮，或者在自动模式下，当软水罐液位低时开启 SOL9，当软水罐液位高时复位 SOL9，程序如图 29-31 所示。

与电磁阀 SOL2、SOL4 和 SOL5 的逻辑类似，在手动模式下，按下 SOL10、SOL12 和 SOL13 的手动控制按钮，或者在自动模式下直接开启 SOL10、SOL12 和 SOL13 电磁阀，程序如图 29-32 所示。

第十五步　当酱油罐和软水罐压力高时开启安全阀

当酱油罐和软水罐的压力超出上限时，开启电磁阀 SOL3 和 SOL11 以确保生产的安全，

程序段 7：标题：

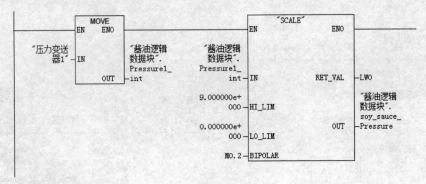

程序段 8：标题：

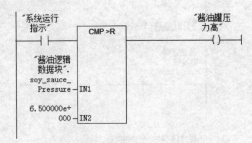

程序段 9：标题：

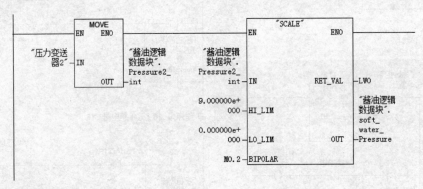

程序段 10：标题：

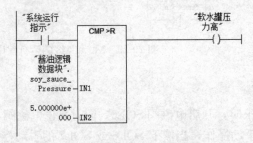

图 29-27 酱油罐和软水罐的压力高判断程序

程序如图 29-33 所示。

与前面的程序相类似，使用 SCALE 功能块将 0～10V 转换为温度值，10V 电压对应最高温度 200℃，如果实际的温度值在 HMI 设置温度值±5℃范围内，则判断酱油罐的温度已

□ 程序段 11: M1手动运行

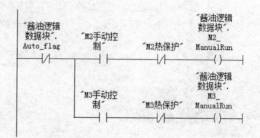

□ 程序段 12: 电磁阀1自动运行标志

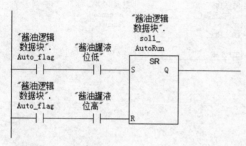

□ 程序段 13: 连接继电器CR1

□ 程序段 14: 标题:

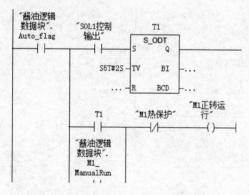

图 29-28 电动机 1 和电磁阀 1 的编程图

□ 程序段 16: 标题:

□ 程序段 17: 连接继电器CR14

□ 程序段 18: 连接继电器CR15

图 29-29 M2 和 M3 的运行程序

经达到要求，程序如图 29-34 所示。

自动模式下当酱油罐的温度达到要求时，开启电磁阀 SOL6，同时复位电磁阀 SOL7，程序同时完成了电磁阀 SOL6 和 SOL7 的手动操作，当按下 SOL6 或 SOL7 的手动控制按钮时，SOL6 或 SOL7 打开，程序如图 29-35 所示。

● 第十六步 自动模式下 PID 的编程

在程序中编写 PID 功能块的相关设置，通过使用 FB41 PID 功能块来控制模拟量输出从而控制蒸汽调节阀，通过调节阀来控制加热量。

□ **程序段 19**：编程将M3.0设置为常ON信号

```
  M3.0                                    M3.0
 ─┤ ├─────────────────────────────────────( )─
  M3.0
 ─┤/├─
```

□ **程序段 20**：标题：

```
        "酱油逻辑
         数据块".    "SOL2手动   "SOL2控制
  M3.0   Auto_flag     控制"        输出"
 ─┤ ├──────┤ ├─────────┤ ├─────────( )─
        "酱油逻辑
         数据块".
         Auto_flag
        ──┤ ├──
        "酱油逻辑
         数据块".    "SOL4手动   "SOL4控制
         Auto_flag     控制"        输出"
        ──┤ ├─────────┤ ├─────────( )─
        "酱油逻辑
         数据块".
         Auto_flag
        ──┤ ├──
        "酱油逻辑
         数据块".    "SOL5手动   "SOL5控制
         Auto_flag     控制"        输出"
        ──┤ ├─────────┤ ├─────────( )─
        "酱油逻辑
         数据块".
         Auto_flag
        ──┤ ├──
```

图 29-30　开启 SOL2、SOL4 和 SOL5 电磁阀的程序

□ **程序段 21**：电磁阀9自动运行标志

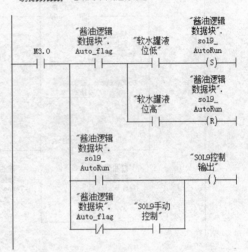

图 29-31　开启电磁阀 SOL9 的程序

```
        "酱油逻辑                         "酱油逻辑
         数据块".    "软水罐液            数据块".
  M3.0   Auto_flag    位低"              sol9_AutoRun
 ─┤ ├──────┤ ├────────┤ ├───────────────( S )─
                     "软水罐液            "酱油逻辑
                      位高"              数据块".
                                        sol9_AutoRun
                     ──┤ ├──────────────( R )─
        "酱油逻辑
         数据块".                       "SOL9控制
         sol9_AutoRun                     输出"
 ─┤ ├──────┤ ├───────────────────────────( )─
        "酱油逻辑
         数据块".    "SOL9手动
         Auto_flag     控制"
        ──┤/├─────────┤ ├──
```

□ **程序段 22**：标题：

```
        "酱油逻辑
         数据块".    "SOL10手动  "SOL10控制
  M3.0   Auto_flag     控制"       输出"
 ─┤ ├──────┤ ├─────────┤ ├─────────( )─
        "酱油逻辑
         数据块".
         Auto_flag
        ──┤ ├──
        "酱油逻辑
         数据块".    "SOL12手动  "SOL12控制
         Auto_flag     控制"       输出"
        ──┤ ├─────────┤ ├─────────( )─
        "酱油逻辑
         数据块".
         Auto_flag
        ──┤ ├──
        "酱油逻辑
         数据块".    "SOL13手动  "SOL13控制
         Auto_flag     控制"       输出"
        ──┤ ├─────────┤ ├─────────( )─
        "酱油逻辑
         数据块".
         Auto_flag
        ──┤ ├──
```

图 29-32　开启 SOL10、SOL12 和 SOL13 电磁阀的程序

□ **程序段 23**：标题：

```
        "酱油逻辑
         数据块".    "SOL11手动  "SOL11控制
  M3.0   Auto_flag     控制"       输出"
 ─┤ ├──────┤ ├─────────┤ ├─────────( )─
        "软水罐压
         力高"
        ──┤ ├──
        "酱油逻辑
         数据块".    "SOL3手动   "SOL3控制
         Auto_flag     控制"       输出"
        ──┤ ├─────────┤ ├─────────( )─
        "酱油罐压
         力高"
        ──┤ ├──
```

图 29-33　开启电磁阀 SOL3 和 SOL11 的程序

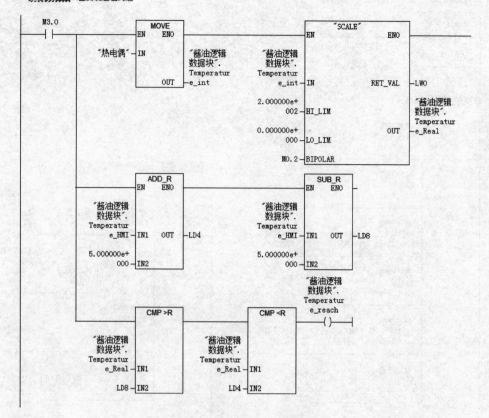

图 29-34　酱油罐的温度范围判断程序

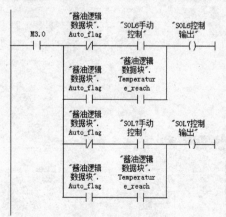

图 29-35　电磁阀 SOL6 或
SOL7 的动作程序

在本示例中，西门子 PID 功能块 FB41 的调用在定时循环中断中完成，因此，需在【SIMATIC Manager】中创建定时循环中断组织块，在【SIMATIC Manager】中创建定时循环中断组织块的操作如图 29-36 所示。

OB35 的循环中断周期在 PLC 硬件组态中设置，打开 PLC【HW Config】，双击 CPU 模块，在弹出的【属性】对话框中的【循环中断】选项卡中，可对 OB35 的中断周期进行设定，默认设置是 100ms，如图 29-37 所示。

在确定 PID 调整方向时需要了解正反作用的定义。正反作用的区分是按照实际工程量 PV 值偏离设定值 SP 后，控制值（CV）怎么变化才能保证 PV 向 SP 靠近来确定的。如果 PV 的变化和 CV 的变化方向相同则是正作用，相反则是反作用。例如，燃气加热炉的温度控制，当炉温（PV）下降后，控制值（CV）必须增加才能保证 PV 向 SP 靠近，PV 和 CV 的变化过程是相反的，所以是反作用。

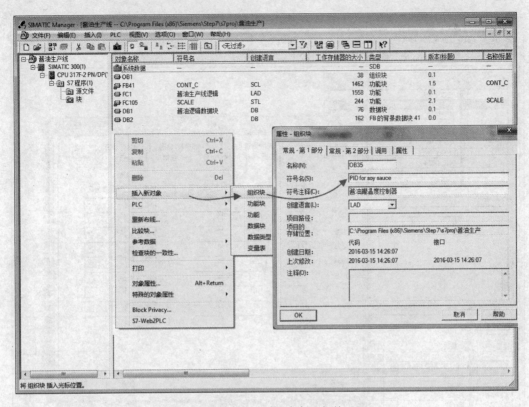

图 29-36 创建定时循环中断组织块 OB35

如果是冷却水的温度控制，那么随着水温的上升，PID 调节的输出也要相应增加，这样才能增加冷却水的用量，从而使温度下降，两个趋势（水温和控制值变化趋势）是相同的。这就是正作用。

FB41 默认是反作用过程，PV _ IN 是过程值，SP _ INT 是设定值。如果读者要使用正作用，那么把 PV _ IN 当作设定值，把 SP _ INT 当作过程值就可以了。

在本项目中，当酱油罐的温度（PV）下降后，蒸汽阀的控制值（CV）必须增加才能保证实际 PV 值向设定值 SP 靠近，PV 和 CV 的变化过程是相反的，所以是反作用。

设置 PID 的周期 CYCLE 不能小于 OB35 的中断周期，在本项目中此周期采用默认设置 100ms，并且 CYCLE 必须是 OB35 中断周期的整数倍，所以在本示例中设置了在温度控制应用中较快的控制周期 4s。

PID 控制器的参数整定是控制系统设计的核心内容。它是根据被控过程的特性确定 PID 控制器的比例系数、积分时间和微分时间大小的。PID 控制器参数整定的方法很多，概括起来分为两大类。第一类是理论计算整定法，它主要是依据系统的数学模型，经过理论计算确定控制器参数。这种方法所得到的计算数据未必可以直接用，还必须通过工程实际进行调整和修改。第二类是工程整定方法，它主要依赖工程经验，直接在控制系统的试验中进行，且方法简单、易于掌握，在实际工程中被广泛采用。PID 控制器参数的工程整定方法，主要有临界比例法、反应曲线法和衰减法。这 3 种方法各有其特点，其共同点都是通过试验，然后按照工程经验公式对控制器参数进行整定。但无论采用哪一种方法所得到的控制器参数，都需要在实际运行中进行最后的调整与完善。

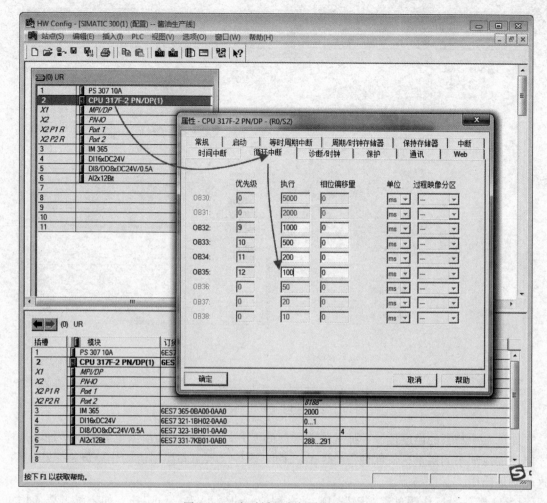

图 29-37　定时循环中断周期的设置

现在一般采用的是临界比例法。利用该方法进行 PID 控制器参数的整定步骤如下。

（1）首先预选择一个足够短的采样周期让系统工作。

（2）仅加入比例控制环节，直到系统对输入的阶跃响应出现临界振荡，记下这时的比例放大系数和临界振荡周期。

（3）在一定的控制度下通过公式计算得到 PID 控制器的参数。

对于 FB41 PID 功能块，西门子还提供了 PID self Tuner 软件，读者可以在 PID 整定时使用使此工具，来减小调试时的工作量。

在本项目中，PID 的比例增益是 1.24，积分时间为 30s，微分时间为 0s，即不使用微分作业环节，同时将操作量下限设置为"0.0"，上限设置为"100.0"，在程序中将 PID 的过程控制量输出到模拟量输出中，程序如图 29-8 所示。

为完成 PID 的初始输入的置位，需要创建 OB100，其过程与 OB35 的创建过程类似，这里就不再赘述了，在 OB100 中使用 STL 语言编程，FB41 会在执行后复位这个 PID 功能块的初始化逻辑输入，OB100 的程序如图 29-39 所示。

在 OB1 组织块中调用 FC1"酱油生产线逻辑"功能，程序如图 29-40 所示。

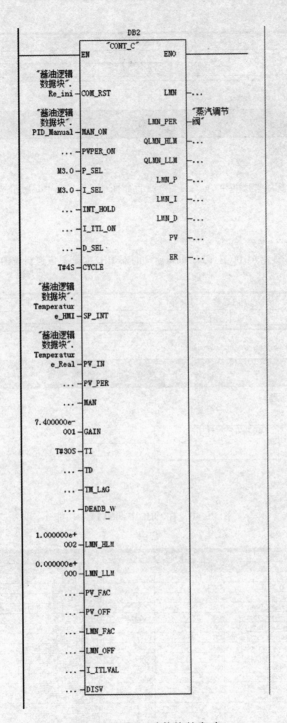

图 29-38　PID功能块的启动

　　使用 DB1 数据块可以降低编程时对全局变量管理的负担，这种使用技巧在中大型的项目中尤其重要。

　　在本项目中使用的 DB 块变量如图 29-41 所示，读者可以通过了解这些变量的声明，加深对 FC1 功能编程的理解。

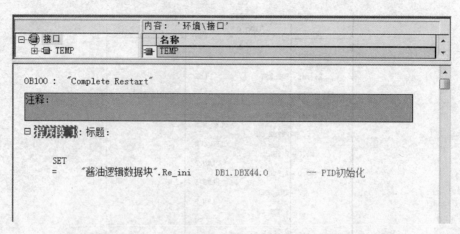

图 29-39　OB100 在 PLC 重新启动时对 PID 完全复位逻辑位的初始化

图 29-40　在 OB1 中调用 FC1 功能

地址	名称	类型	初始值	注释
0.0		STRUCT		
+0.0	Auto_flag	BOOL	FALSE	自动运行标志
+2.0	level1_Int	INT	0	酱油罐液位整型
+4.0	level2_int	INT	0	软水罐液位整型
+6.0	soy_sauce_level	REAL	0.000000e+000	酱油罐液位工程量 单位mm
+10.0	soft_water_level	REAL	0.000000e+000	软水罐液位工程量 单位mm
+14.0	Pressure1_int	INT	0	酱油罐压力整型
+16.0	Pressure2_int	INT	0	软水罐压力整型
+18.0	soy_sauce_Pressure	REAL	0.000000e+000	酱油罐压力工程量 单位bar
+22.0	soft_water_Pressure	REAL	0.000000e+000	软水罐压力工程量 单位bar
+26.0	M1_AutoRun	BOOL	FALSE	M1自动运行标志
+26.1	M1_ManualRun	BOOL	FALSE	M1手动运行标志
+26.2	sol1_AutoRun	BOOL	FALSE	电磁阀自动运行标志
+26.3	M2_ManualRun	BOOL	FALSE	M2手动运行标志
+26.4	M3_ManualRun	BOOL	FALSE	M3手动运行标志
+26.5	sol9_AutoRun	BOOL	FALSE	电磁阀9自动运行标志
+28.0	Temperature_int	INT	0	温度整型
+30.0	Temperature_Real	REAL	0.000000e+000	温度实际值浮点型
+34.0	Temperature_HMI	REAL	0.000000e+000	HMI温度设置值
+38.0	Temperature_reach	BOOL	FALSE	温度设定值到达
+40.0	HIM_Manual	REAL	0.000000e+000	蒸汽阀手动给定值
+44.0	Re_ini	BOOL	FALSE	PID初始化
+44.1	PID_Manual	BOOL	FALSE	PID手动模式
=46.0		END_STRUCT		

图 29-41　共享数据块 DB1 的编程

案例 30

PLCSIM 的变量强制与监控

一、 案例说明

STEP 7 的可选软件工具 PLCSIM 是西门子 300/400 系列 PLC 的仿真软件，它能够在 PG/PC 上模拟 S7-300、S7-400 系列 CPU 的运行。本示例将在相关知识点中介绍仿真软件 PLCSIM 的功能，然后详细说明 PLC 中的变量是如何强制的，以及如何监控程序中的变量。

二、 相关知识点

1. 监视变量的两种方法

（1）选择【变量】→【更新监视值】菜单命令或单击工具栏中的█按钮，可以监视刷新的值一次。

（2）选择【变量】→【监视】菜单命令或单击工具栏中的█按钮，可以在每个扫描周期刷新监视值。

2. 修改变量的过程

单击变量所对应的【修改数值】列，来修改变量。修改变量时要使用数据格式正确的输入值，然后选择【变量】→【激活修改值】菜单命令来激活修改值。激活修改值也可以通过单击工具栏上的█按钮来实现。如果读者希望在每个扫描周期都激活修改值，那么选择【变量】→【修改】菜单命令即可，也可以通过单击工具栏上的█按钮来实现，读者可以利用【监视】的测试功能来检查修改值是否输入了变量。只有有效的修改值才能被激活。

3. 监视和修改 I/O 模块

当监视 I/O 模块上的点时，例如 8 个 DI 点，触发会应用于整个模块，而不仅仅是这 8 个被监视的点。如果将监视触发点设置为【周期开始】，那么输入及输出在该时间处修改。在这种情况下，输入的控制值被激活，因为在输入的过程映像更新后，它们会改写输入的过程映像。这就意味着，在输入过程映像的周期程序处理启动前直接进行，在这种情况下，输出值是由用户程序改写的。

三、 创作步骤

●——第一步 启动 PLCSIM 软件

可以通过在【SIMATIC Manager】单击工具条上的█按钮，来启动【仿真插件】，如

图 30-1 所示。

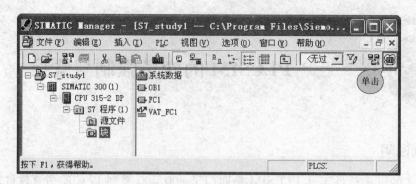

图 30-1　启动仿真插件的方法一

也可以通过在【SIMATIC Manager】中，选择【选项】→【模块仿真】命令来启动仿真插件，如图 30-2 所示。

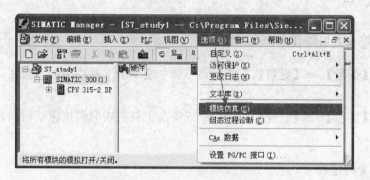

图 30-2　启动仿真插件的方法二

在运行的【仿真插件】窗口中，选择【File】→【New PLC】命令，这样就创建了一个新的仿真了，如图 30-3 所示。

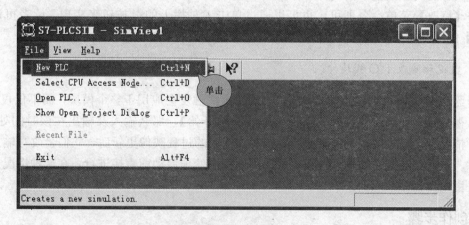

图 30-3　创建新仿真的方法

创建新仿真后的【仿真插件】窗口中出现一个带有模式选择开关的仿真 CPU，还有一排 CPU 的运行指示灯，这个 CPU 上的模式选择开关可以选择【RUN-P】、【RUN】和【STOP】3

种运行状态，如图 30-4 所示。

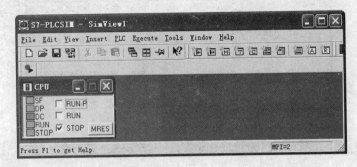

图 30-4 新建的带有仿真 CPU 的【仿真插件】窗口

此时，读者需要在【SIMATIC Manager】中对星三角启动电动机项目进行下载，方法是单击工具条上的【下载】按钮即可，如图 30-5 所示。

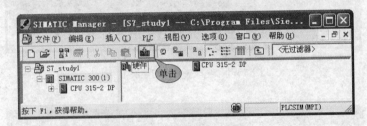

图 30-5 下载项目的图示

执行【下载】命令后，系统会弹出【下载】提示框，询问【是否要彻底删除可编程控制器上的系统数据，并用离线系统的数据进行替换】，此处，单击【是】按钮即可，如图 30-6所示。

图 30-6 【下载】提示框

双击 VAT＿FC 打开【变量表】，并单击工具条上的【在线】按钮 🔲，【变量表】被置为在线状态后，标题栏处的背景色将变成天蓝色，此时，就可以对变量进行强制并仿真项目的程序运行了，如图 30-7 所示。

当 CPU 在【停止模式】或当块不调用时，状态不显示。在【仿真插件】窗口里勾选【RUN-P】，此时，CPU 指示灯的电源指示灯【DC】和 CPU 运行指示灯【RUN】都将点亮，如图 30-8 所示。

在【仿真插件】窗口里将 CPU 的状态修改为【RUN-P】状态后，变量表的状态显示由原来的【STOP】红色状态变为绿色的【RUN】状态，如图 30-9 所示。

图 30-7 置【变量表】为在线状态

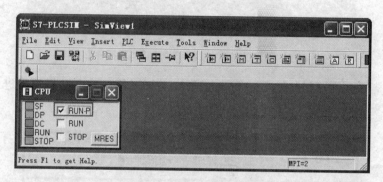

图 30-8 修改 CPU 的运行状态

图 30-9 变量表的【RUN】状态显示

● 第二步 切换显示的数据格式

将程序在线后，单击程序中的功能块【SUB_I】的输出引脚【MW24】，然后右击鼠标，在弹出的快捷菜单中选择【表达式】，选择数据格式是【自动】或者是读者需要的数据格式，包括【十进制】、【十六进制】或【浮点】，这里选择【十六进制】，如图 30-10 所示。

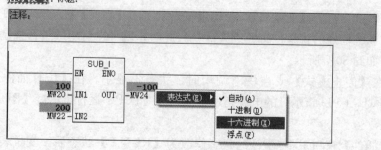

图 30-10 改变显示的数据格式的操作图示

将数据格式选择成十六进制后，大家可以看到数据格式的改变，如图 30-11 所示。

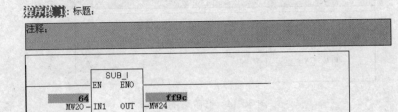

图 30-11 十六进制的数据格式的程序显示

第三步 修改位变量的值

程序在线后，可以单击布尔量进行在线修改，修改之前的仿真程序如图 30-12 所示。

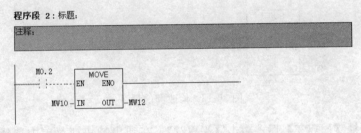

图 30-12 修改之前的仿真程序

在程序中单击要修改的触点，然后右击这个触点，在弹出的快捷菜单中选择【修改为 1】或【修改为 0】，就可以修改布尔变量的实际值了，这里是将 M0.2 的值修改为"1"，操作如图 30-13 所示。

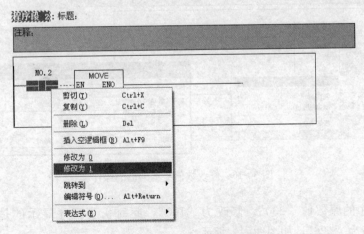

图 30-13 修改布尔变量的值的操作

将 M0.2 的值修改为"1"后，程序如图 30-14 所示。

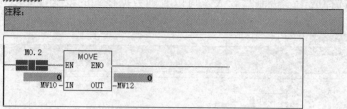

图 30-14　修改后的程序

● 第四步　修改数值变量的值

程序在线后，可以单击数值变量进行在线修改，修改前的程序如图 30-15 所示。

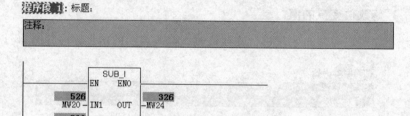

图 30-15　修改前的程序

在程序中选择【MW22】后，右击【MW22】，在弹出的快捷菜单中选择【修改】，在弹出的【修改】对话框中的【修改数值】文本框中输入要修改的值，然后单击【确定】按钮，就可以修改数值变量的实际值了，操作如图 30-16 所示。

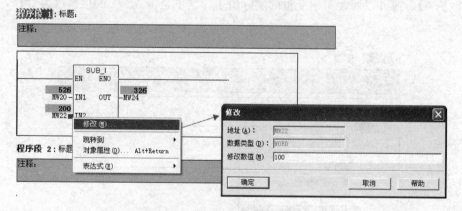

图 30-16　修改数值变量的值的操作

将 MW22 中的原数值"200"，修改为"100"，此时仿真程序显示的是输出由原来的"326"同步更新为"426"，如图 30-17 所示。

● 第五步　强制功能的实现

在插入的这个变量表中可以看到两个可以修改的程序对话框，右侧对话框显示的是【IB 0】，

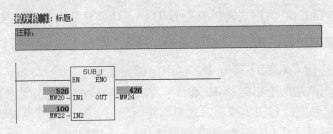

图 30-17　修改数值后的仿真程序

含义是第 0 字节，IB 代表字节。读者可以将【IB 0】修改为【IB 8】代表的是第 8 个字节，下拉列表框用于选择变量类型，读者可以在这个下拉列表框中选择数据类型，这里选择的是【Bits】。强制时，勾选将要强制的位即可，这里强制的是 I0.0，即将启动按钮 QA1 仿真成被按下的状态，如图 30-18 所示。

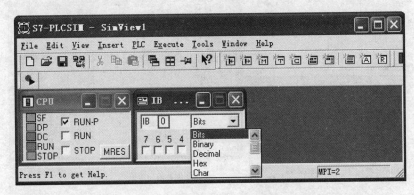

图 30-18　变量表的两个窗口功能介绍

　　鉴于强制的重要性，这里给读者介绍几个强制的虚拟变量，图 30-19 中所示的按钮能够创建箭头所指的变量表，如输入变量的地址 I8.3 和 I8.7 被强制为 1，而输出的变量地址 Q5.0、I5.5 被强制为 1 了。强制的字 IW9 里的位在变量表的下方进行修改，这里 IW9.6、IW10.1 和 IW10.4 被强制为 1 了。强制的定时器 T56 的时基选择的是 1s，定时时间被强制

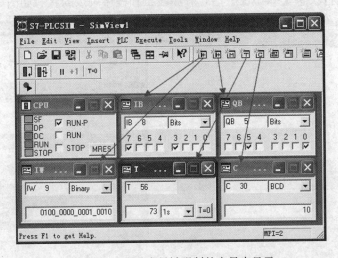

图 30-19　多种变量被强制的变量表显示

为 73s。强制的计数器 C 30 的格式选择的是 BCD 码，计数器的当前值被强制为 10。

● 第六步　仿真定时器的用法

在 FC1 中的程序段 5 和程序段 6 中，使用定时器创建了一个 200ms 和一个 1min 的脉冲。在 PLCSIM 中先添加两个定时器 T2 和 T3，在仿真软件中的【定时器】窗口中包含了定时器的当前值、时基和定时器清零按钮，这里将定时器 T2 的当前值设置为"292"，时基设置为"100ms"，将定时器 T3 的当前值设置为"182"，时基设置为"10ms"，设置完成后，读者就可以看到程序中的变化了，设置的过程如图 30-20 所示。

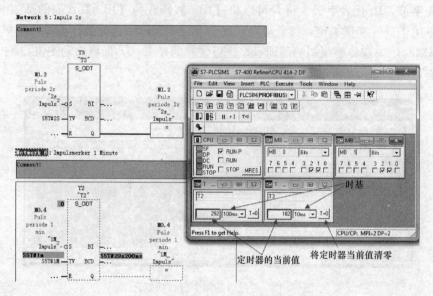

图 30-20　仿真软件中定时器的用法

● 第七步　仿真照明线路的程序

仿真一段【照明线路的程序】，当启动仿真后，还没有强制之前，在 CPU 的【仿真插件】窗口中勾选运行状态【RUN-P】后，程序段 1 和程序段 2 的状态如图 30-21 所示。

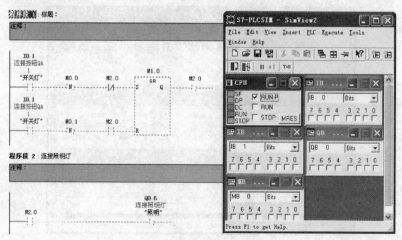

图 30-21　仿真程序一

第一次强制 QA1，相当于按下了 QA1 还没有松开的情况，读者可以看到位 0.1 被勾选了，此时，I0.1 被强制接通了，而仿真时的内部存储位 M0.0 和 M0.1 被自动置为 1 了，如图 30-22 所示。

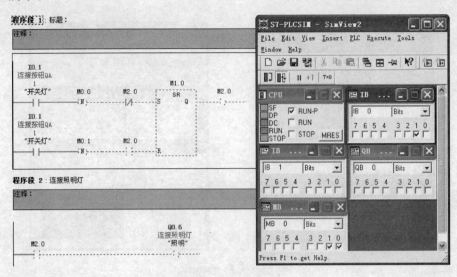

图 30-22　仿真程序二

第一次强制 QA1，即按下了 QA1 后又松开了的情况，如图 30-23 所示。读者可以看到勾选的位 0.1 处的钩没有了，相当于模拟了按钮 QA1 被按下又松开返回的情况，即按钮 QA1 松开时，其下降沿有效，此时下降沿前的设备状态的改变与否是不能影响下降沿的接通的，在 SR 置复位指令的置位端 S 的线路中，M2.0 是动断触点，所以，第一次按下了 QA1 又松开后，程序段 1 对置位端 S 端进行了置位，因为复位端 R 的线路中串接的是 M2.0 动合触点，所以不能对 M1.0 进行复位，而 M1.0 被置位后，M2.0 得电接通，M2.0 的动合触点在程序段 2 中接通了 Q0.6，连接在 Q0.6 端子上的照明灯就被点亮了，仿真的程序如图 30-23 所示。

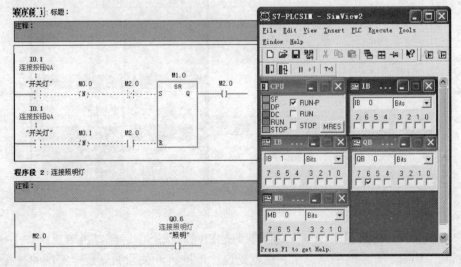

图 30-23　仿真程序三

第二次强制 QA1，相当于按下了 QA1 还没有松开的情况，读者可以看到位 0.1 被再次勾选上了，I0.1 接通了，但其下降沿的位又被置为"1"了，所以，不能复位 M1.0，此时，照明灯还是点亮的，如图 30-24 所示。

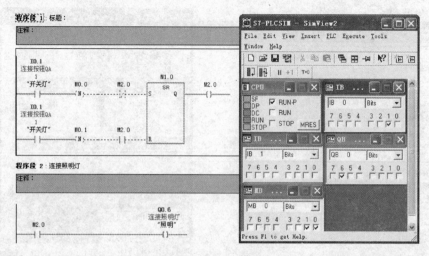

图 30-24 仿真程序四

当第二次按下按钮 QA1 又松开时，由于置位端 S 的线路中的 M2.0 的动断触点断开了，所以不能进行置位，而复位端 R 中串接的是 M2.0 的动合触点，这个动合触点在第一次按下按钮 QA1 又松开后，置位了 M1.0 后，M2.0 的线圈是接通的，所以，此时的 R 复位端线路中的 M2.0 的动合触点是闭合的，这样，当第二次按下按钮 QA1 又松开时，存储在位 M0.1 的下降沿有效，就复位了 M1.0 了，M2.0 的线圈失电，程序段 2 中 M2.0 的动合触点断开，Q0.6 失电，照明灯熄灭，这部分操作的仿真程序如图 30-25 所示。

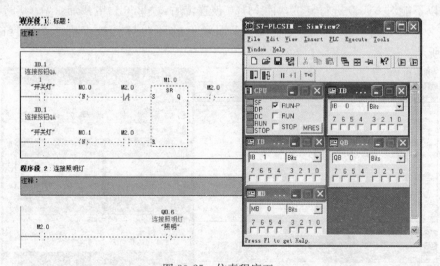

图 30-25 仿真程序五

用户可以看到，仿真程序 5 与仿真程序 1 是相同的状态，这样，当第三次按下按钮后，程序又回到了仿真 2 开始时的状态了，也就是说，单按钮开关照明灯程序实现的过程是从仿真 2 到仿真 5 所演示的过程。

案例 31

S7-300 PLC 的以太网、MPI 通信和与 MM440 变频器的 USS 通信

一、 案例说明

在本示例中，主要展示的是通信功能。首先，在相关知识点中介绍了 USS 协议内容，在了解了 USS 协议报文格式之后，根据 USS 协议列举了几条报文，并详细介绍了 S7-300PLC 和变频器 MM440 的 USS 通信的硬件组态，再通过调用西门子 300 PLC 中的发送和接收功能块来实现 USS 协议报文的发送和接收。

另外，本示例还对以太网如何进行通信也进行了详细的说明。

二、 相关知识点

1. USS 协议

USS 协议是西门子专为驱动装置开发的通信协议。

USS 的工作机制是，通信是由主站发起，USS 主站不断循环轮询各个从站，从站根据收到的指令，决定是否响应主站。从站不会主动发送数据。

从站在接收到主站报文没有错误，并且从站在接收到主站的报文中被寻址时应答主站，上述条件不满足或者主站发出的是广播报文，从站不会做任何响应。USS 的字符传输格式为 11 位，其中 1 位起始位、8 位数据位、1 位偶校验、1 位停止位，USS 的字符帧结构见表 31-1。

表 31-1   USS 的字符帧结构

起始位	数据位								校验位	停止位
1	0 LSB	1	2	3	4	5	6	7 MSB	偶×1	1

USS 协议的报文由一连串的字符组成，协议中定义了它们的功能，USS 的报文结构见表 31-2。

表 31-2   USS 的报文结构

STX	LGE	ADR	有效数据区					BCC
			1	2	3	……	n	

USS 报文结构中每一区域的意义如下。

（1）STX：长度为 1 个字节，总是为 02（Hex），表示一条信息的开始。

（2）LGE：长度为 1 个字节，表明在 LGE 后字节的数量，上表中黄色区域长度。

（3）ADR：长度为 1 个字节，表明从站地址。

（4）BCC：长度为1个字节，异或校验，以及USS报文中BCC前面所有字节异或运算的结果。

（5）有效数据区：由PKW区和PZD区组成，USS的有效数据区见表31-3。

表 31-3   USS 的有效数据区

PKW 区						PZD 区			
PKE	IND	PWE1	PWE2	...	PWEm	PZD1	PZD2	PZD1	PZDn

1）PKW区用于主站读写从站变频器的参数。PKE的长度为一个字，PKE的结构见表31-4。

表 31-4   PKE 的结构

Bit15～Bit12	Bit11	Bit 10～Bit0
任务或应答 ID	0	基本参数号 PNU

在USS通信时，当变频器的参数号<2000时，基本参数号PNU=变频器参数号，例如P700的基本参数号PNU=2BC（HEX）[700（DEC）=2BC（HEX）]。

但当变频器参数号大于等于2000时，基本参数号PNU=变频器参数号-2000（DEC），例如P2155的基本参数号PNU=9B（HEX）[2155-2000=155（DEC）=9B（HEX）]。

另外，IND为参数索引，它的长度也是一个字，IND的结构见表31-5。

表 31-5   IND 的结构

Bit15～Bit12	Bit11～Bit8	Bit7～Bit0
PNU 扩展	0（HEX）	参数下标

在USS通信时，当变频器参数号<2000时，PNU扩展=0（HEX），当变频器参数号≥2000时，PNU扩展=8（HEX）。

参数下标，例如P2155[2]中括号中的2表示参数下标为2。

在USS通信时，PWE是读取或写入参数的数值。

2）PZD区用于主站与从站交换过程值数据。

① PZD1：主站→从站控制字；

           主站←从站状态字。

② PZD2：主站→从站速度设定值；

           主站←从站速度反馈值。

③ PZDn：MM440变频器支持最多8个PZD。

根据传输的数据类型和驱动装置的不同，PKW区和PZD区的数据长度不是固定的，可以通过参数P2012、P2013进行设置。

2. 读取参数 P0700[0] 数值的 USS 协议报文

读取参数P0700[0]数值的报文详情见表31-6。

表 31-6 读取参数 P0700 [0] 数值的报文详情

字节数	1	2	3	4	5	6	7	8	9	10	11	12	13	14	15	16
发送报文	02	0E	01	12	BC	00	00	00	00	00	00	04	7E	00	00	D9
应答报文	02	0E	01	12	BC	00	00	00	00	00	05	FB	31	00	00	6C

在读取参数 P0700 [0] 数值的报文中，有 16 个位，位 1 为 STX，是起始字符，位 2 为 LGE，是报文长度（字节 3 到字节 16 共 14 个字节），位 3 为 ADR，是从站地址。报文中的其他位的含义见表 31-7。

表 31-7 读取参数 P0700 [0] 数值的报文中位 4 到位 16 的含义

PKW	Byte4，Byte5	PKE 内容： 1）Bit15～Bit12 为任务 ID，等于 1（HEX），读取参数数值。 2）Bit15～Bit12 为应答 ID，等于 1（HEX），传送参数数值单字，应答报文中的内容。 3）Bit10～Bit0 为基本参数号 PUN，等于 700（DEC），即 2BC（HEX）
	Byte6，Byte7	IND 内容： 1）Bit15～Bit12 为 PNU 扩展，等于 0（HEX），参数号小于 2000。 2）Bit7～Bit0 为参数下标等于 0（HEX），P700 [0]
	Byte8～Byte11	参数值，5（Hex）＝5（Dec），这是应答报文中的内容
PZD	Byte12，Byte13	PZD1
	Byte14，Byte15	PZD2
BCC	Byte16	异或校验和

3. S7-300 PLC 支持 RS485 接口的通信模块

S7-300 PLC 有 3 种通信模块支持 RS485 接口，第一种是采用带有集成 RS485 接口的 CPU，例如 CPU31X-2PtP，第二种是带 RS485 接口的 CP340 通信模块，第三种是带 RS485 接口的 CP341 通信模块。

其中，X27 接口标准是用于串行数据传送的差分电压接口，CPU314C-2 PtP 的 15 针通信端子的针脚定义见表 31-8。

4. S7-300 支持的以太网通信

西门子以太网模块支持 S7 通信方式，S5 兼容通信方式，包括 TCP \ UDP \ ISO ON TCP 等。

其中 S7 通信方式根据模块的不同，可以支持单边通信方式和双边通信方式。单边通信方式要调用 PUT（西门子 400 使用 SFB14，西门子 300 用 FB14）和 GET（西门子 400 使用 SFB15，西门子 300 用 FB15）。

双边通信可以使用带确认功能的 B_SEND（SFB12/FB12），B_RCV（SFB13/FB13）或者不带确认功能的功能块 U_SEN（SFB8/FB8），U_RCV（SFB9/FB9）。

对于 S7-400PLC 还可以采用 SPEED SEND，SPEED RCV，可实现西门子 400 间的快速大容量的数据传输。

西门子以太网通信方式见表 31-9。

表 31-8　　　　　　　　　　　　　**CPU314C-2 PtP 的 15 针通信端子的针脚定义**

插座 RS 422/485（前视图）	引脚	指标	输入/输出	说明
	1	—		—
	2	T（A）—	输出	发送数据（四线制操作）
	3	—		—
	4	R（A）— R（A）/T（A）—	输入 输入/输出	接收数据（四线制操作） 接收/发送数据（二线制操作）
	5	—		—
	6	—		—
	7	—		—
	8	GND		功能性接地（浮动）
	9	T（B）+	输出	发送数据（四线制操作）
	10	—		—
	11	R（B）+ R（B）/T（B）+	输入 输入/输出	接收数据（四线制操作） 接收/发送数据（二线制操作）
	12	—		—
	13	—		—
	14	—		—
	15	—		—

表 31-9　　　　　　　　　　　　　**西门子以太网通信方式**

	S7 单边编程 PUT GET	S7 双边编程 B SEND B RCV	S7 双边编程 U SEND U RCV	TCP、UDP、ISO on TCP FC5 FC6（S7-400 超过 240 个字节需要使用 FC50，FC60）	SPEED SEND SPEED RCV
S7-300		CP343-1Lean 不支持	CP343-1Lean 不支持	CP343-1Lean 不支持 ISO ON TCP	
S7-400					

S7-300 之间的以太网通信，或 S7-300 和 S7-400 之间的单边通信数据的大小见表 31-10。

表 31-10　　　　　　　　　　　　　**通 信 数 据 表**

		当 S7-400PLC 进行单边通信可选择多区域时，多区域的最大总数据量			
	SFB/FB	1	2	3	4
S7-300 间通信	PUT/GET	160			
S7-300 与 S7-400 间通信	PUT	212	196	180	164
	GET	222	218	214	210
S7-400 间通信	PUT	452	436	420	404
	GET	462	458	454	450

当 S7 400PLC 进行通信时还可以使用一个功能块同时对 S7-300 或 S7-400 的多个数据区域进行读或写，但是可读写的最大数据值会减少，例如 S7-400 与 S7-300 以太网通信，S7-400 侧读取或写入 S7-300 的 2 个数据区是 218 个字节，3 个数据区为 214 个字节，4 个数据区为 210 字节。

S7 通信资源和数据量见表 31-12。

表 31-11 通信资源和数据量

模块	S7 能信个数	S7 通信数据量（max）	ISO on TCP/TCP/UDP 通信个数	ISO on TCP/TCP/UDP 通信数据量	总连接数目
CP343-1 Lean	4 个 S7 单边编程（CP343-1Lean 仅能作为服务器）	240B	8	8192B（UDP 为 2048B）	12
CP343-1	16 个 OP，16 个 S7 单边编程，16 个 S7 双边编程	64KB（S7 双边编程）	16	8192B（UDP 为 2048B）	32
CP343-1 Advanced	16 个 OP，16 个 S7 单边编程，16 个 S7 双边编程	64KB（S7 双边编程）	16	8192B（UDP 为 2048B）	48
CP443-1	128，30 个 OP，最大 62H Connections	64KB（S7 双边编程）	64	8192B（UDP 为 2048B）	128
CP443-1 Advanced	128，30 个 OP，最大 62H Connections	64KB（S7 双边编程）	64	8192B（UDP 为 2048B）	128

5. MPI 的通信方式

（1）设置 MPI 接口。在【控制面板】→【Set PG/PC Interface】中选择访问点【S7ONLINE】，选择所用的编程设备，例如用 PC Adaprer 作为编程设备。

（2）PLC 之间通过 MPI 口通信。PLC 之间通过 MPI 口通信可分为 3 种：全局数据包（GD）通信方式、不需要组态连接的通信方式和需要组态连接的通信方式。

每个 MPI 的连接节点都有自己的 MPI 地址（0～126，默认设置为 PG=0，OP/TD=1，CPU=2）。在 S7-300 中，MPI 总线在 PLC 中与 K 总线连接在一起，这就意味着在 S7-300 机架上 K 总线的每个节点（FM 和 CP）也是 MPI 的一个节点，也有自己的 MPI 地址。MPI 网络节点通常可以挂 S7-200、人机界面、编程设备、智能型 ET200S 及 RS485 中继器等网络元器件。

MPI 组成的网络如图 31-1 所示。

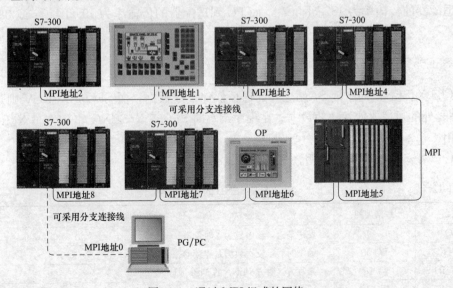

图 31-1 通过 MPI 组成的网络

MPI 连接的优点是 CPU 可以同时与多个设备建立通信联系，即编程器、HMI 设备和其他的 PLC 可以连接在一起同时运行。

编程器通过 MPI 接口生成的网络还可以访问所连接硬件站上的所有智能模块。MPI 接口可同时连接的其他通信对象的数目取决于 CPU 的型号。例如，CPU314 的最大连接数为 4，CPU416 为 64。

MPI 接口的主要特性为：RS 485 物理接口，传输率为 19.2Kbit/s、187.5Kbit/s 或 1.5Mbit/s，最长连接距离为 50m（两个相邻节点之间），有中继器时的最长连接距离为 1100m，采用光纤和星状连接时的最长连接距离为 23.8km。MPI 总线连接器如图 31-2 所示。

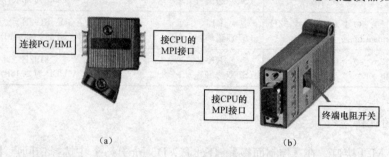

图 31-2　MPI 总线连接器

(a) A 类连接器；(b) B 类连接器

安装 MPI 总线系统可选择以下两类连接器。

1）A 类连接器是具有 PG 连接插口的标准连接器，用于 MPI 网络站之间的连接。这种连接器还可以同时与一个 PG 设备相连接。

2）B 类连接器是没有 PG 连接插口的连接器，在最后一个总线节点处必须连接一个终端电阻。

将编程器或 PC 连接到 PLC 的 MPI 接口时，需要一个在 PG/PC 中安装的 MPI 卡和一根集成了 MPI 转换器（当 PG/PC 中没有可用的槽时）的适配电缆。适配电缆的长度为 5m，PLC 到适配器的传输率为 187.5Kbit/s，而 PG 到适配器的传输率为 19.2Kbit/s 或 38.4Kbit/s（可调）。

6. SFC65 X_SENG 和 SFC66 X_RCV 的参数功能

SFC65 X_SEND 向本地 S7 站之外的通信伙伴发送数据，而 SFC66 X_RCV 则是接收本地 S7 站之外的通信伙伴发送的数据。在程序编写时 SFC65 X_SENG 和 SFC66 X_RCV 必须成对使用。

SFC65 X_SEND 的参数说明，见表 31-12。

表 31-12　　　　　　　　　　　　　　　　SFC65 X_SEND 的参数说明

参数名	数据类型	参数说明
REQ	BOOL	发送请求，该参数为 1 时发送
CONT	BOOL	为 1 时表示发送数据是连续的一个整体
REST_ID	WORD	接收方（对方 PLC）的 MPI 地址
REQ_ID	WORD	任务标识符

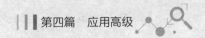
续表

参数名	数据类型	参数说明
SD	ANY	本地 PLC 的数据发送区
RET_VAL	WORD	故障信号
BUSY	BOOL	通信进程，为 1 时表示正在发送，为 0 时表示发送完成

SFC66 X_RCV 的参数说明，见表 31-13。

表 31-13　　　　　　　　　　**SF66 X_RCV 的参数说明**

参数名	数据类型	参数说明
EN_DT	BOOL	接收使能
RET_VAL	WORD	错误代码，W♯16♯7000 表示无错
REQ_ID	DWORD	接收数据包的标识符
NDA	BOOL	为 1 时表示有新的数据包，为 0 时表示没有新的数据包
RD	ANY	本地 PLC 的数据接收区

7. MM440 变频器的通信

MM440 系列变频器具有两个串行通信接口，即 BOP 链路和 COM 链路。

串行通信接口——BOP 链路和 COM 链路的硬件连接图如图 31-3 所示。

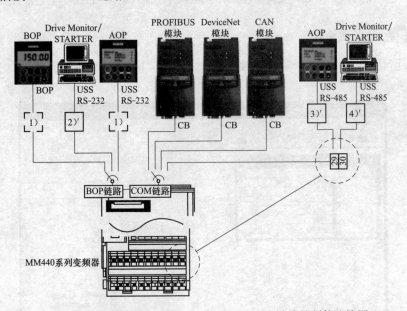

图 31-3　串行通信接口——BOP 链路和 COM 链路的硬件连接图

带有通信处理器的可编程序控制器可以通过 BOP 链路连接 MM440 系列变频器，与可用于编程的操作装置之间的数据传输则是通过 RS-232 接口按照 USS 通信协议来实现的。

MM440 系列变频器还可通过加通信卡的方式，使用 PROFIBUS、DeviceNet、CAN 总线协议。

通过通信卡的通信给定优先级高于 USS 通信给定，所以当两者都使用时，USS 通信不起作用。

三、 创作步骤

1. S7-300 PLC 与 MM440 变频器的 USS 通信实例

● 第一步 通信连接图

MM440 系列变频器的串行接口为 RS485 接口，端口"29"为 P＋，端口"30"为 P－，MM440 变频器与 CPU-314C-2 PtP 的 15 针的 RS485 接线图如图 31-4 所示。

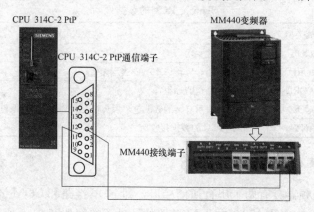

图 31-4　MM440 变频器与 CPU 314C-2 PtP 的 15 针的 RS485 接线图

● 第二步 PLC 硬件组态

首先打开 STEP 7 新建一个项目，然后插入【CPU 314-68G03-0AB0】→【V2.6】，如图 31-5 所示。

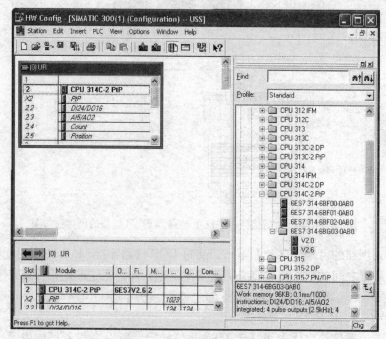

图 31-5　硬件组态图示

第三步 设置 PtP 模块的属性

双击【CPU 314-2 PtP】的 X2 端口【PtP】，打开 PtP 的属性对话框，在【Protocol】下拉列表框中选择【ASCII】协议，如图 31-6 所示。

激活【Addresses】选项卡，将起始地址设置为【1023】，在后面的编程中会使用，如图 31-7 所示。

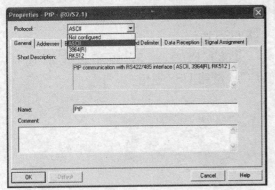

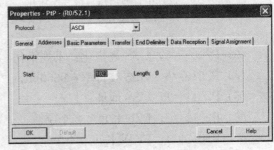

图 31-6　设置 PtP 的通信协议　　　　　　图 31-7　设置 PtP 的起始地址

激活【Transfer】选项卡，将通信速率设置为【9600bps】，将报文格式设置为【8】位数据位，【1】位停止位，【Even】偶校验，数据流控制选择【None】，如图 31-8 所示。

激活【End Delimiter】选项卡，将接收报文结束方式设置为【After character delay time elapses】（利用两个报文的间隔时间来判断报文是否结束），并将字符延时时间设置为【4ms】（该时间可使用默认设置，默认设置时间随通信速率的改变而改变），如图 31-9 所示。

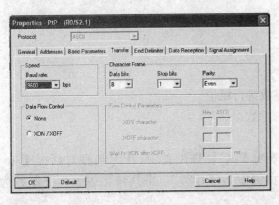

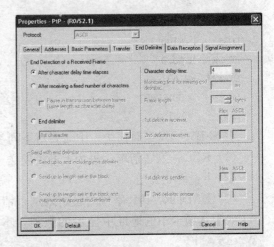

图 31-8　设置 PtP 的通信速率，报文格式和数据流控制　图 31-9　设置接收报文结束方式和字符延时时间

激活【Signal Assignment】选项卡，将串行通信接口信号模式设置为【Half Duplex (RS-485) Two-Wire Mode】（半双工两线制 RS485 模式），将空闲状态信号状态设置为【Signal (RCA) Ovdts Signal (RCB) 5volts】，如图 31-10 所示。

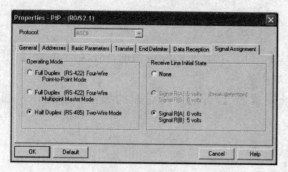

图31-10 设置串行通信接口信号模式和
空闲状态信号状态

通过以上步骤完成对 CPU 314-2 PtP 串行接口的基本设置，如需更详细的信息请参照 CPU 314-2 PtP 手册。

第四步 变频器参数的设置

本示例采用 4PKW，2PZD 的报文格式，所以 USS 通信的变频器的参数设置如下。

(1) P0700＝5，命令源选择：COM 链路 USS 通信。

(2) P1000＝5，频率设定源选择：COM 链路 USS 通信。

(3) P2009＝0，USS 规格化：不规格化。

(4) P2010＝6，USS 波特率：9600bit/s。

(5) P2011＝1，USS 地址：1。

(6) P2012＝2，PZD 长度：2 个字。

(7) P2013＝4，PKW 长度：4 个字。

(8) r2024～r2031，只读 USS 诊断数据。

第五步 CPU 314-2 PtP 串行接口发送和接收的程序编写

CPU 314-2 PtP 调用系统功能块 SFB60 和 SFB61 实现串行通信接口数据的发送和接收，SFB60 与 SFB61 系统功能块已经包含在 CPU 中，只需在 OB1 中直接调用并分配背景数据块即可。在本示例中分配 DB60 为 SFB60 的背景数据块，在 OB1 中调用程序：

```
CALL SFB 60,DB60
REQ     :＝M100.0
R       :＝M100.1
LADDR   :＝W#16#3FF
DONE    :＝M100.2
ERROR   :M100.3
STATUS  :MW102
SD_1    :＝DB1.DBB0
LEN     :＝MW104
```

在 SFB60（发送通信块）中需要对下列参数进行赋值。

(1) REQ：发送请求，每个上升沿发送一帧数据。

(2) R：终止发送。

(3) LADDR：PtP 串口的起始地址，请查看 PLC 硬件配置中，PtP 属性对话框【Addresses】选项卡中的地址中显示的数值，本示例中为"1023"，将其转化为十六进制数为"W#16#3FF"。

(4) DONE：发送完成输出一个脉冲。

(5) ERROR：发送错误输出 1。

(6) STATUS：发送块状态字。

(7) SD_1：发送数据区起始地址，发送数据区定义为从 DB1.DBB0 开始的 n 个字节。

（8）LEN：发送字节的长度。

分配 DB61 为 SFB61 的背景数据块，在 OB1 中调用程序：

```
CALL  SFB  61,DB61
EN_R    : = M200.0
R       : = M200.1
LADDR   : = W#16#3FF
NDR     : = M200.2
ERROR   : = M200.3
STATUS  : = MW202
RD_1    : = DB2.DBB0
LEN     : = MW204
```

在 SFB61（接收通信块）中需要对 EN_R 和 R 等参数进行赋值。

（1）EN_R：接收使能。

（2）R：终止接收。

（3）LADDR：PtP 串口的起始地址，请查看 PLC 硬件配置中，PtP 属性对话框【Addresses】选项卡中起始地址所显示的数值，本例中为"1023"，将其转化为十六进制数为"W#16#3FF"。

（4）NDR：接收到新数据输出一个脉冲。

（5）ERROR：接收错误输出 1。

（6）STATUS：接收块状态字。

（7）RD_1：接收数据区起始地址，接收数据区定义为从 DB2.DBB0 开始的 n 个字节。

（8）LEN：接收到数据的长度。

第六步 发送程序发送 USS 报文

将报文按字节顺序传送到从 DB1.DBB0 开始的 16 个字节中，然后设置 MW104＝16，当到达 M100.0 的上升沿时 PLC 即发送一帧 USS 报文。如果变频器接收到的报文无误则会返回一条响应报文，只需要将 M200.0 置"1" PLC 就会接收到响应报文，并把报文存储到从 DB2.DBB0 开始的 16 个字节中。

第七步 使用 S7-300 PLC 编写 BCC 校验程序

在 USS 通信中，变频器在收到主站发送的报文后会重新计算报文的 BCC 校验，如果计算结果与报文传送的 BCC 校验不一致，那么表明变频器接收到的信息是无效的，变频器将丢弃这一信息，并且不向主站发出应答信号。所以正确计算 BCC 校验尤为重要。前面提到的报文中已经计算好了 BCC 校验，下面给出利用 S7-300 PLC 编程计算 15 个字节的 BCC 校验的程序。

```
L    DB1.DBB    0
L    DB1.DBB    1
XOW
L    DB1.DBB    2
XOW
L    DB1.DBB    3
```

```
XOW
    •
    •
    •
L        DB1.DBB    14
XOW
T        DB1.DBB    15
```

程序中将 DB1. DBB0～DB1. DBB14 中的内容依次进行异或计算，并把计算结果保存到 DB1. DBB15 中。

2. S7-400 和 S7-300 之间的单边 S7 连接通信

● ━━ 第一步 创建新项目

首先打开【SIMATIC Manager】，使用新项目向导创建 CPU314-2DP 站，如图 31-11 所示。

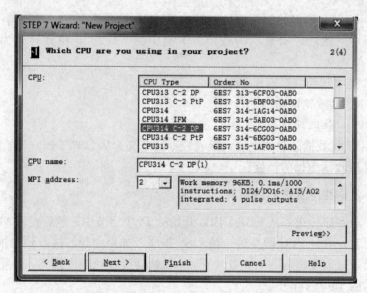

图 31-11　使用项目向导创建 CPU314C-2DP 项目

创建项目名称为【300 400 以太网通信】，然后单击【Finish】（完成）按钮。

● ━━ 第二步 硬件组态

打开西门子 300 站的【HW Config】窗口，添加电源模块 PS 307 5A 后，添加 CP 343-1 以太网模块，如图 31-12 所示。

● ━━ 第三步 创建新的以太网

在以太网模块的【Properties】（属性）对话框中，单击【New…】按钮创建新的以太网 【Ethernet（1）】，将其 IP 地址设置为【192.168.0.100】，不使用交换机，如图 31-13 所示。

在实际工程中，如果以太网的通信交换数据量很大，则可双击【CP343-1】模块，在弹出的【Properties】（属性）对话框中，激活【Options】选项卡，勾选【Data length＞240bytes】（数据长度大于 240 字节），如图 31-14 所示。

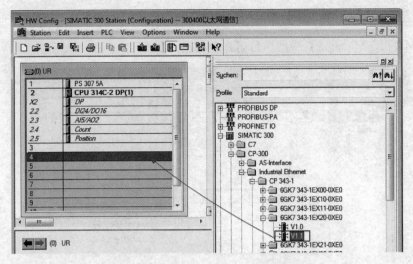

图 31-12　添加 CP343-1 以太网模块

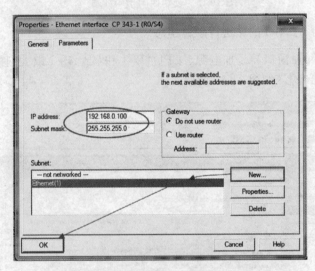

图 31-13　创建新的网络设置 IP 地址

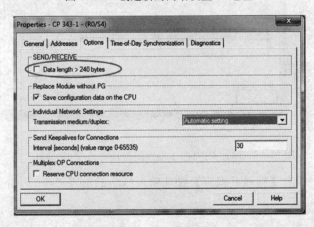

图 31-14　设置数据长度

设置完成后，单击【编译并保存】按钮🖳，然后关闭硬件组态。

边学边用边实践　西门子S7-300/400系列PLC、变频器、触摸屏综合应用

第四步 创建西门子 **400** 的站

在【SIMATIC Manager】中的项目名称上右击添加 S7-400 站，如图 31-15 所示。

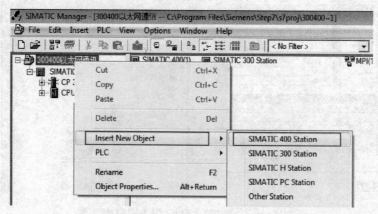

图 31-15　创建西门子 400 站

第五步 对西门子 **400** 的站进行硬件组态

打开【HW Config】窗口，添加电源、CPU412-1 和 CP 443-1 以太网模块，并将 IP 地址设置为【192.168.0.101】，如图 31-16 所示。

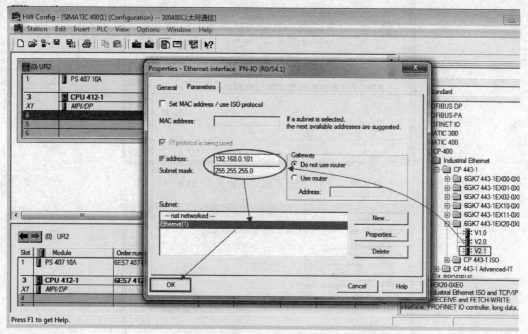

图 31-16　添加 CP 443-1 以太网模块并设置 IP 地址

设置 IP 地址后，单击【编译并保存】按钮 🖳，然后退出【HW Config】窗口。

第六步 组态通信网络

在【SIMATIC Manager】中单击 🖳 按钮，弹出【NetPro】（通信网络组态）窗口，如图 31-17 所示。

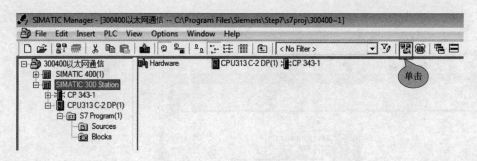

图 31-17　进入网络组态

进入【NetPro】窗口后，先单击【CPU412-1】，只有先单击 CPU，才能创建新的通信连接，这是关键的第一步，如图 31-18 所示。

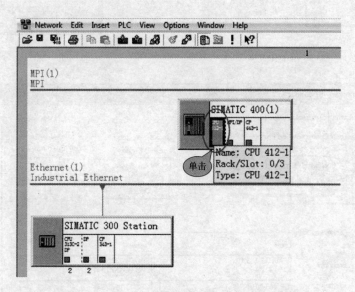

图 31-18　在【NetPro】窗口中单击 CPU 模块

右击选择的 CPU，在弹出的快捷菜单中选择【Insert New Connection】（添加新的连接）命令，如图 31-19 所示。

在弹出的【Insert New Connection】对话框中，先单击【CPU314C-2DP（1）】，然后将【Type】（连接类型）设置为【S7 connection】，之后单击【Apply】按钮，如图 31-20 所示。

在弹出的【Properties】对话框中，勾选【Configured at one end】（单边配置），如图 31-21 所示。

然后单击【Address Details】按钮，在弹出的【Address Details】对话框中查看地址详情，【Partner】下的数字【2】代表与 S7-400PLC 通信的 S7-300PLC 的 CPU 槽号，如图 31-22 所示。

设置完成后，单击 按钮进行编译和保存，在弹出的【Save and Compile】对话框中，单击【Compile and check everything】（编译和检查所有设置）单选按钮，如图 31-23 示。

至此单边通信的硬件组态就完成了，下面进行通信程序的编制。

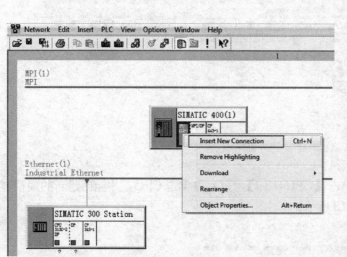

图 31-19　在快捷菜单中创建新的连接　　　　　　　　　　图 31-20　设置连接类型

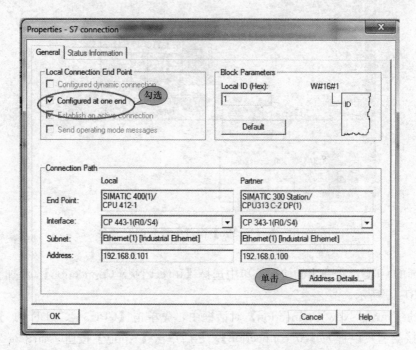

图 31-21　设置 S7 connection 的连接细节

● 第七步　编制通信的程序

　　首先，在 S7-400PLC 侧创建 DB10，这个数据块包含读写数据各 32 个字节，如图 31-24 所示。

　　然后，在 OB1 中调用 SFB14 和 SFB15，在 SFB14 中创建背景数据块 DB20，在程序段 1 中将 S7-300 中的 MB10～MB29 读取到 S7-400 本地 RD_1 的 DB10. DBB0～DB10. DBB19 中，同时将 S7-300 的 DB1. DBB0～DB1. DBB11 读取到 S7-400 本地 RD_1 的 DB10. DBB20～

DB10. DBB31 中，REQ 输入引脚要求上升沿触发功能块执行，ID 应与网络组态的 Local ID 一致，如图 31-25 所示。

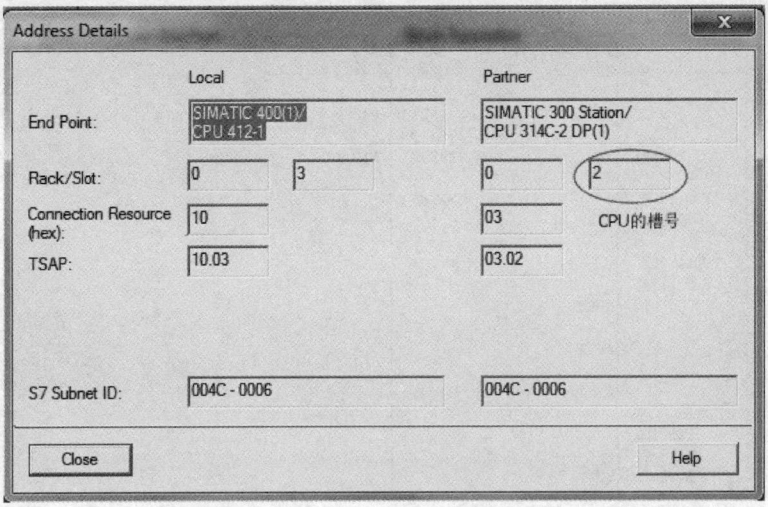

图 31-22 查看地址详情的图示

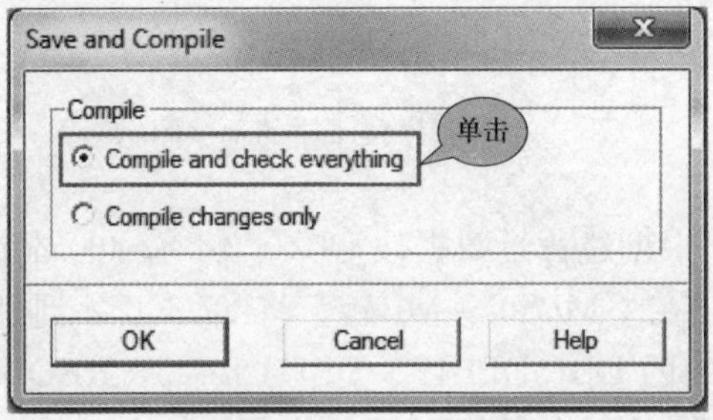

图 31-23 选择编译和检查所有设置的图示

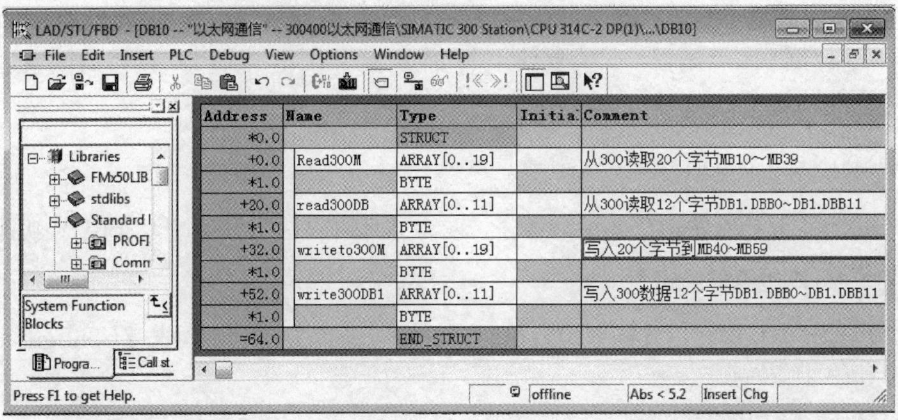

图 31-24 DB10 中的数据

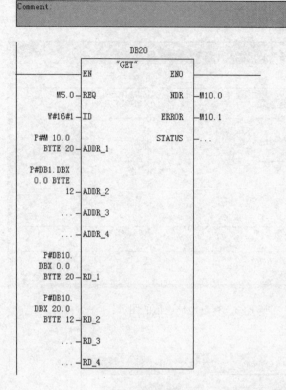

图 31-25　程序段 1 中的程序图示

在程序段 2 中的 SFB15 中创建背景数据块 DB21，将 S7-400 本地 SD_1 的 DB10.DBB32～DB10.DBB51 写入 S7-300 中的 MB50～MB69，将 S7-400 本地 SD_2 的 DB10.DBB52～DB10.DBB63 写入 S7-300 中的 DB1.DBB12～DB1.DBB23，REQ 输入引脚要求上升沿触发功能块执行，ID 应与网络组态的 Local ID 一致，如图 31-26 所示。

在程序段 3 和程序段 4 中使用 T10 和 T11 实现了 M5.0 接通 1s，然后 M5.1 接通 1s，如此循环下去，创建 PUT 和 GET 的 REQ 引脚所需要的上升沿脉冲，程序如图 31-27 所示。

在 S7-300 站侧创建 DB1，DB1 的变量声明如图 31-28 所示。

S7-300PLC 侧不需要编程，只需要使用 MOVE 指令对 S7-400PLC 读写的区域进行数据传送操作就可以了。

3. S7-400 和 S7-300 的双边以太网通信示例

在 S7-400 和 S7-300 两边都要编写程序，两个站都需要调用 BSEND，BRCV 功能块。

●——— 第一步　双边通信的设置

S7-400 与 S7-300 进行以太网双边通信时，在配置通信方式时不勾选【Configured at one end】项，如图 31-29 所示。

将网络配置保存并编译。

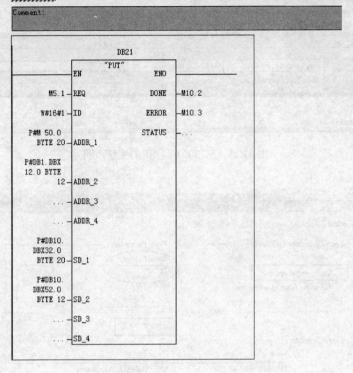

图 31-26　程序段 2 中的程序图示

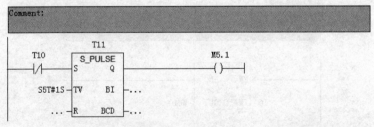

图 31-27　程序段 3 和程序段 4 创建了两个 1s 方波

第二步 **S7-400PLC 侧通信程序的编制**

S7-400PLC 需要调用 SFB12、SFB13。

在程序段 3 中设置通信长度为 16B，将长度存到 MW10 中，程序如图 31-30 所示。

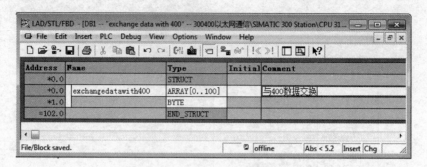

图 31-28 S7-300 的 DB1 的变量声明

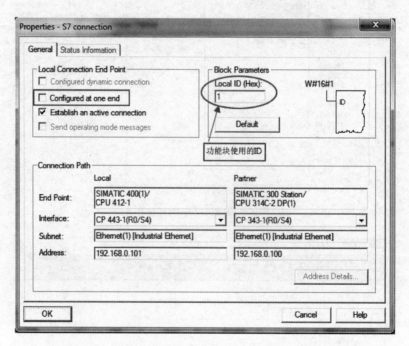

图 31-29 不勾选【Configured at one end】即是双边通信

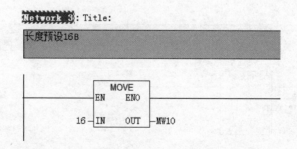

图 31-30 发送长度以字节为单位

在系统功能块（System Function Blocks）下面调用发送功能块 SFB12，REQ 需要上升沿启动功能块，ID 应与网络组态中的 Local ID 一致（此处为"1"），R_ID 必须与 S7-300 的 BRCV 功能块的 R_ID 一致并且应与 S7-400 PLC 的 BRCV 的 R_ID 不同，如图 31-31 所示。

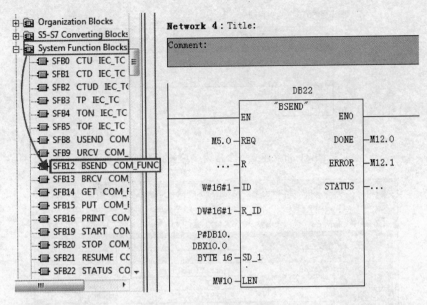

图 31-31　调用 SFB12

在系统功能块下面调用接收功能块 SFB13，EN_R 需要上升沿来启动功能块，ID 应与网络组态中的 Local ID 一致（此处为 "1"），R_ID 必须与 S7-300 的 BSEND 功能块的 R_ID 一致，并且应与 S7-400 PLC 的 BSEND 的 R_ID 不同，如图 31-32 所示。

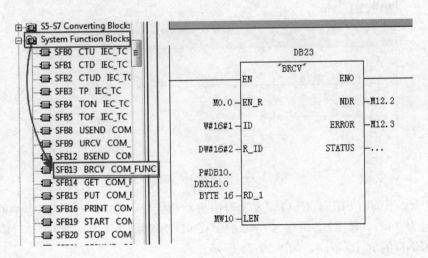

图 31-32　调用 SFB13

建立常为真的 M0.0 信号，如图 31-33 所示。

在 DB10 里面，创建 S7-400 使用的数据，如图 31-34 所示。

● ▌第三步▐　**S7-300PLC 侧的程序编制**

在 S7-300PLC 侧的 OB1 调用 FB12 和 FB13。

在程序段 3 中创建一个常为 "1" 的 M0.0，并将长度预设为 16B，如图 31-35 所示。

Network 6: Title:

Comment:

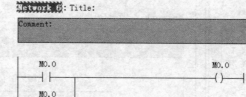

图 31-33　建立一个常为"1"的 M0.0 信号

LAD/STL/FBD - [DB10 -- "以太网通信" -- 300400以太网通信双边\SIMATIC ...

File　Edit　Insert　PLC　Debug　View　Options　Window　Help

Address	Name	Type	Initial	Comment
*0.0		STRUCT		
+0.0	DB_send	ARRAY[0..15]		发送数据
*1.0		BYTE		
+16.0	DB_Recv	ARRAY[0..15]		接收数据
*1.0		BYTE		
=32.0		END_STRUCT		

Press F1 to get Help.　　　　offline　　Abs

图 31-34　DB10 的数据表

Network 3: Title:

长度预设16 B，M0.0一直为"1"

```
        M0.0                                    M0.0
        ─┤├──┬──────────────────────────────────( )─
        M0.0 │              MOVE
        ─┤/├─┘           EN     ENO
                     16 ─IN    OUT─ MW10
```

图 31-35　程序段 3 中的程序

在 CP 300 下调用 FB12，REQ 需要上升沿启动功能块，ID 应与网络组态中的 Local ID 一致（此处为"1"），R_ID 必须与 S7-400 的 BSEND 功能块的 R_ID 一致，并且应与 S7-400 PLC 的 BSEND 的 R_ID 不同，如图 31-36 所示。

在 CP 300 下面调用接收功能块 FB13，EN_R 需要上升沿来启动功能块，ID 应与网络组态中的 Local ID 一致（此处为"1"），R_ID 必须与 S7-300 的 BRCV 功能块的 R_ID 一致，并且应与 S7-400 PLC 的 BRCV 的 R_ID 不同，如图 31-37 所示。

4. 两台 S7-300PLC 之间的 S5-ISO 通信示例

两套 S7-300PLC 系统均由 PS 307 电源、两个 CPU314C-2 PtP 模块、一个 CP343-1 以太网通信模块、一个 CP343-1 IT 以太网通信模块组成，本示例完成的通信是在这两台 S7-300PLC 之间的 S5-ISO 的通信。

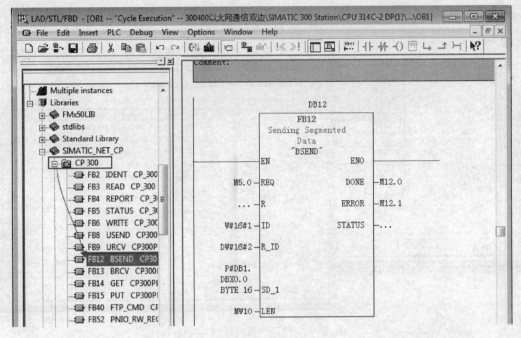

图 31-36 调用 FB12

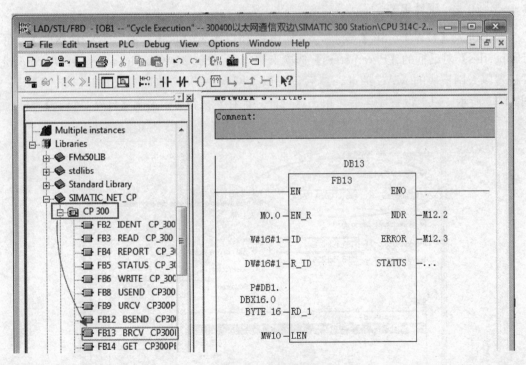

图 31-37 调用 FB13

第一步 创建新项目

在【SIMATIC Manager】中使用项目向导创建一个站，除 OB1 之外，还将使用 OB35，如图 31-38 所示，输入项目名称【300ISOcommunication】后单击【Finish】完成。

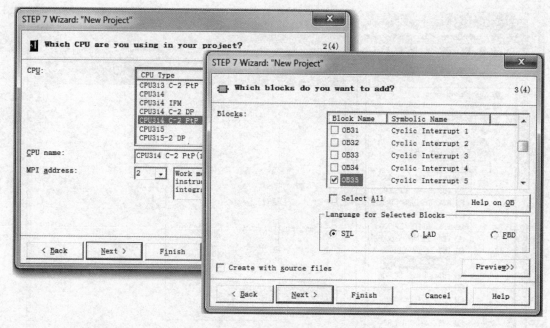

图 31-38 使用项目向导创建项目

第二步 硬件组态

双击进入【HW Config】窗口，添加电源和以太网【6GK7 343-1EX21-0XE0】，在其【Properties】对话框的【Parameters】选项卡中勾选【Set MAC address/use ISO protocol】，并设置以太网模块的 MAC 地址，然后设置以太网模块的 IP 地址为【192，168.0.10】，如图 31-39 所示。以上设置完毕后，单击【编译并保存】按钮，关闭【HW Config】窗口。

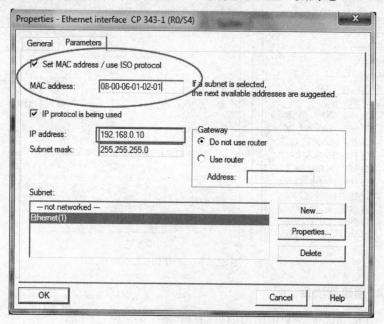

图 31-39 添加以太网设置 IP 地址

第三步 添加新的 S7-300 的站

在【SIMATIC Manager】中右击项目名称，在弹出的快捷菜单中再添加一个 300 的站，如图 31-40 所示。

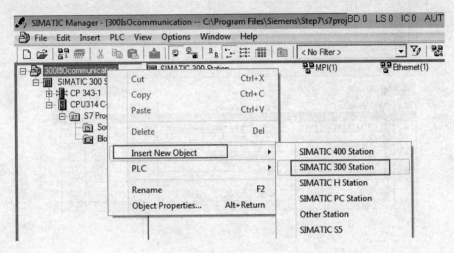

图 31-40 添加 S7-300 站

第四步 对新站进行硬件组态

双击进入【HW Config】窗口，添加电源、CPU 和以太网通信模块【6GK7 343-1GX21-0XE0】，此模块的 IP 地址和 MAC 地址如图 31-41 所示。

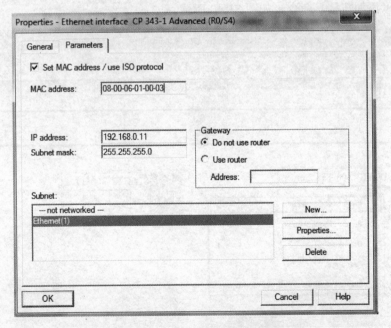

图 31-41 添加以太网模块的设置

硬件组态完成后，如图 31-42 所示。

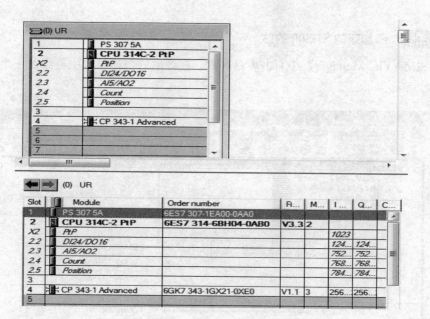

图 31-42　硬件组态完成图

然后单击【编译并保存】按钮🖳，关闭【HW Config】窗口。

● ▬▬ 第五步 ▬▬ 网络组态

在【SIMATIC Manager】中单击【网络组态】按钮🖴，打开【NetPro】窗口，开始设置以太网，先单击【CPU314C-2PtP】，然后右击，在弹出来的快捷菜单中选择【Insert New Connection】（添加新接）命令，如图 31-43 所示。

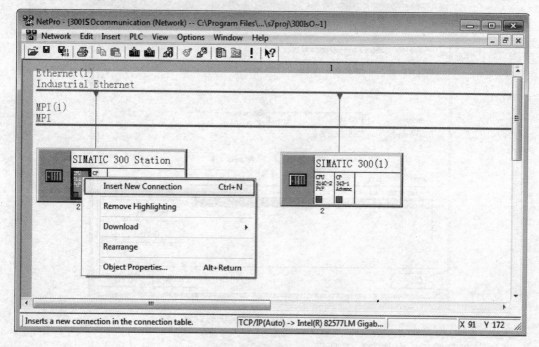

图 31-43　添加新链接

在弹出的【Insert New Connection】对话框中，在【Connection】（连接）选项组中，在【Type】（连接类型）下拉列表框中选择【ISO-on-TCP connection】，如图 31-44 所示。

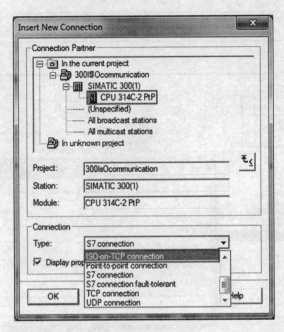

图 31-44 选择连接类型【ISO_on_TCP connection】

选择完成后，单击【Apply】（应用）按钮，在弹出的【Properties】对话框中，【Block Parameters】（功能块参数）包括 ID 为【1】和 LADDR 地址为【W♯16♯0100】，在后面的功能块调用应与此处一致，如图 31-45 所示。

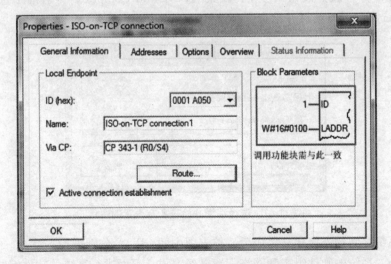

图 31-45 ISO-on-TCP 连接详情

● 第六步 检查连接的设置

双击图 31-46 所示的连接，在弹出的【Properties】检查连接的设置。

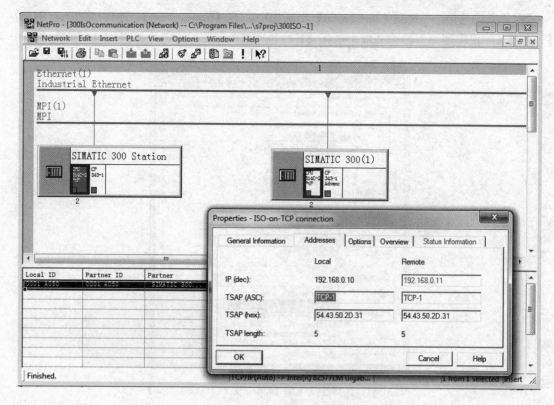

图 31-46 检查连接的各项设置

● **第七步** 编译并下载

单击【编译并下载】按钮，在弹出的【Save and Compile】对话框中选择【Compile and check everything】（编译并检查所有设置），如图 31-47 所示。

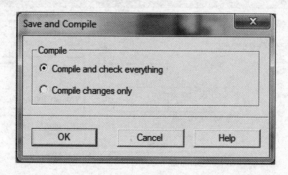

图 31-47 选择编译并检查所有设置的图示

当两套系统之间的连接建立完成后，单击图中的 CPU，分别进行下载。

到此为止，系统的硬件组态和网络配置已经完成，下面进行系统的软件编制。

● **第八步** 程序编制

在【SIMATIC Manager】的界面中，分别在 CPU314C-2PtP、CPU314C-2 PtP 中插入 OB35 定时中断程序块和数据块 DB1、DB2，并在两个 OB35 中调用 FC5（AG_SEND）和

FC6（AG_RECV）程序块，功能块的 ID 要与组态的一致，LADDR 引脚的地址将硬件组态的起始地址转换为十六进制（256＝16♯100），如图 31-48 所示。

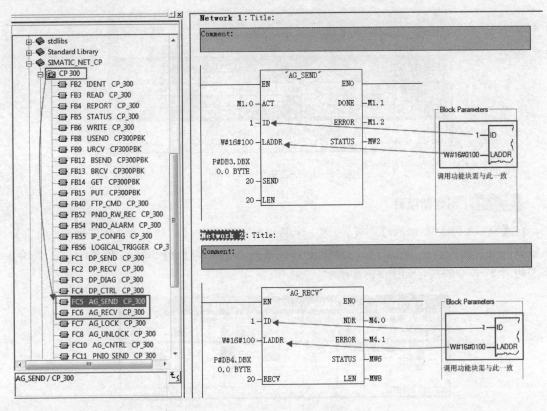

图 31-48　OB35 的编程

DB1 中的变量声明，如图 31-49 所示。

图 31-49　DB1 中的变量声明

DB2 中的变量声明，如图 31-50 所示。

至此，STEP7 的常用的以太网通信就介绍完毕了。

5. 两台 CPU313 的单边编程 MPI 通讯的示例

本示例要实现的是将 SIMATIC 300（1）中的 DB1. DBB0～DB1. DBB9 的连续 10 个字节的数据，发送到 SIMATIC 300（2）中的 DB10. DBB0～DB10. DBB9 当中去，将 SIMATIC

300（2）中的 DB10.DBB10～DB10.DBB19 的连续 10 个字节的数据，发送到 SIMATIC 300（2）中的 DB1.DBB10～DB1.DBB19 当中去。

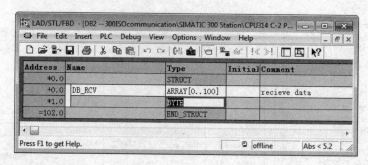

图 31-50　DB2 中的变量声明

第一步　创建新项目

在【SIMATIC Manager】中，创建一个新项目，名称为【双边编程 MPI 通讯的项目】，然后右击项目名称，在弹出的快捷菜单中选择【插入新对象】→【SIMATIC 300 站】命令，添加两个 S7-300 的站，如图 31-51 所示。

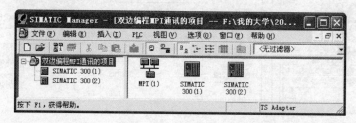

图 31-51　添加两个 S7-300 的站的图示

第二步　硬件配置

加入两个 S7-300 的站后，在【HW Config】窗口中分别对这两个 S7-300 的站进行硬件组态，电源模块选用 6ES7 307-1BA00-0AA0，负荷电源电压为 AC120/230V，DC24 V/2A。CPU 模块选用 6ES7 313-6CF03-0AB0，两个 S7-300 的站组态后的硬件配置图如图 31-52 所示。

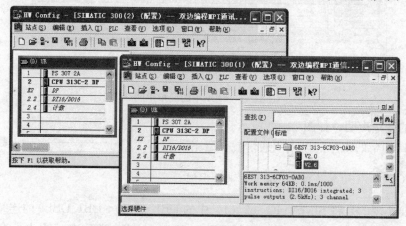

图 31-52　两个 S7-300 的站的硬件组态图

第三步 网络组态

双击【NetPro】窗口中网络中的 SIMATIC 300 的 MPI 接口，在弹出的【属性】对话框中设置 MPI 地址，SIMATIC 300（1）的 CPU 的 MPI 地址为 "2"，SIMATIC 300（2）的 CPU 的 MPI 地址为 "4"，如图 31-53 所示。

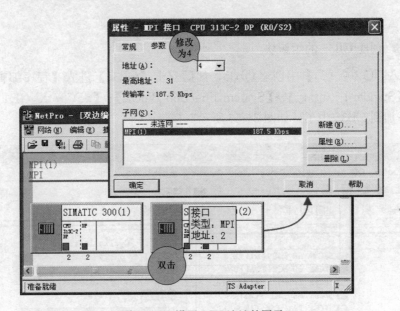

图 31-53　设置 MPI 地址的图示

把组态信息保存并编译，然后下载到两台 PLC 中，如图 31-54 所示。

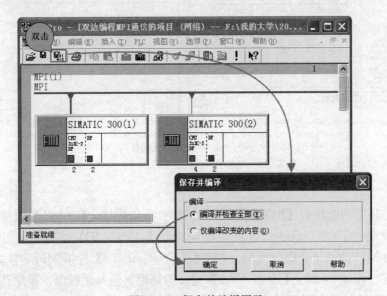

图 31-54　保存并编译图示

系统会自动进行一致性检查的输出，如图 31-55 所示。

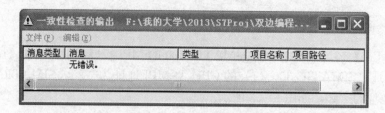

图 31-55　一致性检查的图示

● ──[第四步]　创建 **OB35** 的组织块

在【SIMATIC 300（2）】中创建 OB35，然后双击【OB35】进入【程序编辑器】界面，选择【库】→【Standard Library】→【System Function Blocks】→【SFC67 X_GET】，双击后，发送指令就添加到 OB35 中了，如图 31-56 所示。

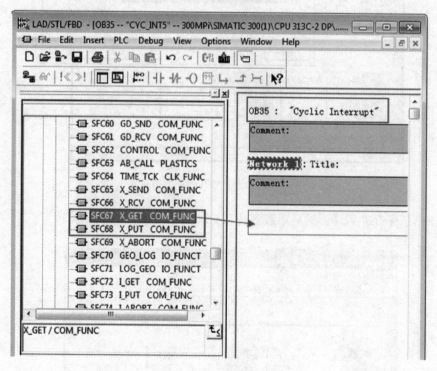

图 31-56　从系统功能块中添加 X-GET，X_PUT

● ──[第五步]　通信的程序编制

SFC67 X_GET 功能块的【REQ】为 "1" 时建立通信连接，【CONT】连接的 PLC 的输入端子 M0.1 为时 "0" 时，代表发送结束后停止，【DEST_ID】连接的是 SIMATIC 300（1）的 CPU 的 MPI 的地址，即 W♯16♯2，而【VAR_ADDR】连接 MPI 2 号站要读取的数据，DB1.DBB0～DB1.DBB9，【RET_VAL】定义的是返回值有无错误，存储到 MW4 当中，【BUSY】连接到 M0.2，当 M0.2 为 "1" 时，代表没有完成正在接收，M4.0 为 "0" 时，代表接收完成或接收功能没被激活，【RD】读取 MPI 2♯站的数据后，将其放到本地的数据区域，DB10.DBB0～DB10.DBB9。

如果在 OB1 中调用 SFC 67 X_GET 时，发送的频率太快，则将加重 CPU 的负荷，因此，在循环中断组织块 OB35 中调用 SFC67，是每隔一定的时间间隔（默认值为 100ms）调用一次的，如图 31-57 所示。

```
Network 1: Title:

Comment:

    CALL  "X_GET"
    REQ      :=M0.0                       //请求
    CONT     :=M0.1                       //M0.1=FALSE  数据传输结束后停止
    DEST_ID  :=W#16#2                     //对方MPI地址
    VAR_ADDR :=P#DB1.DBX 0.0 BYTE 10      //2号站要读取的数据 DB1.DBB0~DB1.DBB9
    RET_VAL  :=MW4                        //功能块返回值
    BUSY     :=M0.2                       //功能块在工作
    RD       :=P#DB10.DBX 0.0 BYTE 10     //读取的内容放到本地的DB10.DBB0~DB10.DBB9
```

图 31-57　使用 X_GET 读取 MPI 2 号站的数据

SFC68 X_PUT 功能块的【REQ】为"1"时建立通信连接，【CONT】连接的 PLC 的输入端子 M0.1 为"0"，代表发送结束后停止，【DEST_ID】连接的是 SIMATIC 300（1）的 CPU 的 MPI 的地址，即 W♯16♯2，而【VAR_ADDR】连接 MPI 2 号站要写入的数据区，DB1.DBB10~DB1.DBB19，【RET_VAL】定义的是返回值有无错误，存储到 MW8 当中，【BUSY】连接到 M6.2，当 M6.2 为"1"时，代表没有完成正在写入，M6.2 为"0"时，代表写入完成或写入功能没被激活，【SD】将本地的数据区域，DB10.DBB0~9 中的数据写入到 MPI2 号站，如图 31-58 所示。

```
Network 2: Title:

Comment:

    CALL  "X_PUT"
    REQ      :=M6.0                       //请求
    CONT     :=M6.1                       //M6.1=FALSE  数据传输结束后停止
    DEST_ID  :=W#16#2                     //对方MPI地址
    VAR_ADDR :=P#DB1.DBX 10.0 BYTE 10     //2号站要写入的数据区 DB1.DBB10~DB1.DBB19
    SD       :=P#DB10.DBX 10.0 BYTE 10    //要发送内容到本地的DB10.DBB10~DB1.DBB19
    RET_VAL  :=MW8                        //功能块返回值
    BUSY     :=M6.2                       //功能块在工作
```

图 31-58　使用 X_PUT 将数据写入到 MPI2 号站

第六步　数据块 DB10

编写 OB35 程序后，在【SIMATIC Manager】中，在 SIMATIC 300（2）站下创建数据块 DB10，双击【DB10】打开编程窗口，DB10 的变量声明包含 20 个字节的数组，如图 31-59 所示。

第七步　数据块 DB1

在 SIMATIC 300（1）站下创建数据块 DB1，如图 31-60 所示。

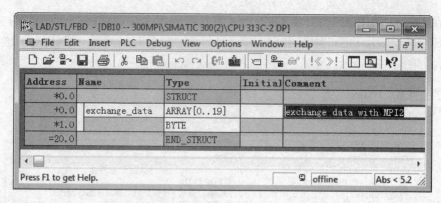

图 31-59　DB10 中的变量声明

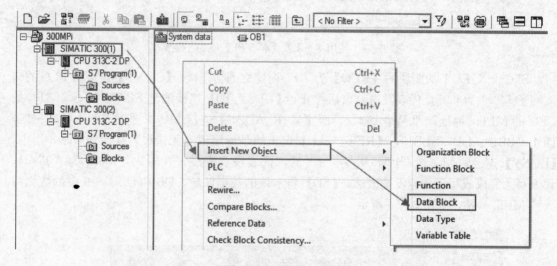

图 31-60　创建数据块

双击【DB1】打开编程窗口，DB1 的变量声明包含 20 个字节的数组，如图 31-61 所示。

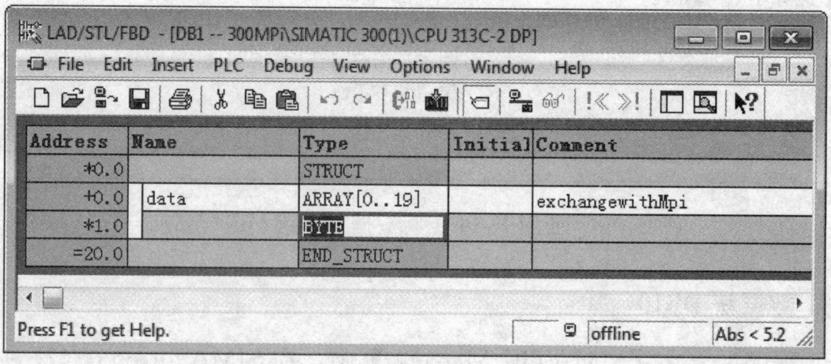

图 31-61　DB1 的变量声明

MM430 变频器的 BICO 功能在自动喷漆设备上的应用

案例 32

一、案例说明

MM430 变频器的 BICO 功能是西门子变频器特有的功能，能够灵活地把变频器的输入和输出功能联系在一起，方便客户根据实际工艺需求来灵活定义变频器的端口。

在本示例中，通过一个自动喷漆设备的示例来说明如何使用 BICO 功能。

二、相关知识点

1. 西门子的 BICO 功能

在 MM4 系列变频器的参数表中，在一些参数名称的前面被冠有 "BI："、"BO："、"CI："、"CO："、"CO/BO"，它们的含义如下。

（1）BI：二进制互联输入，即参数可以选择和定义输入的二进制信号，通常与 "P 参数" 相对应。

（2）BO：二进制互联输出，即参数可以选择输出的二进制功能，或作为用户定义的二进制，通常与 "r 参数" 相对应。

（3）CI：内部互联输入，即参数可以选择和定义输入量的信号源，通常与 "P 参数" 相对应。

（4）CO：内部互联输出，即参数可以选择输出量的功能，或作为用户定义的信号输出，通常与 "r 参数" 相对应。

BI 参数可以与 BO 参数相连接，只要将 BO 参数值添写到 BI 参数中即可。

2. 参数 P2834 [4] 介绍

参数 P2834 [0]、P2834 [1]、P2834 [2] 和 P2834 [3]，可以定义 D-FF1 的各个输入，并且，D-FF1 的输出是 P2835 和 P2836，参数 P2834 [4] 的功能框图如图 32-1 所示。

三、创作步骤

●——第一步 自动喷漆设备介绍

自动喷漆设备示意图如图 32-2 所示。

●——第二步 自动喷漆的工作循环

在本示例中，QA1 是自锁按钮开关，即第一次按下 QA1 时，QA1 接通并保持，即自锁，在第二次按下 QA1 时，QA1 断开，同时，QA1 按钮开关会弹出来，请参考图 32-4。

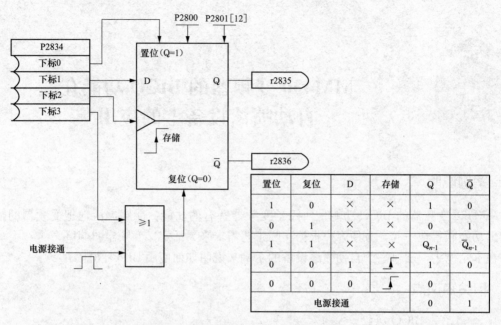

图 32-1 参数 P2834 [4] 的功能框图

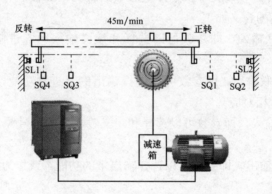

图 32-2 自动喷漆设备示意图

　　自动喷漆设备的工作过程是按下启动按钮 QA1 后，工作台以 45m/min 的速度快速右移，此时，变频器正转，频率是 45Hz，在触碰行程开关 SQ1 后，移动速度降至 5m/min，当触碰到行程开关 SQ2 时，变频器停止运行，工作台在 SQ2 的位置上停止 3min，以卸下已喷好漆的工件，装上待喷漆的工件。

　　然后工作台以 45m/min 的速度快速左移，变频器此时反转，频率是 45Hz，当触碰到 SQ3 位置开关时，移动速度降至 5m/min，当工作台移动至触碰到行程开关 SQ4 时，工作台停止移动，停止时间是 35min，以进行喷漆操作。当时间到达后，工作台自动右移，这就是一个工作循环过程，如图 32-3 所示。

● **第三步** **MM430 变频器的电气设计**

　　在本示例中，工作台的移动是通过西门子 MM430 变频器对电动机进行控制来实现的，变频器的电气原理图如图 32-4 所示。

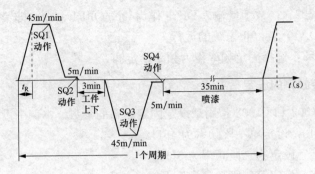

图 32-3　自动喷漆的工作循环示意图

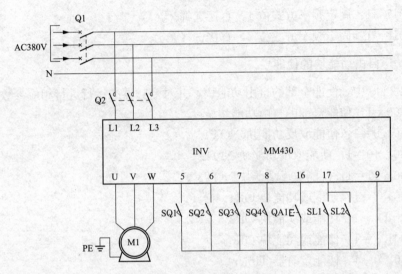

图 32-4　变频器的电气原理图

另外，当触碰到行程开关 SQ1 或 SQ2 时，如果工作台没有停止，那么继续移动就会碰到极限开关 SL1 或 SL2，此时，系统就会强制变频器停止，起到终端保护的作用。

● 第四步　变频器的参数设置

设置访问等级，并激活变频器的数字量输入端子 5、端子 6、端子 7、端子 8、端子 16。

MM430 变频器的数字量端子的对应关系是这样的，端子 5 对应数字量输入 DIN1，端子 6 对应数字量输入 DIN2，端子 7 对应数字量输入 DIN3，端子 8 对应数字量输入 DIN4，端子 16 对应数字量输入 DIN5，端子 17 对应数字量输入 DIN6。

(1) P003＝3：选择参数访问等级为专家级别。

(2) P0700.0＝2：选择端子作为命令信号源。

(3) P0706.0＝99：使能数字量输入 DIN6 的 BICO 功能。

(4) P0705.0＝99：使能数字量输入 DIN5 的 BICO 功能。

(5) P0704.0＝99：激活数字量输入 DIN4 的 BICO 功能。

(6) P0703.0＝99：激活数字量输入 DIN3 的 BICO 功能。

(7) P0702.0＝99：激活数字量输入 DIN2 的 BICO 功能。

(8) P0704.0＝99：激活数字量输入 DIN1 的 BICO 功能。

（9）P0840.0＝722.4：数字量输入 DIN5 作为 ON/OFF1 命令，即第一次按下 QA1 就运行系统，再按一次 QA1，就停止系统的运行。

（10）P1000.0＝3：选择固定频率作为频率给定源

第五步 固定频率的设定

参数 P1001、P1002 和 P1003 是用来设定固定频率的参数。本例中设定的频率如下。

（1）P1001.0＝40：设定第一段频率为 45Hz。

（2）P1002.0＝5：设定第二段频率为 5Hz。

（3）P1003.0＝5：设定第三段频率为 5Hz。

（4）P1016＝1：固定频率方式位 0，直接选择。

（5）P1017＝1：固定频率方式位 1，直接选择。

（6）P1018＝1：固定频率方式位 2，直接选择。

第六步 自由功能块的使能

在参数 P2800 中，使能全部的自由功能块，并对变频器的运行进行相应参数的设置。

（1）P2800＝1：使能全部的自由功能块。

（2）P2801.9＝1：使能取反功能块 NOT1。

（3）P2801.10＝1：使能取反功能块 NOT2

（4）P2801.11＝1：使能取反功能块 NOT3

（5）P2801.3＝1：使能或功能块 OR1。

（6）P2801.4＝1：使能或功能块 OR2。

（7）P2801.5＝1：使能或功能块 OR3。

（8）P2802.0＝1：使能定时器 Timer1。

（9）P2802.1＝1：使能定时器 Timer2。

（10）P2801.0＝1：使能与功能块 AND1。

（11）P2801.1＝1：使能与功能块 AND2。

（12）P2801.12＝1：使能置复位功能块 D-FF1。

（13）P2801.13＝1：使能置复位功能块 D-FF2。

第七步 运行频率的切换

在本示例中，运行频率是通过输入端子来切换的，下面的自由功能块的编程是为了实现在行程开关 SQ1～SQ4 均没有接通情况下，设置运行频率为 45Hz。

4 个输入点，是指先计算逻辑输入 DIN1 或 DIN2 的结果和 DIN1 或 DIN2 的结果，然后将这两个计算结果再进行或运算，最后再将此运算结果取反，即只有在 4 个逻辑输入中的任意一个均没有接通时最后的运算结果才是 1，详细的参数设置如下。

（1）使用 OR1 功能块运算 DIN1 或 DIN2 的结果。

1）P2816.0＝722.0：DIN1 为 OR1 的输入 1。

2）P2816.1＝722.1：DIN2 为 OR1 的输入 2。

运算结果放到 r2817 中。

（2）使用 OR2 功能块运算 DIN3 或 DIN4 的结果。

1) P2818.0＝722.2：DIN3 为 OR2 的输入 1。

2) P2818.1＝722.2：DIN4 为 OR2 的输入 2。

运算结果放到 r2819 中。

（3）使用 OR3 功能块运算 ［(DIN1 或 DIN2) 或 (DIN3 或 DIN4)］ 的结果。

1) P2820.0＝2817：OR1 运算结果作为输入 1。

2) P2820.1＝2819：OR2 运算结果作为输入 2。运算结果放到 r2821 中。

（4）使用 NOT1 功能块运算将 ［(DIN1 或 DIN2) 或 (DIN3 或 DIN4)］ 的结果取反。

P2828.0＝2821，取反运算结果放到 r2829 中

● ——第八步 运行命令的自由功能块编程

本示例中的启动命令使用 D 触发器 D-FF1 来完成正向 ON/OFF1 的启动信号，D-FF2 来完成反向 ON/OFF1 的启动信号。

在 D 触发器 D-FF1 中，将运行命令 DIN5 与反向停止脉冲延时 5min 时间到的运算结果作为 D 触发器 D-FF1 的置位输入，也就是说，当 DIN5 为高电平，并且反向延时时间到时输出正向运行信号；正向停止限位复位功能块输入，在工作台碰到正向停止行程开关给出正向运行停止信号；将正向停止限位取反作为 D 的输入，将 DIN5 接到存储位输入，这样在没有碰到正向停止行程开关时，DIN5 的上升沿将启动变频器的正向运行。

在 D 触发器 D-FF2 中，将运行命令 DIN5 与正向停止脉冲延时 3min 时间到的运算结果作为 D 触发器 D-FF2 的置位输入，也就是说，当 DIN5 为高电平，并且正向向延时时间到时输出反向运行信号；反向停止限位复位功能块输入，在工作台碰到反向停止行程开关时给出反向运行停止信号；将反向停止限位取反作为 D 的输入，将 DIN5 接到存储位输入，这样在没有碰到反向停止行程开关时，DIN5 的上升沿将启动变频器的反向运行。

（1）使用定时器 Timer1 功能块进行定时，碰到正向行程开关 SQ2 后 180s 输出 r2852。

1) P2849.0＝722.1：当碰到正向行程开关 SQ2 时开始计时。

2) P2850＝180：定时时间 3min，即 180s。

3) P2851＝0：ON 延时，延时 180s 后输出 r2852。

（2）使用定时器 Timer2 功能块进行定时，碰到反向行程开关 SQ4 后 300s 输出 r2857。

1) P2854.0＝722.3：当碰到正向行程开关 SQ4 时开始计时。

2) P2855＝300：定时时间为 5min，300s。

3) P28516＝0：ON 延时，延时 300s 后输出 r2857。

（3）使用与功能块 AND1，将 DIN5 信号和正向限位定时器 Timer1 的时间到达信号相与。

1) P2810.0＝722.4：运行命令。

2) P2810.1＝2852：将与运算结果放到 r2811 中，作为变频器反向 ON/OFF 信号。

（4）使用与功能块 AND2，将 DIN5 和反向限位定时器 Timer2 的时间到达信号相与。

1) P2812.0＝722.4：运行命令。

2) P2812.1＝2857：将与运算结果放到 r2813 中，作为变频器正向 ON/OFF 信号。

（5）使用 NOT2 功能块将正向限位 SQ2 的结果取反。

1) P2830.0＝722.1：将取反运算结果放到 r2831 中。

2）使用 NOT3 功能块将反向限位 SQ4 的结果取反。

3）P2832.0＝722.3：将取反运算结果放到 r2833 中。

（6）D-FF1 功能块的编程，正向 ON/OFF 启动命令的编程。

1）P2834.0＝2813：DIN5 和定时器 Timer1 的时间到达信号相与作为置位正向运行输出命令。

2）P2834.1＝2831：NOT2 功能块运算将正向限位 DIN2 的结果取反作为 D 输入。

3）P2834.2＝722.4：运行命令 QA1 上升沿输出运行命令。

4）P2834.3＝722.1：碰到正向限位复位正向运行输出命令，功能块输出到 r2835 中。

（7）D-FF2 功能块的编程，反向 ON/OFF 启动命令的编程。

1）P2837.0＝2811：DIN5 和定时器 Timer2 的时间到达信号相与作为置位反向运行输出命令。

2）P2837.1＝2833：NOT3 功能块运算将反向限位 DIN4 的结果取反作为 D 输入。

3）P2837.2＝722.4：运行命令 QA1 上升沿输出运行命令。

4）P2837.3＝722.3：碰到反向限位复位反向运行输出命令，功能块输出到 r2838 中。

第九步 设置固定频率选择位

（1）P1020.0＝2829：当 SQ1～SQ4 均没接通时输出 45Hz，作为固定频率选择位 0。

（2）P1021.0＝722.0：SQ1 减速限位作为固定频率选择位 1。

（3）P1022.0＝722.2：SQ3 减速限位作为固定频率选择位 2。

第十步 设定正反转运行信号和急停信号

（1）P840.0＝2835：D-FF1 功能块输出控制正向运行命令。

（2）P841.0＝2837：D-FF2 功能块输出控制反向运行命令。

（3）P848.0＝722.5：DIN6 用于紧急停车限位和急停按钮。

案例 33　变频器在冲击性负载中的应用

一、案例说明

变转矩负载在实际的工程应用中很广泛，运用变频调速能优化工艺过程，并能根据工艺过程迅速改变，还能通过远控 PLC 或其他控制器来实现速度变化。

在本示例中，笔者通过混凝土回转窑来说明变频器在恒转矩负载的设备中是如何选择和应用的。

混凝土回转窑是混凝土熟料干法和湿法生产线的主要设备。回转窑广泛用于冶金、化工、建筑耐火材料、环保等工业。回转窑由筒体、支承装置、带挡轮支承装置、传动装置、活动窑头、复合碎石机、窑尾密封装置、喷煤管装置等部件组成。回转窑的设备示意图如图 33-1 所示。

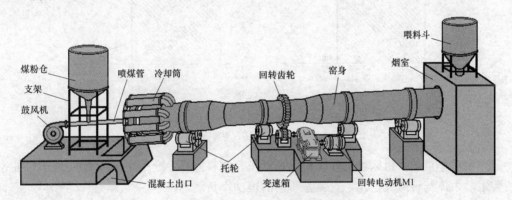

图 33-1　回转窑的设备示意图

回转窑的窑体与水平呈一定的倾斜角，整个窑体由托轮装置支承，并有控制窑体上下窜动的挡轮装置。回转窑的转动由电动机通过齿轮减速箱，减速箱的输出齿轮和回转窑的回转齿条啮合，拖动回转窑转动。

二、相关知识点

1. 变频器驱动的负载类型

通过变频调速后，能够设置相应的转矩极限来保护机械不致损坏，从而保证工艺过程的连续性和产品的可靠性。目前的变频技术不仅使转矩极限可调，甚至转矩的控制精度都能达到 3%～5% 左右。在工频状态下，电动机只能通过检测电流值或热保护来进行控制，而无法像变频控制一样设置精确的转矩值来动作。

变频器所驱动的负载一般分为 3 种类型，恒转矩负载，恒功率负载和风机、变转矩负载。

（1）恒转矩负载。负载的转矩 T_L 不随转速 n 的变化而变化，是一恒定值，任何转速下 T_L 总保持恒定或基本恒定。但负载功率随转速成比例变化。例如传送带、搅拌机，挤压机等摩擦类负载以及吊车、提升机等位能负载都属于恒转矩负载。

变频器拖动恒转矩性质的负载时，低速下的转矩要足够大，并且有足够的过载能力。如果需要在低速下稳速运行，那么应该考虑标准异步电动机的散热能力，避免电动机的温升过高。

恒转矩负载的典型系统有位能性负载，如电梯、卷扬机、起重机、抽油机等。摩擦类负载，如传送带、搅拌机、挤压成型机、造纸机等。

恒转矩负载的控制要求是具有低频转矩提升能力和短时过电流能力，变频器可选通用变频器，将其容量提高一档，以提高低速转矩；或根据需要，选用矢量变频器。恒转矩负载的全速运行和变速运行如图33-2所示。

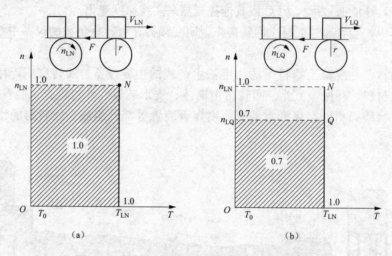

图33-2　恒转矩负载的全速运行和变速运行图示
（a）全速运行；（b）变速运行

（2）恒功率负载。机床主轴和轧机、造纸机、塑料薄膜生产线中的卷取机、开卷机等要求的转矩，大体与转速成反比，这就是所谓的恒功率负载。

负载的恒功率性质应该是就一定的速度变化范围而言的。当速度很低时，受机械强度的限制，T_L 不可能无限增大，在低速下转变为恒转矩性质。

负载的恒功率区和恒转矩区对传动方案的选择有很大的影响。电动机在恒磁通调速时，最大允许输出转矩不变，属于恒转矩调速；而在弱磁调速时，最大允许输出转矩与速度成反比，属于恒功率调速。当电动机的恒转矩和恒功率调速的范围与负载的恒转矩和恒功率范围相一致时，即所谓"匹配"的情况下，电动机的容量和变频器的容量均最小。

在实际工程中，一些高速电动机为了在优化恒定功率时的运行性能，在电压达到电动机额定电压后还允许电压继续升高，以弥补一部分由于频率升高而导致的磁通量的减小，从而提升了电动机在高速运行时输出的最大转矩。

变频器恒功率的优化功能，即矢量控制两点功能。当变频器频率超过额定频率以后，电压超过额定电压后还可升高，如图33-3所示。

恒压频比控制方式是建立在异步电动机的静态数学模型基础上的，因此动态性能指标不高，对于轧钢、造纸设备等对动态性能要求较高的应用，就必须采用矢量控制变频器才能达到工艺上的较高要求。

（3）变转矩类负载。对于各种风机、水泵、油泵，随叶轮的转动，空气或液体在一定的速度范围内所产生的阻力大致与转速的 2 次方成正比。随着转速的减小，转矩按转速的 2 次方减小。这种负载所需的功率与转速的 3 次方成正比。当所需风量、流量减小时，利用变频器通过调速的方式来调节风量、流量，可以大幅度地节约电能。由于高速时所需功率随转速增长过快，在不考虑泵和风机负载的扬程曲线对功率消耗的影响的前提下，电动机消耗的功率与转速的 3 次方成正比。

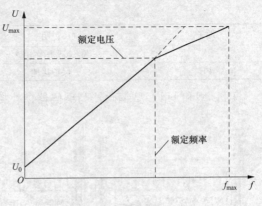

图 33-3　矢量控制两点功能

2. MM440 变频器的编码器模块的应用

图 33-4　编码器模块以及屏蔽接线端和 PE 端

编码器模块与编码器之间的连线必须采用具有双绞线的屏蔽电缆，电缆的屏蔽层必须与编码器模块上的屏蔽线端子相连接。

如果编码器电缆具有"屏蔽/地/接地"接线端，那么这一接线端应该与编码器模块上的 PE（保护接地）端子相连接。另外，信号电缆的安装位置不要靠近动力电缆。编码器模块以及屏蔽接线端和 PE 端如图 33-4 所示。

编码器模块上共有 12 个接线端子，在实际工程中只用了其中的 7 个端子。在 MM440 系列变频器上只能连接 A、AN、B、BN 脉冲。编码器与编码器模块之间的连线需要采用双绞屏蔽电缆，屏蔽层与模块的屏蔽端子相连。信号电缆必须与动力电缆分开布置。

编码器模块的端子说明见表 33-1。

表 33-1　　　　　　　　　　　　编码器模块的端子说明

端子	说明	与编码器的接线
A	通道 A	接编码器 A 相
AN	通道 A 取反	
B	通道 B	接编码器 B 相
BN	通道 B 取反	
Z	零脉冲	
ZN	零脉冲取反	
18V	HTL 连接端子	HTL 编码器与 LK 端子短接
LK	编码器的电源电压	HTL 编码器与 18V 端子短接，TTL 与 5V 短接
5V	TTL 连接端子	TTL 编码器与 LK 短接
VE	轴编码器的电源	编码器电源＋

端子	说明	与编码器的接线
0V	轴编码器的电源	编码器电源－(0V)
PE	保护接地	接电缆的屏蔽线

TTL 型和 HTL 型编码器与编码器模块接线图如图 33-5 所示。

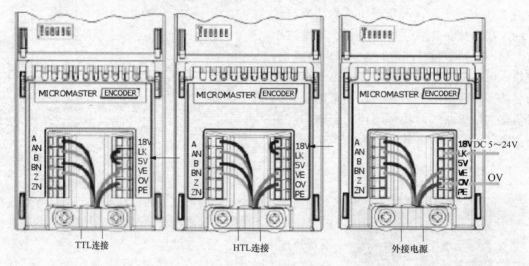

图 33-5　TTL 型和 HTL 型编码器与编码器模块接线图

（1）LED 指示的编码器状态。编码器模块上有 3 个 LED 指示灯，用于指示编码器模块当前的工作状态，如图 33-6 所示。

如果编码器模板工作正常，那么在旋转编码器转动时，各个 LED 将忽明忽暗地闪光。如果有故障存在，那么 LED 将停止闪光，保持持续发光或熄灭的状态。

（2）编码器模板的 DIP 开关。编码器模板上的 DIP 开关的设置要与所选择的旋转编码器类型一致。编码器模板的 DIP 开关如图 33-6 所示。

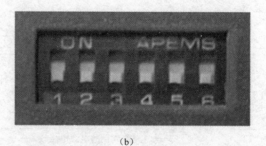

图 33-6　编码器模块上的 LED 指示灯和 DIP 开关

（a）LED 指示灯；（b）DIP 开关

DIP 开关的说明见表 33-2。

表 33-2　　　　　　　　　　　　　　　**DIP 开关**

DIP 开关	1	2	3	4	5	6
TTL 单端输入	ON	ON	ON	ON	ON	ON
TTL 差动输入	OFF	ON	OFF	ON	OFF	ON
HTL 单端输入	ON	OFF	ON	OFF	ON	OFF
HTL 差动输入	OFF	OFF	OFF	OFF	OFF	OFF

安装编码器模块时插针一定要小心对正，不要强行安装，以免弄弯插针。编码器模块安装示意图如图 33-7 所示。

三、创作步骤

第一步　回转窑负载

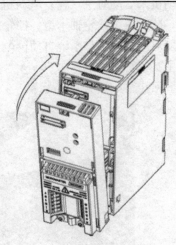

图 33-7　编码器模块安装示意图

回转窑内的物料在启动时处于正下方，在窑体启动并不断加速的过程中，整个窑体要克服摩擦力、窑体变形产生的阻力以及窑内的物料堆积角产生的阻力。当窑体克服所有阻力开始转动时，堆积物料的偏转角也随着变化，当物料偏转角达到 90° 时，此时物料所引起的附加转矩最大，变频器的输出电流也最大，达到正常工作电流的 3～4 倍。此时变频器的输出频率上升到 10～13Hz。物料偏转与转矩示意图如图 33-8 所示，N 是物料的重量，r 是物料的重心与回转窑中心的距离，两者相乘得到由物料所受重力形成的附加转矩。

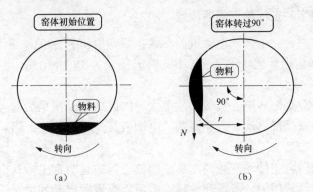

图 33-8　物料偏转与转矩示意图
（a）窑体初始位置；（b）窑体转过 90°

第二步　启动过程分析

启动过程，既是一个加速过程，也是克服设备巨大惯性的过程。一旦变频器克服了这种大惯性负载而启动起来，维持正常运转时，所需的驱动转矩及功率就很小了。

根据回转窑的这种负载特点，变频器及电动机功率的选择就比较复杂，如果功率选择过大，那么虽然启动没问题，但正常运转时出现"大马拉小车"现象，能耗大，一次性投资加大；如果功率选择小些适合于正常运行，那么虽然效率高投资小，但又不能正常启动。

● **第三步** **回转窑工艺配置要求**

（1）主传动装置采用两台电动机同步拖动的方式，电动机之间的负载和转速需要保证完全一致，否则可能出现传动不稳定的情况。

（2）主传动、冷却风机、辅助传动电动机进行连锁，主电动机与辅助电动机之间设置连锁，不得同时运行；主（辅）电动机与主减速机的压力润滑电动机之间设置连锁装置，润滑电动机未启动时主（辅）电动机不能启动，润滑电动机停止运行时主（辅）电动机自动停运；减速机、托轮轴承组、挡轮液压站的油温小于等于 25℃时，开启电源时主（辅）电动机不能启动，各加热系统自动供电（当油温达到 43℃时自动断电），当油温达到 25℃时方能启动主（辅）电动机。

回转窑如图 33-9 所示。

图 33-9　回转窑

● **第四步** **回转窑的主传动变频器配置**

主传动电动机共两台，主传动电动机的参数：额定电压为 380V，额定频率为 50Hz，额定功率为 200kW，额定电流为 358A，电动机额定转速为 1380r/min。主传动电动机由西门子电动机厂制造。

回转窑的负荷特点是恒转矩、负载惯性很大，因此启动时扭矩大并可能产生振荡。应该用容量稍大的变频器来加快启动，避免振荡。电动机减速时有能量回馈，所以要配合制动单元消除回馈电能。

两台电动机的回转窑主传动变频调速系统的核心问题是两台主传动电动机的转速同步和转矩平衡问题。在实际应用中，考虑到故障停机后需要满载启动的情况，选用变频器时首先需考虑矢量控制型变频器，同时又要求变频器具备很好的主从控制功能，因此，选择了 MM440 系列变频器，最终选择的型号为 6SE6 440-2UD42-0GB1。为降低项目成本，最终订购了国产的制动单元和电阻。

● **第五步** **电动机识别**

在进行变频器的参数设置之后，需要分别对两台变频器进行电动机识别。

电动机识别必须在电动机是冷态（电动机绕组的温度与环境温度相差不超过 5℃，这意味着电动机在做电动机识别之前的一段时间内没有运行过）的状态下进行，否则，电动机的参数识别得不准。

分别将主变频器和从变频器的 P1910 设置为"1"，进行电动机参数的自动识别，这时变频器会产生一个 A541 的警告，接着给出变频器运行命令，进行电动机参数的自动检测。

第六步 两台变频器分别做带编码器的调试

分别将主变频器和从变频器的编码器的类型参数 P400 设置为"2"（无零脉冲的正交编码器），同时根据编码器的铭牌上的每圈脉冲数将参数 P408 设置为"1024"，然后将 P1300 设置为"0"（线性的 U/F 曲线），然后给定一个运行速度，观察比较参数 r0061（转子速度以 Hz 为单位）和 r0021（电动机输出频率）值的大小。

如果电动机旋转方向不正确，则应该检查变频器的输出相位和编码器通道，必要时进行改线。

如果电动机的转向和大小必须一致（微小的偏差是可以接受的），则可以将主变频器的工作模式设为速度控制模式，即 P1300＝21（带有传感器的矢量控制），从变频器参数 P1300 则设置为"23"（带有传感器的矢量转矩控制）。

第七步 主变频器模拟量输出的设置

（1）将主传动模拟量输出端 2 连接到从传动模拟量输入端 2，这样做的目的是将主变频器速度环给出的实时力矩给定值，通过模拟量送到从变频器作为扭矩的给定值。

（2）主变频器的参数设置，P0771.1＝r0079，将模拟量输出 2 设置为转矩设定值。

（3）为了能将从主机传送来的负转矩设定值传送给从机（电动机的正转与反转），主变频器模拟量输出需按标定。

1）P0777.1＝0：标定模拟量输出的 x1 值为 0%。

2）P0778.1＝10：标定模拟量输出的 y1 值为 10mA。

3）P0779.1＝100%：标定模拟量输出的 x2 值为 100%。

4）P0780.1＝20：标定模拟量输出的 y2 值为 20mA。

第八步 从变频器的传动参数设置

从变频器的传动参数需按如下设置。

（1）将模拟输入 2（ADC2）的量程参数 P0756.1 设置为"2"，模拟输入量程为 0～20mA，同时将从变频器 I/O 端子板上的模拟量输入端子 2 的 DIP 开关设为 ON（0～20mA 输入）。

（2）模拟输入 2 的参数标定，因为 0～10mA 和 10～20mA 分别对应正负力矩给定，因此模拟输入参数需做如下标定。

1）P0757.1＝10，标定模拟量输入 2 的 x1 值为 10mA。

2）P0758.1＝0，标定模拟量输入 2 的 y1 值为 0%。

3）P0759.1＝20，标定模拟量输入 2 的 x2 值为 20mA。

4）P0760.1＝100%，标定模拟量输入 2 的 y2 值为 100%。

（3）设置参数 P1503＝r0755.1，即将模拟输入 2 作为转矩设定。

（4）将从变频器的最大频率参数 P1082 设置为"55"（比主传动值高），同时将基准频率参数 P2000 设置为 55（比主传动值高）。

●——— **第九步** **处理故障的参数设置**

如果从机故障停机，则必须尽可能快地停止主变频器。

（1）将从变频器的故障位 r0052.3 输出到主变频器，作为主变频器的 OFF2 命令。把从变频器的继电器输出 1（从变频器端子的 19 和 20 脚）接到主变频器的 DIN4 上（端子 8 与端子 9）。

（2）从变频器的继电器输出 1 的参数设置，将逻辑输出 1 的功能参数 P0731.0 设置为"52.3"（变频器故障）。

（3）将主变频器逻辑输入 4 的功能参数 P0704 设置为"99"（使用 BICO 功能），然后将第一个 OFF2 的停车命令参数 P0844.0 设置为"722.3"（OFF2 命令）。

主从变频器的系统控制原理图如图 33-10 所示。

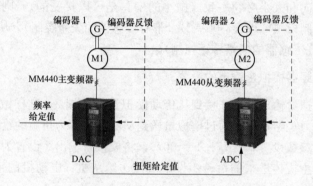

图 33-10 变频器控制原理图

案例 34 HMI 直接控制 MM440 变频器的运行和监控的应用

一、 案例说明

在本示例中，使用 HMI 触摸屏，通过通信的方式来控制 MM440 变频器的运行和监控。这样可以不使用 PLC，从而达到节约成本的目的。

二、 相关知识点

PROFIBUS-DP 协议的主要优点是，通信速度快，除了基本功能之外还有一些附加功能，例如非循环通信和交叉通信，PROFIBUS-DP 协议的站点数很多，但缺点是需要另外购买作为选件的通信模板，例如 CBP2 或 PROFIBUS 模板。

采用 PROFIBUS-DP 协议通信时，既可以利用 STEP7 本身提供的功能，也可以使用 TIA 软件 Drive ES。

三、 创作步骤

第一步 硬件设计

本示例选配的变频器为 MM440＋PROFIBUS-DP，触摸屏为 MP370，软件的编程环境使用 WinCC flexible。使用 MP370-HMI 来控制一台 MM440 变频器，在发生紧急情况下需要在 MM440 变频器的输入端子上设置急停电路来实现紧急情况下的变频器停车。急停电路应该由急停开关（动断触点）、自闭锁的继电器/接触器和确认按钮构成。当急停时，自闭锁的继电器/接触器断开，数字输入端的接入电平为 0V，当急停按钮被释放，必须要按确认按钮以使继电器接触器重新自闭锁，这时数字输入端才能重新接入＋24V 高电平。

出于安全原因，不允许将急停开关直接接到数字输入端。当急停开关被释放后，变频器可以立即上电。

第二步 项目创建

双击计算机桌面上的 WinCC flexible 软件的图标，在打开的软件中单击【创建一个空项目】，然后在弹出的【设备选择】对话框的【设备类型】列表框中选择【MP 370 12" Touch】和正确的设备版本，再单击【确定】按钮，如图 34-1 所示。

第三步 新建连接

选择【项目】→【通讯】→【连接】命令，如图 34-2 所示。

本示例中所建连接类型为【SIMATIC S7 300/400】，屏的接口为【IF1B】，需要注意的是此处的 PLC 设备就是带有 PROFIBUS-DP 模板的 MM440 变频器，DP 地址即为 DIP 开关

或 P918 所设的地址，设置 MM440 变频器的 DP 地址时，需要在 WinCC flexible 软件下方的
【参数】选项卡中进行通信速率的设置，这里设置 1.5Mbit/s 网络选择 DP 电缆连接 MM440
变频器的 DP 接口与屏的 IF1B 接口，如图 34-3 所示。

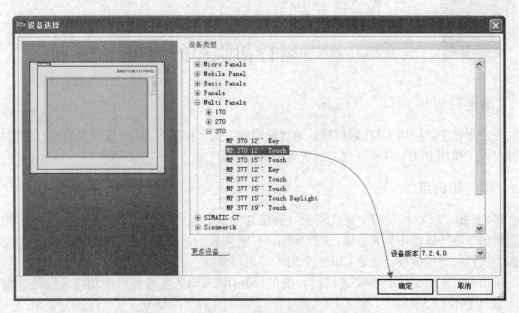

图 34-1 选择触摸屏的型号

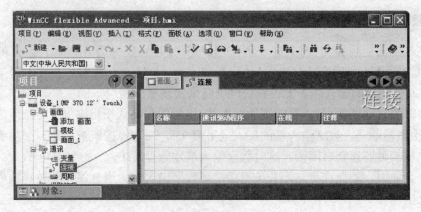

图 34-2 新建连接的图示

第四步 创建变量

本示例采用 DB 块来指示 MM440 变频器的各个参数，根据变频器中的参数是 U32 还是
U16，来创建数据类型正确的变量。

（1）变频器的频率设定的变量创建。

单击【变量】打开变量窗口，然后单击【名称】下的空白处创建一个新变量，设定变量
地址时，DB 号为变频器的参数号，DB 块中的起始位置表示变频器参数的 index 值，变量
【频率设定】的常规属性的设置如图 34-4 所示。

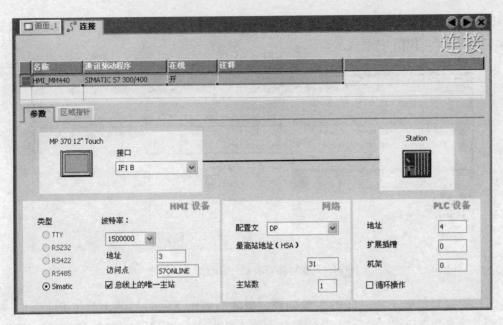

图 34-3　通信参数的设置

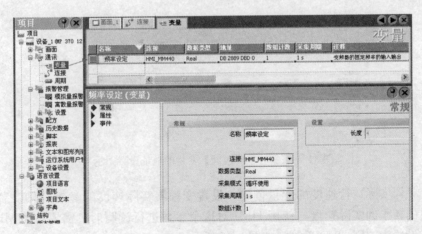

图 34-4　变量【频率设定】的常规属性

　　MM440 变频器的参数 P2889 是设置变频器固定频率的，需要将【频率设定】变量的寻址地址设置为"DB2889.DBD0"，如图 34-5 所示。

图 34-5　【频率设定】的地址设置图示

（2）变频器斜坡上升时间的变量创建。设置变频器斜坡上升时间的参数是 P1120.0，使用 HMI 对这个参数进行读写时，需要将 HMI 上的【斜坡上升时间】变量的地址设置为"DB1120DBD0"，如图 34-6 所示。

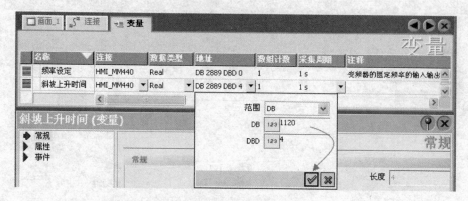

图 34-6 变频器斜坡上升时间的变量创建

（3）变频器斜坡下降时间的变量创建。变频器斜坡下降时间的参数是 P1121.0，使用 HMI 对这个参数进行读写时，需要将 HMI 上的【斜坡下降时间】变量的地址设置为"DB1121 DBD0"，如图 34-7 所示。

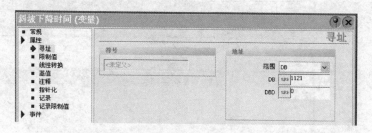

图 34-7 【斜坡下降时间】变量的地址设置图示

（4）变频器实际运行速度的变量创建。设置变频器实际速度的参数是只读参数 r0022，是经过滤波的转子的实际速度，使用 HMI 对这个参数进行读写时，需要将 HMI 上的【变量】的地址设置为"DB22 DBD0"，如图 34-8 所示。

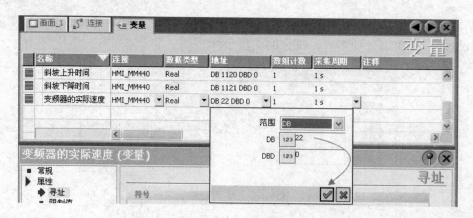

图 34-8 变频器实际运行速度的变量创建

（5）变频器启动停止运行的变量创建。设置变频器启动停止运行的参数是 P2810，所以需要将变量【INV_ON-OFF】的地址设置为"DB2810DBD0"，如图 34-9 所示。

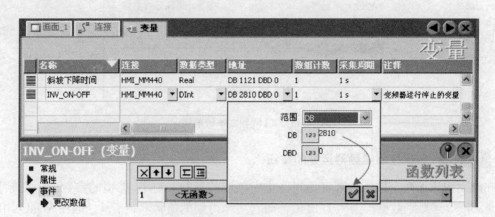

图 34-9 变频器启动停止运行的变量创建

● **第五步** 创建画面上的 IO 域

在 MP370 屏的功能界面完成驱动的设置定义，参数通过 MP370 设定值的输入/输出变量传给变频器，通过写控制字或读取状态字来控制变频器或显示变频器的状态。也就是说，相对于 MP370 而言，MM440 变频器充当了 SIMATIC S7 控制器的角色。

在 HMI 画面上使用【矩形】给出一个区域并将其并设定为透明状态，然后在这个区域中使用文本域和 IO 域来创建元件，并将 IO 域连接相应变量，对 IO 域的显示格式进行调整，【频率设定】的 IO 域的创建过程如图 34-10 所示。

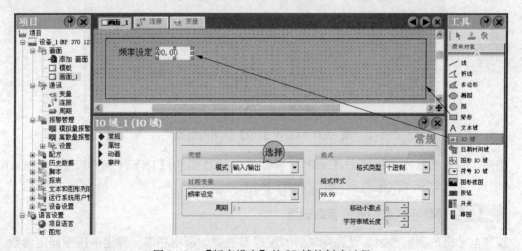

图 34-10 【频率设定】的 IO 域的创建过程

使用同样的方法，创建【斜坡上升时间】和【斜坡下降时间】的 IO 域，在画面中再创建一个矩形，里面放置变频器的实际运行速度的显示值，将画面的背景色改为白色，设置完成后如图 34-11 所示。

变频器设定：

频率设定： 00.00

斜坡上升时间： 000.00   斜坡下降时间： 000.00

变频器实际参数显示：

变频器实际运行速度： 0000

图 34-11　IO 域和文本域的图示

第六步 创建控制变频器运行的按钮

在画面中添加两个按钮，来启动和停止变频器的运行，写 BI 类型的参数时，变频器进行的是 BICO 连接，数据类型为 U32 型，而它实际得到的值是 0 或者 1，但在 WinCC flexible 中只能将数据类型定义为 DINT 型，而不能定义为 BOOL 型，否则为无效数据格式。在对 BI 进行写操作时，系统将 0 作为 0，将 65536（即 2 的 17 次方）作为 1。添加的启动变频器的按钮为【INV 启动】，在按钮的【属性】窗口中，设定【事件】中的【单击】的函数为【SetValue】，连接的变量为在屏的组态中建立的变量【INV_ON-OFF】（DB2810，DINT 型），在【值】文本框中输入 "65536"，即定义了启动按钮的单击事件是将变频器的 AND1 的参数 P2810 赋值为 65536，即 1，如图 34-12 所示。

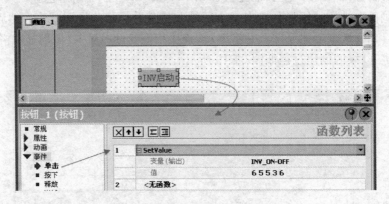

图 34-12　【INV 启动】按钮的组态

同理，为变频器停止按钮的【单击】事件连接的变量为【INV_ON-OFF】（DB2810，DINt 型），并将 P2810 赋值为 0，如图 34-13 所示。

第七步 MM440 变频器的参数设置

按照电动机的额定参数，设置变频器的配置参数，如额定功率、额定电压等额定参数。

另外，变频器的启动和停止是通过自由功能块完成的，所有在变频器中应该激活自由功能块功能及相应使用的自由功能块，设置 P2810.1=1，AND1 的输出 r2811 连接到 P840。

而在 HMI 中，还对变频器参数 P2889 进行了读写，所以还需要将参数 P2889 连接到 P1070 作为变频器的频率给定值，注意，通过 P2889 设定的频率值是以百分数来显示的。

HMI 的画面制作和组态完成后，单击项目保存按钮，然后编译并下载即可。

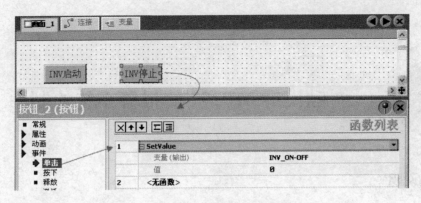

图 34-13 【INV 停止】按钮的组态

案例35 触摸屏 MP277 的报警系统的制作

一、 案例说明

西门子触摸屏具有方便、灵活、可靠、易于扩展的报警系统，能够报告系统活动及系统潜在的问题，保障工程系统的安全运行。

报警的用途有很多，例如，可在超出限制值时通过 HMI 设备输出警告。再比如，可以通过附加信息对报警内容进行补充，从而可以更容易地定位系统中的故障。触摸屏的报警和事件还可用于在启动操作或指定相似事件时，对位进行接通，从而执行警示的功能。

本示例介绍了报警类型与报警属性等报警的相关知识，并演示了如何设置警报关联的地址和报警属性。

二、 相关知识点

1. 报警的属性

报警属性由报警文本、报警编号、报警触发、报警类别 4 个组件组成。

（1）报警文本包含了对报警的描述。可使用相关触摸屏设备所支持的字符格式来逐个字符地处理报警文本的格式。操作员注释可包含多个输出域，分别用于变量或文本列表的当前值。报警缓冲区中保留报警状态改变时的瞬时值。

（2）报警编号用于识别报警，每个报警编号在离散量报警、模拟量报警、触摸屏系统报警、来自 PLC 的 CPU 内的报警等类型的报警中都是唯一的。

（3）对于离散量报警，报警的触发来自于变量内的某个位，而对于模拟量报警，报警的触发来自于变量的限制值。

（4）报警的类别决定了是否必须确认该报警，还可通过它来确定报警在触摸屏设备上的显示方式，报警组还可确定是否以及在何处记录报警。

2. 报警的特性

报警的特性可以通过报警组、信息文本、自动报告等属性进行定义。

（1）报警组：如果报警属于某个报警组，则可以通过操作将其与该报警组中的其他报警一起进行确认。

（2）信息文本：操作员注释可包含与报警有关的附加信息。当操作员按下【帮助】按钮时，操作员注释将显示在操作员设备上的独立窗口当中。

（3）自动报告：除了可以为整个项目的报警启用和禁用自动报告功能外，还可以单独为每个报警启用报告功能。

三、创作步骤

第一步 报警记录的制作

在【项目】窗口中打开【历史数据】，双击【报警记录】，在新添加的【报警记录】中可以设置和修改名称、存储位置、记录数等，报警的属性设置如图 35-1 所示。

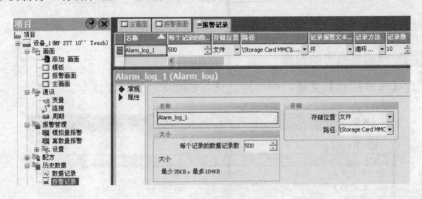

图 35-1　报警的属性设置

第二步 报警视图的添加

在新创建的【报警画面】中，选中【工具】窗口中的【增强对象】下的△添加报警视图，选中画面中的【报警视图】后，在下方弹出的属性窗口中，在【报警记录】的下拉列表框中选择【Alarm_log_1】，与项目中的【报警记录】中的报警名称一致，如图 35-2 所示。

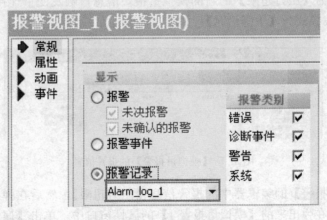

图 35-2　报警视图

第三步 报警记录

在【报警管理】下选择【报警类别】，将其中【记录】下的【无记录】修改为【Alarm_log_1】，将【通信】下的【连接】中的【在线】设置为【开】。在【变量】中选择创建一个新变量，名称为【Alarm1】，数据类型为【Int】，数组计数为【17】，采用周期【1s】。在【离散量报警】里将【触发变量】设为新创建的变量 Alarm1。在【主画面】中添加【报警记录】的按钮，将这个按钮连接到【报警画面】，编译后运行项目，单击主画面的【报警记录】按钮，在弹出的【报警画面】中显示的报警记录结果如图35-3所示。

时间	日期	状态	文本
12:34:45	2015-07-11	C	连接_1无法注册到S7诊断。
12:34:44	2015-07-11	C	切换为"在线"操作模式。
12:34:44	2015-07-11	C	连接中断：连接_1，站2，机架0，插槽0。
12:34:44	2015-07-11	C	访问点或模块组态不正确。
12:34:44	2015-07-11	C	口令列表成功导入。
12:34:44	2015-07-11	C	口令列表导入开始。
12:24:27	2015-07-11	C	连接_1无法注册到S7诊断。

图35-3　报警记录

第四步　模拟量报警的组态

首先创建【事故信息】变量，即事故信息，如图35-4所示。

名称	连接	数据类型	地址	数组计数	采集周期
停止_M 1	连接_1	Bool	M 0.3	1	1 s
启动_M 1	连接_1	Bool	DB 1 DBX 0.2	1	1 s
高压值	连接_1	Int	MW 12	1	100 ms
灯_M 1	连接_1	Bool	Q 5.4	1	1 s
M1_Run	连接_1	Bool	Q 2.5	1	1 s
事故信息	连接_1	Word	MW 50	1	100 ms

图35-4　事故信息的变量创建

然后，选择【项目】→【报警管理】→【模拟量报警】命令，在【模拟量报警】的编辑器中，创建一个文本为【压力超限】的新的模拟量报警信息，触发变量连接【事故信息】，限制为【变量】，触发模式为【下降沿时】，如图35-5所示。

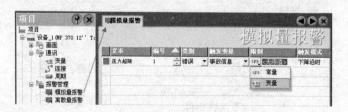

图35-5　【模拟量报警】的报警信息

右击【模拟量报警】的编辑器中的报警信息【压力超限】，然后在弹出的快捷菜单中选择【属性】命令，在弹出来的【模拟量报警1】的属性窗口中，单击【属性】→【信息文本】，在【信息文本】的文本框中输入"压力系统压力值超过极限值"，如图35-6所示。

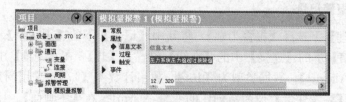

图35-6　创建报警信息的信息文本

第五步 离散量报警的组态

首先创建【事故信息】变量，即事故信息，数据类型要选【Word】，地址为 MW 或 VW，这里选配【MW22】，如图 35-7 所示。

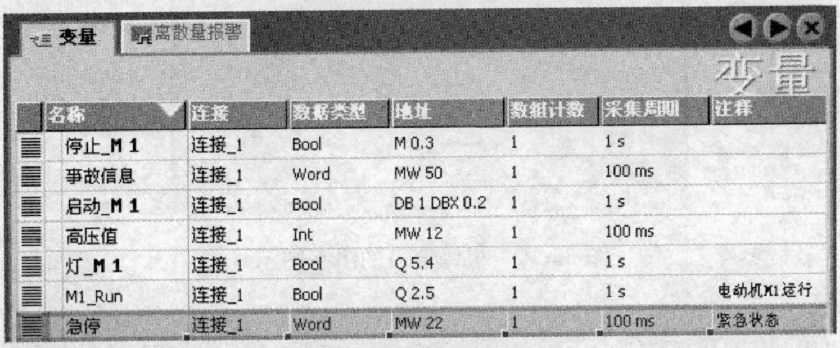

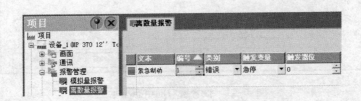

图 35-7 事故信息的变量创建

然后单击【项目】→【报警管理】→【离散量报警】，在【离散量报警】的编辑器中，创建一个文本为【紧急制动】的新的离散量报警信息，触发变量连接【事故信息】，如图 35-8 所示。

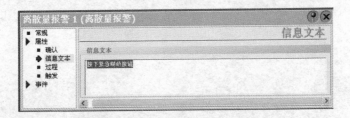

图 35-8 【离散量报警】的报警信息

右击【离散量报警】的编辑器中的报警信息【紧急制动】，然后在弹出的快捷菜单中选择【属性】命令，在弹出来的【离散量报警 1】的属性窗口中，单击【属性】→【信息文本】，在【信息文本】的文本框中输入"按下紧急制动按钮"，如图 35-9 所示。

图 35-9 创建报警信息的信息文本

第六步 报警窗口的组态

组态报警窗口时，首先单击【项目】→【画面】→【模板】，如图 35-9 所示。

然后，单击【工具】→【增强对象】→【报警窗口】，按图 35-10 所示的进行设置。

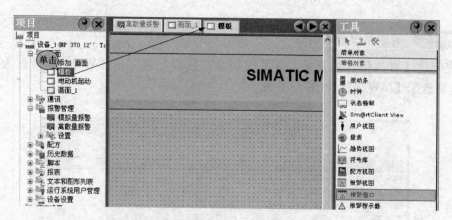

图 35-10 报警窗口的组态图示一

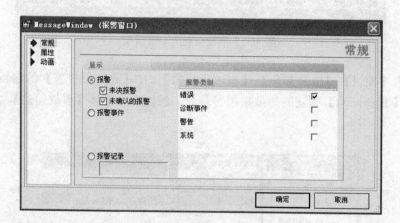

图 35-11 报警窗口的组态图示二

案例 36　触摸屏 MP370 的 PROFIBUS-DP 的远程通信

一、案例说明

本示例实现的是使用 PROFIBUS-DP 网络，在 HMI 设备画面中创建两个按钮，来远程启动和停止 MM440 变频器的运行，并将一个 IO 域的变量作为变频器运行频率的给定值。

二、相关知识点

1. 通信及第三方程序接口组件

通信及第三方程序接口组件是系统开放的标志，是组态软件与第三方程序交互及实现远程数据访问的重要手段之一，它主要有 3 个作用。

（1）用于双机冗余系统中，主机与从机之间的通信。

（2）用于构建分布式 HMI/SCADA 应用时多机间的通信。

（3）在基于 Internet 或 Browser/Server（B/S）的应用中实现通信功能。

2. MM 440 变频器的通信端口

一般的驱动装置支持 USS 通信的端口不止一个，MicroMaster 系列的 MM 440 变频器，在操作面板 BOP 接口上支持 USS 的 RS232 连接，在端子上支持 USS 的 RS485 连接。

将 MM440 变频器的通信端子 P＋（29）和 N－（30）分别接到 PLC 通信口的 3 号与 8 号针即可，接线图如图 36-1 所示。

在 MM440 变频器前面板上的通信端口是 RS485 端口，与 USS 通信有关的前面板端子见表 36-1。

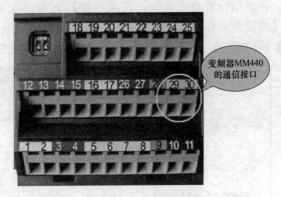

图 36-1　MM440 变频器的通信接口图示

表 36-1　　　　　　　　　　　**MM440 变频器前面板上的通信端口表**

端子号	名称	功能
1		电源输出 10V
2		电源输出 0V
29	P＋	RS485 信号＋
30	N－	RS485 信号－

因 MM440 变频器的通信接口是端子连接，故 PROFIBUS 电缆不需要网络插头，而是剥出线头直接压在端子上。如果还要连接下一个驱动装置，则两条电缆的同色芯线可以连接到同一个端子内。PROFIBUS 电缆的红色芯线应当连接到端子 29，绿色芯线应当连接到端子 30。

三、创作步骤

第一步 创建变量和画面

在 WinCC flexible 中所建连接类型为【SIMATIC S7 300/400】，触摸屏的接口为【1F 1B】，需要注意的是此处的 PLC 设备就是带有 PROFIBUS-DP 模板的 MM440 变频器，DP 地址即为 DIP 开关或 P918 所设的地址。

在 WinCC flexible 中，单击【项目】→【通讯】→【连接】，将会弹出通信设置对话框，如图 36-2 所示。

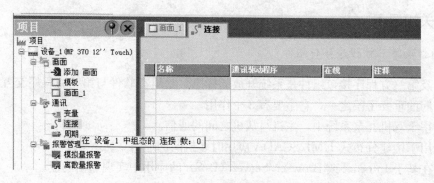

图 36-2　打开通信设置对话框

在通信设置对话框中，在【名称】下为新建连接命名，即【HMI-MM440 通信连接】，在【通讯驱动程序】下拉列表框中选择【SIMATIC S7 300/400】，在【参数】选项卡中【网络】选项组中的【配置文】下拉列表框中选择【DP】，其他设置如图 36-3 所示。

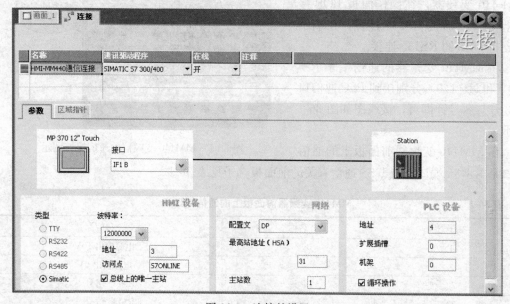

图 36-3　连接的设置

用 DB 块指示变频器的各个参数，根据变频器的参数是 U32 或者 U16 在建立变量时为其选择正确的数据类型。在选择变量地址时，DB 号为变频器的参数号，DB 块中的起始位置表示的是变频器参数的 index 值，如果要对 P1121.0 进行读写，则变量的地址应为 DB1121 DBD0。

例如，创建 MM440 变频器的频率设定变量，如图 36-4 所示，在【名称】下新建变量【频率设定点】，数据类型为实数【Real】，变量地址设定为【DB2889 DBD0】。

图 36-4　变量的设置

通过拖动【工具】窗口中的对象在画面上合理布局需要显示的各个变量，将 IO 域连接相应变量，注意显示格式。

在所创建的画面窗口中，使用右侧的【工具】窗口下的【简单对象】中的A 文本域，在画面中通过拖拉的方式创建文本"频率设定"，然后，使用同样的方法创建 IO 域，在这个 IO 域的属性窗口的【常规】选项卡中的【变量】下拉列表中选择【频率设定点】，在【模式】下拉列表框中选择【输入/输出】，其他设置如图 36-5 所示。

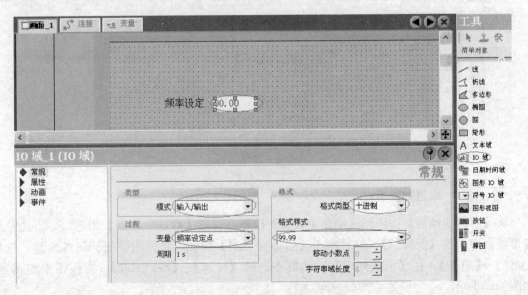

图 36-5　画面设置一

第二步　远程控制按钮的创建

首先在 WinCC flexible 中创建的画面中添加两个按钮，如图 36-6 所示。

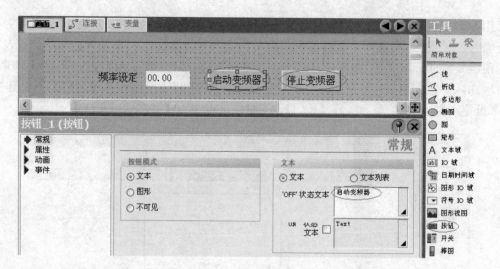

图 36-6 画面设置二

为【启动变频器】按钮和【停止变频器】按钮创建变量【启停变频器】，参数类型选择【DInt】双整数型，地址为【DB2810 DBD0】，如图 36-7 所示。

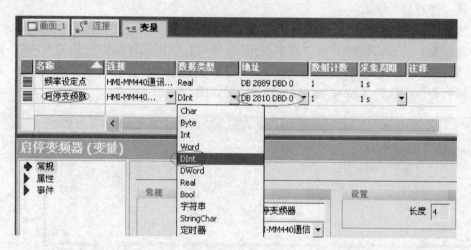

图 36-7 连接变量

●━━ 第三步 设置触发事件

将【启动变频器】按钮和【停止变频器】按钮与变量【启停变频器】相连接，方法是从变量画面切换到【画面_1】，然后单击【启动变频器】按钮，将弹出按钮的属性窗口，选择【事件】→【单击】，在【函数列表】对话框中选择【计算】→【SetValue】，为按钮添加函数，如图 36-8 所示。

为 SetValue 函数添加变量，在【变量（输出）】对应的下拉列表框中选择【启停变频器】，如图 36-9 所示。

变量添加完成后，为【值】进行定义，如图 36-10 所示。

使用同样的方法配置【停止变频器】按钮，如图 36-11 所示。

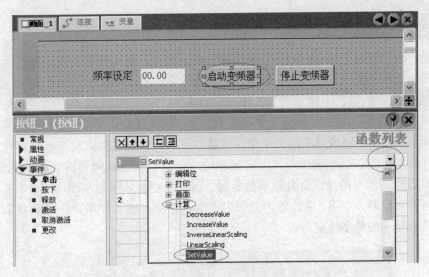

图 36-8 为【启动变频器按钮】设置触发事件

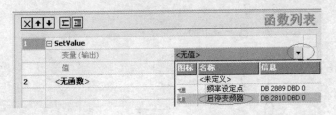

图 36-9 添加变量

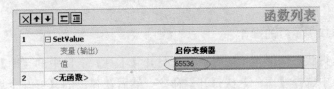

图 36-10 【值】的定义

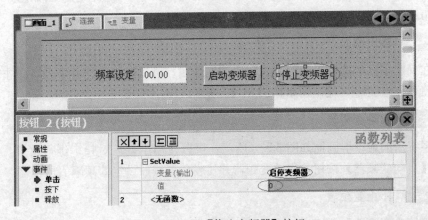

图 36-11 配置【停止变频器】按钮

第四步　运行操作显示

变频器的启停控制可以通过自由功能块来实现。首先，在变频器中激活自由功能块功能及相应使用的自由功能块。激活自由功能块时，设置 P2800.1＝1，AND1 的输出 r2811 连接到 P840。在触摸屏的组态中建立变量 DB2810（DInt 型），定义【启动变频器】按钮的单击事件为将 AND1 的参数 P2810 赋值为 65536（即 1），定义【停止变频器】按钮的单击事件为将 P2810 赋值为 0，在触摸屏的组态中建立变量 DB2889（Real 型），对变频器参数 P2889 进行读写，并将 P2889 连接到 P1070（固定频率的给定值）作为变频器的频率给定值。注意，通过 P2889 设定的频率值是以百分数来显示的。编译后运行，可以从图 36-12 中看到，设定变频器的运行频率时，在 IO 域处单击会弹出一个小键盘，输入完毕单击【确定】后，变频器将按照读者输入的频率值运行。

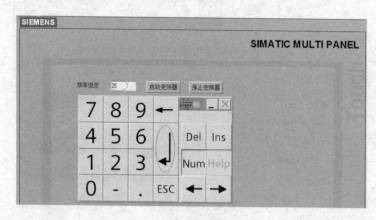

图 36-12　运行操作显示

第五步　添加指示灯的操作

为变频器的运行状态添加指示灯时，首先打开【工具】窗口中的【库】，在空白处右击，在弹出的快捷菜单中选择【库…】→【打开】命令，然后在弹出的【打开全局库】窗口中选择左侧的【系统库】，这时在空白处会出现系统库，选择【Faceplates. wlf】库，然后单击【打开】按钮，这个库就会被添加到右侧的工具栏中的【库】下了，操作示意图如图 36-13 所示。添加后的指示灯如图 36-14 所示。

第六步　输出窗口

读者在确定了已经选择正确的方式和通信地址后，可以进行编译并下载，单击菜单栏中的【输出窗口】按钮，输出窗口如图 36-15 所示。

第七步　启动变频器

运行系统后的触摸屏画面如图 36-16 所示，可以使用小键盘对频率进行设定，设定完成后，单击【启动变频器】按钮，启动变频器并使变频器按照设定的频率值运转。

第八步　停止变频器

按下【停止变频器】按钮后，变频器停止运行，如图 36-17 所示。

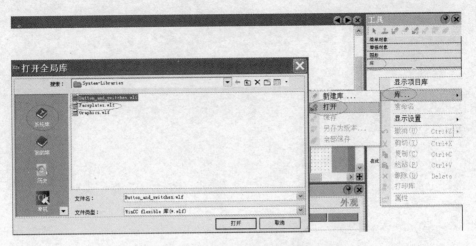

图 36-13　添加库的操作示意图

图 36-14　添加后的指示灯图

图 36-15　输出窗口

图 36-16　启动变频器

图 36-17　停止变频器